大学物理实验

主 编 崔益和 殷长荣
副主编 孔令竹 史友进

苏州大学出版社

图书在版编目(CIP)数据

大学物理实验/崔益和,殷长荣主编. —苏州:苏州大学出版社,2018.7(2024.7重印)
ISBN 978-7-5672-2492-6

Ⅰ.①大… Ⅱ.①崔… ②殷… Ⅲ.①物理学－实验－高等学校－教材 Ⅳ.①O4-33

中国版本图书馆 CIP 数据核字(2018)第 145989 号

大学物理实验
崔益和　殷长荣　主编
责任编辑　周建兰

苏州大学出版社出版发行
(地址:苏州市十梓街1号　邮编:215006)
苏州市深广印刷有限公司印装
(地址:苏州市高新区浒关工业园青花路6号2号厂房　邮编:215151)

开本 787 mm×1 092 mm　1/16　印张 17.5　字数 415 千
2018 年 7 月第 1 版　2024 年 7 月第 8 次印刷
ISBN 978-7-5672-2492-6　定价:46.00 元

苏州大学版图书若有印装错误,本社负责调换
苏州大学出版社营销部　电话:0512—67481020
苏州大学出版社网址　http://www.sudapress.com

前　言

本书是根据教育部颁发的《理工科类大学物理实验课程教学基本要求》,并结合物理实验室仪器设备的实际情况,在总结多年教学实践的基础上编写而成的.

全书分为6章,共47个实验.绪论部分主要介绍了物理实验的特点、物理实验的基本流程和要求.第1章较系统地介绍了误差理论、测量不确定度评定和表示、数据处理基本方法等内容;第2章至第6章选编了47个有关力学、热学、电磁学、光学和近代物理学等方面的实验,书末附录介绍了国际单位制,给出了常用的物理参数,以便读者查阅.

实验教材与实验室建设密切相关,教材建设滞后于实验室建设,实验室建设一旦稳定,实验项目就相对固定.在整合教学资源的基础上,本书按基本实验、基础实验、综合性提高实验、计算机实测技术实验、设计性实验构建物理实验教学体系,实验内容采取由易到难、由浅入深、由低到高、循序渐进的原则逐步推进.谨慎选编基本实验,基本实验项目貌似简单,存废有异议,但教学实践表明确有必要,因为学生来源渠道多元.压缩验证性实验,提高综合性实验项目的比例.设计性实验紧贴相关实验项目,学生没有陌生感,稍加努力即可完成.

教材建设同样与实验教学改革相关联.在编写本教材的过程中积极吸收教学改革成果,注意对学生实际操作能力的训练,各个实验既注重对实验原理的理论分析,又重视对学生实验技术的指导.此外,在书中第1章和部分实验项目的某些部位嵌入"二维码",用智能手机扫一下该二维码,手机上可看到相应的音频、视频、数据处理等相关教学资源,方便学生自学.

参加本书编写工作的教师有孔令竹(实验3、5)、史友进(实验1、28)、殷长荣(实验4、6、8、9、10、13、15、16、22)、程鲲(实验2、7、11、12、14、17)、黄备兵(实验38、39、40、41、42、43)、崔益和(第1章、实验18、19、20、21、23、24、25、26、27、29、30、31、32、33、34、35、36、37、44、45、46、47等).全书由崔益和组织编写并负责统稿.

实验教学是一项集体的事业.无论是实验的编排、实验仪器的安装调试,还是教材的编写,都是实验室全体工作人员的劳动成果.本书编入的实验项目,汇聚了全体工作人员多年的教学经验和体会.本书虽由以上署名的同志执笔编写,但实际上它是集体努力的结果,它包含着所有曾在物理实验室工作过的同志的贡献.

本教材出版由盐城工学院教材出版资金资助.

由于编者水平有限,书中一定还存在缺点和错误,恳请广大读者批评指正.

编　者

2023年5月

目 录

绪论 ·· (001)

第1章 测量误差和实验数据处理 ·· (004)

§1 测量 ··· (004)
§2 测量误差和不确定度 ·· (004)
§3 系统误差的修正和消减 ··· (007)
§4 随机误差的估计 ··· (009)
§5 直接测量结果的不确定度 ·· (013)
§6 间接测量结果的不确定度 ·· (016)
§7 有效数字 ·· (019)
§8 用作图法处理实验数据 ··· (021)
§9 用逐差法处理实验数据 ··· (024)
§10 用最小二乘法处理实验数据 ··· (026)

第2章 基本实验

实验1 长度测量 ··· (032)
实验2 流体静力称衡法测物体的密度 ·· (039)
实验3 钢丝杨氏模量的测定 ·· (042)
实验4 刚体转动惯量的测定 ·· (047)
实验5 金属线膨胀系数的测定 ··· (054)
实验6 准稳态法测导热系数和比热容 ·· (057)
实验7 电磁电表的改装与校对 ··· (065)
实验8 模拟法测绘静电场 ··· (073)
实验9 自组惠斯登电桥测电阻 ··· (076)
实验10 金属电阻温度系数的测定 ··· (081)

第3章 基础实验

实验11 用拉脱法测定液体的表面张力系数 ···································· (084)
实验12 用落球法测定液体的黏滞系数 ·· (088)
实验13 用双臂电桥测低电阻 ··· (094)
实验14 用冲击电流计测电容及高电阻 ·· (099)

实验 15　自组电位差计测电动势 …………………………………………………… (102)
实验 16　温差电偶的定标和测温 …………………………………………………… (107)
实验 17　弦振动共振波形及波的传播速度的测量 ………………………………… (111)
实验 18　示波器的使用 ……………………………………………………………… (116)
实验 19　声速测量 …………………………………………………………………… (122)
实验 20　铁磁材料磁滞回线的测定(智能法) ……………………………………… (127)
实验 21　铁磁材料磁滞回线的测定(示波器法) …………………………………… (132)
实验 22　霍尔效应及其应用 ………………………………………………………… (136)

第 4 章　综合性提高实验

实验 23　光伏效应实验 ……………………………………………………………… (143)
实验 24　光电效应测普朗克常量 …………………………………………………… (152)
实验 25　弗兰克-赫兹实验 …………………………………………………………… (158)
实验 26　分光计的调整及三棱镜折射率的测定 …………………………………… (165)
实验 27　用透射光栅测定光波波长 ………………………………………………… (173)
实验 28　用牛顿环测透镜曲率半径 ………………………………………………… (176)
实验 29　用菲涅耳双棱镜测波长 …………………………………………………… (181)
实验 30　迈克尔孙干涉仪的调整和使用 …………………………………………… (185)
实验 31　数码照相实验 ……………………………………………………………… (190)
实验 32　用波尔共振仪研究受迫振动 ……………………………………………… (193)
实验 33　弹簧振子简谐运动实验的研究(传感器法) ……………………………… (201)
实验 34　用振动法测材料的杨氏(弹性)模量 ……………………………………… (203)
实验 35　用传感器测空气的相对压力系数 ………………………………………… (207)
实验 36　密立根油滴实验 …………………………………………………………… (210)
实验 37　集成电路温度传感器的特性测量及应用 ………………………………… (216)

第 5 章　计算机实测技术实验

实验 38　计算机实测物理实验 ……………………………………………………… (218)
实验 39　用计算机实测技术研究冷却规律 ………………………………………… (223)
实验 40　用计算机实测技术研究声波和拍 ………………………………………… (225)
实验 41　用计算机实测技术研究弹簧振子的振动 ………………………………… (228)
实验 42　用计算机实测技术研究单摆 ……………………………………………… (230)
实验 43　用计算机实测技术研究点光源的光照度与距离的关系 ………………… (231)

第 6 章　设计性实验

实验 44　用 UJ31 型电位差计校准电表和测定电阻 ……………………………… (234)
实验 45　设计和组装电磁欧姆表 …………………………………………………… (238)
实验 46　数字多用表的设计与校对 ………………………………………………… (241)

实验 47 温敏电阻温度计的设计与制作 …………………………………………（249）
    47.1 用 p-n 结温度传感器制作数字温度计 ……………………………（249）
    47.2 热敏电阻数字温度计的制作 ………………………………………（253）
    47.3 用模拟电流表制作热敏电阻温度计 ………………………………（255）

附录 1 中华人民共和国法定计量单位 ………………………………………………（258）
附录 2 基本物理常数 …………………………………………………………………（260）
附录 3 物理常数 ………………………………………………………………………（262）
参考书目 …………………………………………………………………………………（272）

绪 论

一、开设物理实验课程的目的

物理实验课是对高等工科院校学生进行科学实验基本技能训练的基础课程.它可使学生得到系统的实验方法和实验技能的训练,使学生了解科学实验的主要过程和基本方法,为今后的科学实验活动奠定初步基础.它的物理思想、数学方法及分析问题与解决问题的方法对发展学生的智力大有裨益.同时,在教学活动中,可培养学生认真、踏实的学风以及严谨、实事求是的科学态度和科学精神,促进学生整体素质的提高.

二、物理实验课程的任务

1. 通过对实验现象的观察、分析和对物理量的测量,学习物理实验知识,加深对物理学原理的理解.

2. 培养和提高学生的科学实验能力,其中包括:

(1) 能够自行阅读实验教材或资料,做好实验前的准备.

(2) 能够借助教材或仪器说明书正确使用常用仪器.

(3) 能够运用物理学理论对实验现象进行初步的分析和判断.

(4) 能够正确记录和处理实验数据、绘制曲线、说明实验结果、撰写合格的实验报告.

(5) 能够完成简单的、具有设计性内容的实验.

3. 培养和提高学生的科学实验素养.要求学生具有理论联系实际和实事求是的科学作风,严肃、认真的工作态度,主动研究的探索精神,遵守纪律、团结协作和爱护公共财产的优良品德.

三、怎样做好物理实验

1. 做好物理实验要抓好三个环节.

(1) 预习.预习是重要的准备工作.首先要明确本次实验要达到的目的,以此为出发点,弄清实验所依据的理论、所采用的实验方法;搞清控制物理过程的关键及必要的实验条件;知道实验要进行的内容和实施的步骤,仪器如何选择、安排和调整;预测实验中可能出现的问题等.在此基础上写出实验预习报告.

预习的好坏至关重要,它将决定学生能否主动地、顺利地进行实验.

(2) 实验.在实验中要弄懂为何要这样安排实验及如此规定实验步骤的道理;要掌握正确的调整操作方法;要注意观察实验现象,如什么现象说明调节已达到规定的要求,观察到的现象是否与预期的一致,这些现象说明什么问题,出现故障如何根据现象来分析产生的原因等;应正确地记录数据,如正确地设计出数据表格,正确地判断数据的科学性,如实、清楚地记录下全部原始实验数据和必要的环境条件、仪器型号与规格以及正确的有效数字等.

实验中要做到四多(多观察、多动手、多分析、多判断)、三反对(反对存在侥幸心理、反对机械地操作、反对做实验的盲目性).

(3) 写出实验报告.实验报告是实验成果的文字报道,是对实验过程的总结.为了写好实验报告,应该做到:认真学习实验数据的处理方法;有根据地、具体地进行不确定度分析;正确地表示出测量结果,并对结果做出合乎实际的说明和讨论;记录并分析实验中发生的现象;认真回答思考题等.

能够在实验后书写出一份字迹清楚、文理通顺、图表正确、数据完备、结果明确的报告是对大学生的起码要求,也是大学生应具备的基本能力.

2. 严格训练,培养学生的动手能力.

基础实验训练是成才的基本功练习."不积水流,无以成江海",严格训练要从一点一滴、一招一式做起.例如,基本仪器的正确使用,就涉及仪器的安放、连线与拆线的方法、开关顺序、调零、消视差等最基本的步骤.

做实验时不能仅满足于测几个数据,要充分利用实践机会来培养动手能力.可以通过重复实验、改变实验条件或参量数值以及作对比分析来判断测量结果的正确性;遇到困难或数据超过误差极限,不要一味埋怨仪器不好,或仅简单地重做一遍,而要认真地分析、找出原因,自己动手排除障碍,尽力把实验做好.

经典物理实验集中了许多科学实验的训练内容,每个实验都包括一些具有普遍意义的实验知识、实验方法和实验技能.实验以后,可结合该实验目的和要求进行必要的归纳总结,提高自己驾驭知识的能力.例如,不同实验中体现出来的基本实验方法——比较法、放大法、模拟法、补偿法、干涉法及转换测量法等;实验中用到的数据处理的一些基本方法——列表法、作图法、逐差法、回归法等.在积累消化知识的基础上,还要注意培养自己获取和应用知识的能力,这可以结合对每个实验的分析、讨论及对思考题的探讨来进行.有兴趣的读者还可以对一些实验课题进行研究.

四、实验报告的内容

为了教学方便,我们将实验报告分为预习报告和课后报告两部分.

1. 预习报告的内容有:

(1) 实验名称.

(2) 预习思考题.

(3) 实验目的.

(4) 实验原理.包括:简要的实验理论依据,实验方法,主要计算公式及公式中各量的意义,电路图、光路图和实验装置示意图以及注意事项,有些实验还要求写出自拟的实验方案、设计的实验线路、选择的仪器等.

(5) 实验步骤.扼要地说明实验的关键步骤和主要注意事项.

（6）数据表格.

在上课前将预习报告交给老师审阅，经教师认可后才能做实验.

2. 课后报告的内容有：

（1）测量数据记录.

（2）数据处理，包括计算公式、简单计算过程、作图、不确定度计算及最后测量结果.

（3）实验后思考题.

课后报告与预习报告构成一份完整的实验报告.

第 1 章 测量误差和实验数据处理

物理实验的任务,一是在实验室条件下科学地再现自然现象;二是测量有关物理量并找出它们之间的数量变化关系;三是通过对测量数据的误差分析和处理,科学地评价测得的物理量或物理关系接近于客观真实的程度.所以正确地进行实验误差分析和实验数据处理并掌握其原理是实验工作者必备的能力和知识.本章对这方面的知识作一入门介绍.

§1 测 量

物理实验离不开测量.测量是指为确定被测对象的量值而进行的一组操作.测量操作是一种比较过程,就是把被测量和体现计量单位的标准量做比较,确定出被测量是计量单位的若干倍,这个倍数值和单位一起表示被测量的值.

测量

测量从形式上又可分为直接测量和间接测量两类.用量具或仪表直接读出测量值的,称为直接测量.然而对于大多数物理量来说,没有直接读数用的仪表或量具,只能用间接的方法进行测量.例如,测量铜柱的密度时,可以直接用尺量出它的直径 d 和高度 h,用天平称出它的质量 m,则铜柱的密度可通过公式 $\rho = \dfrac{4m}{\pi d^2 h}$ 计算出来.像这样被测量的值是由直接测量值再经过物理公式计算得出的,称为间接测量.

任何测量都要追求一个"准"字.在科学技术高度发展的今天,无论是用于生产还是用于科研,对测量准确度的要求都愈来愈高.在实际工作中,并不是任何测量都要求愈准愈好,而是根据工作的实际需要而定.有人统计过,当把测量准确度提高一个数量级时,测量成本大致上也将提高一个数量级.任何测量在给出被测量的值的同时,必须给出准确程度的指标.一个没有说明准确度的测量结果,在科学技术上几乎是没有用处的数据.目前,国际社会已建议统一以"不确定度"(Uncertainty)作为测量结果准确程度的量化表示.

§2 测量误差和不确定度

一、测量误差和不确定度概念

人们进行测量,总是希望获得被测量的真实大小,即被测量的客观真值.然而任何实际的测量都不可能达到绝对准确,各种不确定的误差因素始终伴随在测量过程之中,并使测量结果具有一定程度的不确定.这一点已为一切从事科学实验的人们所公认,因而称之为误差公理.

测量误差与
不确定度

广义上讲,我们可以把某量值的给出值与其真值之差,定义为该给出值的误差.这里所讲的给出值可以是测量值、实验值、标称值、示值、计算近似值等.于是,测量误差 ΔX 可以用下式表示：

$$\Delta X = x - X. \tag{Y2-1}$$

式中,x 代表测量值,X 代表被测量的真值. 由于 ΔX 反映的是测量值偏离真值的大小和方向,因此也称为绝对误差或真误差.

与绝对误差相对应,我们还可以引出相对误差的定义,即

$$E_r = \frac{\Delta X}{X} \times 100\%. \tag{Y2-2}$$

一般情况下误差都是比较小的,因而计算时分母的真值 X 常用测量值 x 代替.

以上关于测量误差的定义,可以一般地认为：误差愈小,测量值愈准确. 但是,它并不能直接用作测量结果准确程度的量化表示. 问题在于被测量的真值正是我们要测量的对象,是未知的. 因而不能利用式(Y1-1)计算出测量值的真误差. 为了对测量值的准确程度给出一个量化的表述,有必要在测量误差的基础上引入测量不确定度的概念. 它表示测量值可能变动(不能确定)的一个范围,或者说以测量结果作为被测量真值的估计值时可能存在误差的范围,并在这个范围内以一定的概率包含真值.这个范围我们可以表述为

$$测量结果 = x \pm u(P). \tag{Y2-3}$$

式中,x 是测量值,u 是测量不确定度,P 是包含真值的概率. 仿照相对误差的定义,我们也可以定义相对不确定度：

$$u_r = \frac{u}{x} \times 100\%. \tag{Y2-4}$$

二、测量误差的来源

伴随在测量过程中的误差主要来源于以下几个方面：

(一) 仪器装置误差

任何量具、标准器、指示仪表等,都有一定的准确度等级限度,也就是说,它们的标称值、分度值或指示值在体现计量单位时就有一定的误差范围. 一些指零仪器(如天平、检流计、水平仪等)的灵敏度也是有限度的,在它们表观上指"零"时,只是表明某种变化量已小到它们的灵敏度以下. 此外,仪器装置的调整(如水平、垂直、平行、准直、零点等)达不到规定的要求,使用时不满足规定的使用条件等还会引起附加误差.

(二) 原理方法误差

例如,用单摆测量重力加速度实验,在直接测摆的周期 T 和摆长 l 后,可以通过公式 $g = \frac{4\pi^2 l}{T^2}$ 计算出重力加速度. 实际上,该公式在推导中就做了小摆角的近似,同时还做了没有空气阻力、悬线柔软而不伸长的假设. 这种由实验原理和方法上的某些近似处理,给实验结果带来的误差称为原理方法误差.

(三) 环境条件误差

环境条件误差是指由于各种环境因素（如温度、湿度、气压、震动、电磁场、光照等）不能控制在所要求的状态，或者在空间上有梯度，在时间上有起伏，从而引起测量装置和被测量本身发生变化所造成的实验误差。

(四) 个人误差

个人误差是指由于实验者的生理、心理、习惯以及工作经验和能力等因素引起的误差。例如，用停表计时抬表的反应能力，估读仪表最小分度以下值时对单数或双数的偏爱，对成像清晰、视场亮暗、声音大小等的判断能力，在测量中表现为观测误差、估读误差、视差等。

(五) 被测量本身的起伏变化

由于自然界中一切物质都处于运动变化之中，严格地讲，测量对象的客观值应限定在某一时刻和某一位置（或状态）之下。实际上，许多测量都需要一段时间，特别是多次重复测量。比如，称量质量时，液体要蒸发，固体要吸潮，都会引起测量过程中质量的微小变化；电学测量中电压、电流的不稳定；光学测量中光源发光的不稳定等。

(六) 测量仪器对被测量的扰动

例如，测量温度时，要使温度计与被测物体接触，这个温度与原物体的温度会有一些差异。用电压表测量线路中负载的电压时，电压表的接入会对负载有一个小的分流，负载上的电流将有一小的改变。在研究电场和磁场时，探针或探测线圈的引入会改变原电场或磁场的分布。因而在设计实验时，应该仔细考虑这种扰动影响。好的测量仪器，一般都把这种扰动影响减小到仪器误差以下。

以上几方面的误差来源可以作为分析实验误差的思路。在实际工作中，常常只有一两个影响较大的因素需要仔细考虑，而其他影响较小的因素可以忽略。

三、误差的分类

从研究和处理误差的需要出发，根据误差的表现形式，可将误差分为系统误差和随机误差两类。

(一) 系统误差

系统误差的特征是：在同一条件下多次测量同一量时，误差的绝对值和方向保持恒定，或在条件改变时，误差的绝对值和方向按一定规律变化。例如，计时的停表走得快或走得慢，水银温度计零刻度偏离冰点，钢尺的受热膨胀，原理方法上的某些近似，以及观测者生理和心理上的偏向等。原则上讲，这类误差能够针对产生的原因进行消除或修正。但是在实际工作中，有时因为知识的不足，或者不需要花费更高的代价和时间去深入追究所有的系统误差，于是从对系统误差掌握的程度，又可分为已定系统误差和未定系统误差两种。已定系统误差，即产生原因、大小、正负都已知的误差，可以找出修正值对测量结果加以修正。未定系统误差可以通过改进测量方法进行消减，或者凭经验估计出它们可能产生的大小范围，而纳入测量结果的不确定度中。

(二) 随机误差

随机误差的特征是：在同一条件下多次重复测量同一个量时，每次出现的误差大小、正负没有确定的规律,以不可预知的方式变化着.这种误差多数情况是由于对测量值影响微小的、相互独立的多种变化因素所造成的综合效果.例如,各种实验条件在控制范围内的波动使测量仪器和测量对象产生的微小起伏变化,重复测量中实验者每次操作在对准、估读、判断、辨认上产生的微小差异等.由于随机误差在多次测量中,有时正时负、时大时小的特点,因而把多次测量值取平均,必然会抵消掉部分影响.

在多次重复测量取得大量数据后,虽然每一个数据中所含随机误差是不可预知的,但大量数据中所含随机误差是按一定统计规律分布的,可以用统计方法计算出它的散布范围,纳入测量结果的不确定度中.

(三) 误差的相互转化

系统误差和随机误差在一定条件下可以相互转化.例如,一把米尺刻度不均匀,如果固定米尺的端面测量某一物体长度时,测量结果会产生一系统误差,若采用尺的不同刻度部分来多次测量,则可把分度不均匀的误差随机化.又如,工厂成批生产的电阻对标称值的允许起伏变化是随机的,但当你买来一个电阻使用时,它所引起的误差又是固定的.一个具体测量中出现的误差往往既含有随机误差,又含有系统误差.在实验中,当实验条件稳定且系统误差可以掌握时,就尽量保持在相同条件下做实验,以便更正系统误差;当系统误差未能掌握时,常常想出一些办法使系统误差随机化,以便在多次测量取平均值中抵消一部分.

以上所说的误差并不包括错误,如读错数、记错数、对错位置等.这种因粗心大意造成的错误,实验者必须避免.

习惯上常用"精密度"这个词来反映随机误差的大小程度;用"正确度"反映系统误差的大小程度;用"准确度"反映它们的综合影响.当我们说测量准确度高时,既有测量结果偏离真值小的含意,又有在同样实验条件下多次测量重复性好的含意."准确度"有时也简称为"精度".

§3 系统误差的修正和消减

在实验工作中发现和消减系统误差相对来说是一件较困难的工作.它既需要理论指导,又需要丰富的实验工作经验,往往是针对实际工作情况采取灵活多样的办法去解决.以下介绍一些常用方法.

一、如何发现系统误差

系统误差

要发现系统误差,就必须仔细研究测量理论和方法的每一步推导,检验或校准每一件仪器,分析实验理论和仪器所要求的各种实验条件是否能满足,考虑每一步调整和测量中各种因素对实验的影响情况等.下面简述几种常用的方法.

(一) 实验对比法

包括实验方法的对比,即用不同方法测同一个量,看结果是否一致;仪器的对比,如用两只电流表接入同一电路中对比;改变测量步骤对比,如测某物理量与温度的关系可用升温测量与降温测量看读数点是否一致;改变实验中某些参量的数值、改变实验条件以及换人测量等方法进行对比．在对比中如果发现实验结果存在差异，即说明实验中存在系统误差．

（二）理论分析法

包括分析实验所依据的理论公式要求的条件与实际情况有无差异，分析仪器所要求的使用条件是否达到，等等．

（三）分析数据法

这种方法的理论依据是随机误差服从一定的统计分布规律，如果结果不遵从这种规律，则说明存在系统误差．在相同的条件下得到大量数据时，可采用这种方法．

如按测量次序记录的测量数据的偏差是单向的或呈周期性变化，说明存在固定的或变化的系统误差，因为按照偶然误差的统计分布理论，测量值的散布在时间和空间上均应是随机的．

以上只是从普遍意义上介绍了几种发现系统误差的途径，实际工作中，还会有许多种具体办法．

二、系统误差的修正和消减

能掌握的系统误差，可以通过引入修正值加以修正．例如，对千分尺的零点修正，利用较高级的电表对较低级的电表测出修正曲线等．但实际中，有时不易找到确切的系统误差值，则常在测量中设法抵消它的影响．下面介绍几种典型的从测量方法上抵消系统误差的方法．

（一）替换法

在测量装置上对待测量进行测定后，立即用一个标准量替换待测量，再次进行测量，并调到同样的情况，从而得出待测量等于标准量．例如，用电桥测量电阻时，调平衡后，把被测电阻用可变标准电阻替换，调标准电阻值使电桥达到平衡，则标准电阻的示值即为被测电阻的阻值．这样，就消除了电桥中某些元件引起的系统误差，使待测电阻的准确度主要取决于标准电阻的准确度．

（二）异号法

使误差在测量过程中一次为正值，另一次为负值，取其平均值以消除系统误差．例如，使用电位差计测微弱电动势 E 的电路中，若有温差电动势 E_0 的干扰（图 Y3-1），测出的数值 E_1 实为两电动势之差，即 $E_1=E-E_0$．若将 E 反向后，再测量，则测量值 $E_2=E+E_0$．将两次测量结果取平均，由温差电动势引入的误差就被排除了．

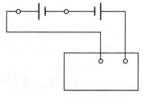

图 Y3-1　异号法示例

（三）交换法

例如，用滑线式惠斯通电桥测电阻时，把待测电阻与标准电阻交换位置再次测量，取两次测量值的平均值，就可消减滑线电阻丝不均匀引起的误差．

（四）对称观测法

若有随时间线性变化的系统误差，可将观测程序对某时刻对称地再做一次．例如，一只灵敏电流计零点随时间有线性漂移，测量读数前记录一次零点值，测量读数后再记录一次零点值,取两次零点值的平均来修正测量值.又如,测电阻温度系数的实验,测电阻前记录一次温度,测电阻后再记录一次温度,取两次平均值作为该点温度值,等等.

由于很多随时间变化的误差在短时间内均可近似认为是线性变化,因此对称观测法是一种能够消除随时间变化的系统误差的常用方法.

(五) 半周期偶数观测法

对周期性误差,可以每经过半个周期进行偶数次观测.例如,测角计刻度盘偏心带来的角度测量误差是以 360° 为周期,就采取相差 180° 的一对游标,每次测量读两个数,则两个角位置之间的夹角是两个游标上分别算出的夹角的平均值.

以上仅仅列举了几种减小或消除某些简单的系统误差的方法,实际上,许多系统误差的出现,常常是由于实验所用理论的不完善,或理论背后还隐藏着未被发现的某些规律,历史上不乏先例.系统误差的出现,促使人们更深入地进行研究并获得新的发现.

§4 随机误差的估计

一、随机误差的正态分布规律

假设系统误差已经消除,被测量本身又是稳定的(被测量本身若有较大起伏,测量结果将显示出被测量本身的统计分布),在相同的实验条件下,多次重复测量所得结果彼此互有差异,这就是随机误差引起的.随机误差是多种不确定因素的综合效果,如果诸多因素中并没有哪一个因素的影响超过其他因素,则尽管每一个因素的概率分布不同,甚至是未知的,但综合影响将使测量的随机误差趋于正态分布.

随机误差

符合正态分布的随机误差有以下几点统计规律:

(1) 单峰性:绝对值小的误差出现的概率比绝对值大的误差出现的概率大.

(2) 有界性:绝对值很大的误差出现的概率为零.误差的绝对值不会超过某个界限值 Δ.

(3) 对称性:绝对值相等的正误差和负误差出现的概率接近相等.

(4) 抵偿性:由于绝对值相等的正、负误差出现的概率接近相等,因而随着测量次数的增加,随机误差的算术平均值将趋于零.

根据以上统计规律,可以从数学上推导出随机误差出现的概率密度函数.这个函数首先由德国数学家和理论物理学家高斯(Karl Friedrich Gauss)于 1795 年导出,因而称高斯分布,又称正态分布.其函数式为

$$G(\Delta x) = \frac{1}{\sigma\sqrt{\sigma\pi}} e^{-\frac{(\Delta x)^2}{2\sigma^2}}. \tag{Y4-1}$$

式中,$\Delta x = x - X$,表示每次测量的随机误差;$G(\Delta x)$ 是误差 Δx 出现的概率密度;σ 是该函数式的一个参数,它的值是曲线拐点的横坐标值(与随机误差 Δx 有相同的量纲).

函数的图形如图 Y4-1 所示.

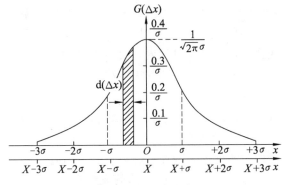

图 Y4-1 正态分布

在一定测量条件下对同一量进行多次测量，随机误差的统计分布是唯一确定的，即 σ 有一确定值。测量条件不同，随机误差的散布不同，反映在概率密度函数上就是 σ 大小不同（图 Y4-2）。σ 大，随机误差分布离散大，测量精密度低；σ 小，随机误差分布离散小，测量精密度高。因而参量 σ 可以作为随机误差散布情况的量度。σ 的数学表达式为

$$\sigma = \lim_{n \to \infty} \sqrt{\frac{\sum_{i=1}^{n}(x_i - X)^2}{n}}. \qquad (Y4\text{-}2)$$

该式表示 σ 值是无穷多次测量所产生的随机误差的方均根值，称为标准误差。

从函数图形上看，坐标原点对应 $\Delta x = 0$。如果不是以误差值为横坐标，而是以测量值为横坐标，原点处相当于真值 X 的位置。

曲线下的总面积表示各种大小（包括正负）误差出现的总概率，当然应该是 100%。从 $\Delta x = -\sigma$ 到 $\Delta x = \sigma$ 之间的曲线下的面积可以计算出来，为总面积的 68.3%，它表示随机误差值落在区间 $[-\sigma, \sigma]$ 内的概率。根据 $|\Delta x| = |x_i - X| \leq \sigma$ 的关系，这个概率还可以说成是：测量值落到区间 $[X-\sigma, X+\sigma]$ 内的次数占总测量次数的 68.3%（当总测量次数足够多时）。再一种说法是：在区间 $[x_i - \sigma,

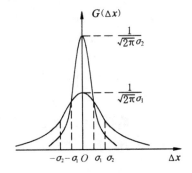

图 Y4-2 具有不同 σ 值的两个正态分布

$x_i + \sigma]$ 内包含真值 X 的概率是 68.3%。这后一种说法很重要，它表明对于只存在随机误差的测量值，在测量次数无限多时，如果以任意一次测量值表示测量结果，当然不知道它的真误差究竟是多少，但在 $x_i \pm \sigma$ 范围内，包含被测量真值的概率为 68.3%。这就提供了一个以一定概率包含被测量真值的量值范围来表达测量结果精密度的方法。区间 $[-\sigma, +\sigma]$ 称为置信区间，在给定置信区间内包含真值的概率（$P = 68.3\%$）称为置信概率。扩大置信区间，置信概率就会提高。例如，在区间 $[-2\sigma, +2\sigma]$ 内，置信概率为 95.4%；在区间 $[-3\sigma, +3\sigma]$ 内，置信概率为 99.7%。因而只要对测量结果给出置信区间和置信概率 P，就表达了测量结果的精密程度。$[-3\sigma, +3\sigma]$ 这个置信区间表明随机误差超过这个范围的测量值在 1000 次测量中大约只出现 3 次，在一般进行的几十次测量中，几乎不可能出现，所以将 3σ 称为极限误差。

二、有限次数测量的平均值及标准偏差

实际上测量不可能进行无限多次,只能是有限次.如果把无限多次测量结果称为总体,有限次测量(无论是测量几次,甚至仅测一次)得到的测量值,都是从这个总体中抽出的一个样本.样本在一定程度上必然带有总体的信息.从前面讨论的正态分布可知,关键是利用样本来估计总体分布的两个特征值,即真值 X 及标准误差 σ.

(一) 算术平均值是真值 X 的最佳估计值

在测量条件不变的情况下,如果对待测量测量了 n 次,获得了 n 个测量值 $x_1, x_2, \cdots, x_n$,取怎样的值才是真值 X 的最佳估计值呢?

随机误差的统计理论的结论是:对待测量 x 作了有限次的等精度的独立测量,结果是 $x_1, x_2, \cdots, x_n$,若不存在系统误差,则这 n 个测量值的算术平均值

$$\bar{x} = \frac{x_1 + x_2 + \cdots + x_n}{n} = \frac{1}{n}\sum_{i=1}^{n} x_i \tag{Y4-3}$$

作为真值 X 的最佳估计值.也就是说,n 次等精度测量的一组数据的算术平均值就是真值的最佳估计值.所以在多次测量时,用算术平均值表示测量结果.

不难理解,有限次测量的平均值会随测量次数的多少而有所变动,也会因不同组测量数据而稍有差别,因而平均值并不是唯一的,它是一个随机量.平均值是真值的近似值,当测量次数无限增加时,算术平均值就将无限接近真值.

(二) σ 的最佳估值——样本标准偏差 S_x

由于真值 X 无法知道,所以标准误差 σ 无法计算.前面讨论过,可将测量到的算术平均值 $\bar{x}$ 作为真值的最佳估计值,所以,我们可以用各次测量值与算术平均值之差 v_i 来估算标准误差 σ,即

$$v_i = x_i - \bar{x}.$$

v_i 称为偏差,是可以计算的.可以证明,标准误差可用偏差表示为

$$S_x = \sqrt{\frac{\sum_{i=1}^{n}(x_i - \bar{x})^2}{n-1}}. \tag{Y4-4}$$

S_x 称为样本标准偏差,简称标准差.上式是计算测量结果不确定度很有用的公式,称为贝塞耳(Bessel)公式.

不难理解,由于 S_x 仅是 σ 的近似值,当把测量结果表示成 $\bar{x} \pm S_x$ 时(在仅有随机误差,且随机误差按正态分布的情况下),包含真值的概率近似为 68%.

(三) 平均值的标准偏差 $S_{\bar{x}}$

一般情况下,在多次测量后,是以平均值 $\bar{x}$ 来表示测量结果的,而平均值 $\bar{x}$ 本身显然也是个随机量.可以设想取许多个 n 次测量的样本,每一个样本可以求出一个平均值 $\bar{x_1}, \bar{x_2}, \cdots$,这些平均值的统计分布必然会更靠近真值(因为平均值已经对单次测量值的随机误差都有

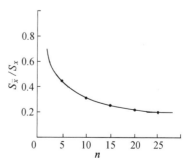

图 Y4-3 平均值的标准偏差随测量次数的变化关系

一定程度的抵消），所以平均值的标准偏差要比单个测量值的标准偏差小．可以证明，平均值 $\bar{x}$ 的标准偏差 $S_{\bar{x}}$ 为

$$S_{\bar{x}} = \frac{S_x}{\sqrt{n}} = \sqrt{\frac{\sum_{i=1}^{n}(x_i - \bar{x})^2}{n(n-1)}}. \qquad (Y4\text{-}5)$$

即当把测量结果表示成 $\bar{x} \pm \frac{S_x}{\sqrt{n}}$ 时，包含真值的概率在 68% 左右．

从式（Y4-5）可知，当增加测量次数时，$S_{\bar{x}}$ 将会减小，但是按 $\frac{1}{\sqrt{n}}$ 的比例关系减小，在 n 较大时，这种减小就变得很缓慢．图 Y4-3 为平均值的标准偏差随测量次数的变化关系．从图中可见，当 $n > 10$ 时，$S_{\bar{x}}$ 的减小已不很明显．因此，在做多次测量时，一般取 10 次左右就够了．片面地增加测量次数，非但不确定度减小不明显，而且会拖长工作时间，环境条件的不变性亦难保证．

例1 使用最小分度为 $1'$ 的光学测角计测量一块三棱镜的顶角 10 次，其结果为：$60°20'$，$60°27'$，$60°31'$，$60°24'$，$60°28'$，$60°32'$，$60°33'$，$60°25'$，$60°24'$，$60°26'$．试计算其平均值及标准偏差．

解：首先把 10 次测量值按大小次序列于下表：

n	x_i	$(x_i - \bar{x})/'$	$(x_i - \bar{x})^2$	n	x_i	$(x_i - \bar{x})/'$	$(x_i - \bar{x})^2$
1	$60°20'$	-7	49	6	$60°27'$	0	0
2	$60°24'$	-3	9	7	$60°28'$	1	1
3	$60°24'$	-3	9	8	$60°31'$	4	16
4	$60°25'$	-2	4	9	$60°32'$	5	25
5	$60°26'$	-1	1	10	$60°33'$	6	36

其算术平均值为

$$\bar{x} = \frac{1}{10}\sum_{i=1}^{10} x_i = 60°27'.$$

测量值的标准偏差为

$$S_x = \sqrt{\frac{\sum_{i=1}^{n}(x_i - \bar{x})^2}{n-1}}' = \sqrt{\frac{150}{10-1}}' = 4.1'.$$

平均值的标准偏差为

$$S_{\bar{x}} = \frac{S_x}{\sqrt{n}} = \frac{4.1'}{\sqrt{10}} = 1.3'.$$

（四）测量次数很少时置信区间的确定

当测量次数很少时，样本的平均值 $\bar{x}$ 与标准偏差 S_x 可能会严重偏离总体正态分布的真值 X 和标准误差 σ．根据误差理论，如果令 $t \equiv (\bar{x} - X)/S_{\bar{x}}$，$t$ 作为一个统计量将遵从另

一种分布——t 分布,也叫"学生分布". 其函数式比较复杂,可不去管它. 但由 t 分布可以提供一个系数因子,简称 t 因子,用这个 t 因子乘以小样本的标准偏差作为置信区间,仍能保证在这个区间内有 68.3% 的置信概率. 表 Y4-1 列出了几个常用的 t 因子.

表 Y4-1 t 因子(表中 n 表示测量次数)

n	2	3	4	5	6	7	8	9	10
$t_{0.683}$	1.84	1.32	1.20	1.14	1.11	1.09	1.08	1.07	1.06
$t_{0.95}$	4.30	3.18	2.78	2.57	2.45	2.36	2.31	2.26	2.23
$t_{0.99}$	9.92	5.84	4.60	4.03	3.71	3.50	3.36	3.25	3.17

从表中可见,$t_{0.683}$ 因子随测量次数的增加而趋向于 1,即 t 分布在 $n\to\infty$ 时趋向正态分布. 于是在测量次数很少时,把测量结果表示成:$\overline{x}\pm t_{0.683}\cdot S_{\overline{x}}(P=68.3\%)$ 或 $\overline{x}\pm t_{0.95}\cdot S_{\overline{x}}(P=95\%)$ 或 $\overline{x}\pm t_{0.99}\cdot S_{\overline{x}}(P=99\%)$.

§5 直接测量结果的不确定度

对测量不确定度的量化评定和表示,国际社会正在致力于建立一套国际统一的、各行各业通用的准则,以便于国际上对测量和实验成果的相互利用和交流. 目前已经获得国际公认的主要原则有以下三点:第一,测量结果的不确定度一般包含若干分量,这些分量可按其数值的评定方法归并成 A、B 两类:A 类是指对多次重复测量结果用统计方法计算的标准偏差;B 类是指用其他方法估计的近似相当于标准偏差的值. 第二,如果各分量是独立的,测量结果的合成标准不确定度是各分量平方和的正平方根. 第三,根据需要可将合成标准不确定度乘以一个包含因子 K(取值范围 2~3),作为展伸不确定度,使测量结果能以高概率(95% 以上)包含被测真值.

直接测量结果的不确定度

一、A 类和 B 类不确定度分量

前面我们分别介绍了处理系统误差和随机误差的原则. 考虑到在实际测量中,对带入测量结果的已定系统误差分量进行修正以后,其余各种未定系统误差因素和随机误差因素将共同影响测量结果的不确定度. 在大学物理实验中,我们对直接测量能掌握的不确定度信息主要有两个:一是所使用仪器的准确度;二是多次测量所获得的测量值.

(一) 直接测量结果的 A 类不确定度分量估算

若测量次数在 5 次以上,测量结果以平均值 $\overline{x}$ 表示,其 A 类标准不确定度可以直接用平均值的标准偏差表示,即

$$u_\mathrm{A}=\frac{S_x}{\sqrt{n}}=\sqrt{\frac{\sum_{i=1}^{n}(x_i-\overline{x})^2}{n(n-1)}}. \tag{Y5-1}$$

若测量次数在 5 次以下,为了保证标准不确定度的置信概率水平,应考虑把标准偏差

乘以 $t_{0.68}$ 因子,即

$$u_A = t_{0.68} \cdot \frac{S_x}{\sqrt{n}}. \tag{Y5-2}$$

(二) 直接测量结果的 B 类不确定度分量估算

首先根据所用仪器及测量条件估计测量结果可能产生的误差限 Δ. 一般 Δ 值可直接采用仪器的示值误差限或允许误差限,在没有仪器准确度资料的特殊情况下,也可采用仪器的最小分度值.

为了从误差限值计算出近似的相当于标准偏差的不确定度 B 类分量,需要估计仪器误差的可能统计分布. 为了便于教学,我们可以假设实际产生的误差在误差限 Δ 界限以内是均匀分布的,即误差在区间 $(-\Delta, \Delta)$ 以外出现的概率为零,在区间 $(-\Delta, \Delta)$ 以内各种大小误差出现的概率相同. 均匀分布的标准误差 $\sigma = \frac{\Delta}{\sqrt{3}}$,在区间 $[-\sigma, +\sigma]$ 以内的置信概率为 0.577. 这种假设对多数情况是适当的,于是,B 类标准不确定度分量可以简化为按下式估算:

$$u_B = \frac{\Delta}{\sqrt{3}}. \tag{Y5-3}$$

(三) 直接测量结果的合成不确定度

直接测量结果的合成不确定度可表示为

$$u_{\bar{x}} = \sqrt{u_A^2 + u_B^2} = \sqrt{S_{\bar{x}}^2 + \left(\frac{\Delta}{\sqrt{3}}\right)^2} \quad (P \approx 68\%).$$

测量结果则为

$$\bar{x} \pm u_{\bar{x}}, \quad U_r = \frac{u_{\bar{x}}}{\bar{x}} \times 100\% \quad (P \approx 68\%).$$

如果采用高置信概率的展伸不确定度表达测量结果,也可以直接采用下式计算展伸不确定度:

$$u = k u_{\bar{x}} = \sqrt{(S_{\bar{x}} \cdot t_{0.95})^2 + \Delta^2} \quad (P \approx 95\% \text{ 以上}).$$

测量结果表示为

$$\bar{x} \pm u, \quad U_r = \frac{u}{\bar{x}} \times 100\% \quad (P \approx 95\% \text{ 以上}).$$

二、仪器的误差限和灵敏阈

测量仪器(量具、仪表、标准器等)都有国家标准规定的准确度等级. 根据所用仪器的等级和量程可以计算出仪器的基本误差限或示值误差限. 例如,测量范围在 0～25mm 的一级千分尺,它的示值误差限为 0.004mm;0～100mA 的一级电表示值误差限为 1mA;100g 三等砝码的允许误差限为 2mg 等. 这些资料可以从产品说明书或鉴定合格证书中得到. 基本误差限和示值误差限是指合格的仪器在规定的标准条件(如温度、湿度、重力方向等)下,按制造厂说明书正确调整使用时,标称值或指示值可能产生误差的范围. 如果使用条件不符合标准条件,还会产生各种附加误差.

仪器误差是由仪器自身结构和制造上的不完善引起的,是仪器本身所固有的不确定性.例如,电学指示仪表的误差因素包括轴尖和轴承之间的间隙和摩擦、游丝和张丝的弹性不均匀和弛豫、活动部件不平衡、装配不准确、标度分格不均匀、内部磁场不均匀、铁磁材料的磁滞等,使表观指示值不能准确复现计量单位倍数的真值,其中既含有固定偏移误差(系统误差分量),又含有重复性误差(随机误差分量).显然测量仪器本身的不确定性是测量结果不确定度的重要组成部分.

在实验中也常会遇到下述情况:如当使用精密的 $\frac{1}{100}$ 秒表多次测量一个摆的周期时,发现数据分散,并可算出标准偏差;若改用不精密的 $\frac{1}{10}$ 秒表去测同一个摆的周期,结果多次测量数据几乎完全相同,标准偏差近似为零.是不是用不精密的仪器测量,测量结果的精密度反而高呢?不是的.原因在于小于 0.1s 的时间变化量用 $\frac{1}{10}$ 秒表反映不出来.我们称:足以引起仪器示值可察觉变化的被测量最小变化值为仪器的灵敏阈.被测量的改变量小于这个阈值,仪器没有反应.例如,数字式仪表最末一位数所代表的量,就是数字式仪表的灵敏阈.对于指针式仪表,由于人眼能察觉到的指针改变量一般为 0.2 分度值,于是可以把 0.2 分度值所代表的量作为指针式仪表的灵敏阈.灵敏阈越小,仪器的灵敏度越高.

三、直接测量结果不确定度的评定

(一) 评定步骤

1. 尽可能把测量中的各种系统误差减至最小.例如,采用适当的测量方法予以抵消,或改变测量条件使之随机化,或确定出修正值加以修正.

2. 确定并记录仪器的型号、量程、最小分度值、示值误差限及灵敏阈.

3. 当准备好测量时,小心地取 3～4 个观测值并注意其偏差情况.如果偏差几乎不存在,或与仪器的误差限相比很小,那就不必进行多次测量,而以其中任一次测量值表达测量结果,其不确定度只以仪器示值误差限计算.

4. 若发现测试结果偏差较大,可与仪器的误差限相比拟或更大,则要取 5～10 次的测量值,以平均值表示测量结果,其不确定度应该以 A 类和 B 类的合成不确定度表示.

(二) 测量结果的书写表示规范

1. 如果直接测量结果是最终结果,不确定度用一位或两位有效数字表示均可.如果是作为间接测量的一个中间结果,不确定度最好用两位有效数字表示.相对不确定度一律用两位有效数字的百分数表示.

2. 不确定度值截断时,采取"不舍只入"的方法,以保证其置信概率水平不降低.例如,计算得到不确定度为 0.2412,截取两位数为 0.25,截取一位数为 0.3.

3. 测量结果的最末位以保留的不确定度末位相对齐来确定并截断.测量值的截断采取通常的"修约规则"(见第 7 节).例如,某测量数据计算的平均值为 1.83549m,其标准不确定度计算得 0.01347m,则测量结果表示为

$$(1.835\pm0.014)\text{m}, \quad U_r=0.77 \quad (P\approx68\%),$$
$$(1.84\pm0.02)\text{m}, \quad U_r=1.1 \quad (P\approx68\%).$$

4. 为了清楚地区分测量结果表示的是标准不确定度,还是高概率不确定度,在测量结果后一律用括号注明置信概率的近似值.

§6　间接测量结果的不确定度

间接测量结果是由一个或几个直接测量值经过公式计算得到的. 直接测量值的不确定度要传递给间接测量结果,这就是不确定度的传递与合成问题.

间接测量结果的不确定度

一、间接测量值由单一直接测量值决定时的不确定度传递关系

设直接测量值是 x,通过函数关系 $y=f(x)$ 与间接测量结果 y 相联系. 若 x 的不确定度为 u_x,y 的不确定度为 u_y,因为 u_x 及 u_y 都是很小量,可以把它们当作自变量 x 的增量 Δx 引起函数值 y 的增量 Δy 来对待. 因而它们之间的关系可以用函数的导数 $f'(x)$ 联系起来,即

$$u_y \approx f'(x) \cdot u_x. \tag{Y6-1}$$

$f'(x)$ 称为传递系数. 它的数值大小表示间接测量结果的不确定度受直接测量结果不确定度影响的敏感程度.

例 2　一个钢球的体积 V 可以通过测量钢球的直径 d 求得. 若测得 $d=(5.893\pm0.044)\text{mm}(P\approx68\%)$,求钢球体积的测量结果.

解: $\quad V=\dfrac{1}{6}\pi d^3=\dfrac{1}{6}[3.1416\times(5.893)^3]\text{mm}^3=107.154\text{mm}^3.$

V 对 d 的导数为 $\dfrac{1}{2}\pi d^2$,于是

$$u_V=\dfrac{\pi d^2}{2}\cdot u_d=\left[3.14\times\dfrac{(5.89)^2}{2}\right]\times0.044\text{mm}^3=2.397\text{mm}^3\approx2.4\text{mm}^3.$$

钢球体积的测量结果为

$$V=(107.2\pm2.4)\text{mm}^3 \quad (P\approx68\%).$$

从这个例子还应注意到:在计算间接测量值的公式中,如果有像 π 这样的近似常数时,为了不使计算结果受 π 的截尾误差的影响,其有效数字应比直接测量结果至少多取一位.

二、由两个以上直接测量值决定的间接测量结果的不确定度的传递与合成

若某量 ω 是由独立取得的直接测量结果 $x,y,z,\cdots$ 计算出来的,即

$$\omega=f(x,y,z,\cdots),$$

这时可以分别计算由 x 的不确定度 u_x 引起的 ω 的不确定度 $(u_\omega)_x$,由 y 的不确定度 u_y 引起的 ω 的不确定度 $(u_\omega)_y$……然后把它们用"方和根"的方法合成起来作为 ω 的总不确定度 u_ω.

单考虑 x 的不确定度 u_x 的影响,可写成

$$(u_\omega)_x \approx \left(\frac{\partial \omega}{\partial x}\right) \cdot u_x.$$

单考虑 y 的不确定度 u_y 的影响,可写成

$$(u_\omega)_y \approx \left(\frac{\partial \omega}{\partial y}\right) \cdot u_y.$$

依次类推,ω 的总不确定度为

$$u_\omega = \sqrt{\left(\frac{\partial \omega}{\partial x}\right)^2 \cdot u_x^2 + \left(\frac{\partial \omega}{\partial y}\right)^2 \cdot u_y^2 + \left(\frac{\partial \omega}{\partial z}\right)^2 \cdot u_z^2 + \cdots}. \tag{Y6-2}$$

ω 的相对不确定度为

$$U_r = \frac{u_\omega}{\omega} = \sqrt{\left(\frac{\partial \ln\omega}{\partial x}\right)^2 \cdot u_x^2 + \left(\frac{\partial \ln\omega}{\partial y}\right)^2 \cdot u_y^2 + \left(\frac{\partial \ln\omega}{\partial z}\right)^2 \cdot u_z^2 + \cdots}. \tag{Y6-3}$$

常用函数的不确定度传递和合成公式如表 Y6-1 所示.

表 Y6-1 常用函数的不确定度传递和合成公式

函数的表达式	不确定度的传递公式
$\omega = x \pm y$	$u_\omega = \sqrt{u_x^2 + u_y^2}$
$\omega = xy$	$\dfrac{u_\omega}{\omega} = \sqrt{\left(\dfrac{u_x}{x}\right)^2 + \left(\dfrac{u_y}{y}\right)^2}$
$\omega = \dfrac{x}{y}$	$\dfrac{u_\omega}{\omega} = \sqrt{\left(\dfrac{u_x}{x}\right)^2 + \left(\dfrac{u_y}{y}\right)^2}$
$\omega = \dfrac{x^k y^m}{z^n}$	$\dfrac{u_\omega}{\omega} = \sqrt{k^2 \left(\dfrac{u_x}{x}\right)^2 + m^2 \left(\dfrac{u_y}{y}\right)^2 + n^2 \left(\dfrac{u_z}{z}\right)^2}$
$\omega = kx$	$u_\omega = k u_x$
$\omega = \sqrt[k]{x}$	$\dfrac{u_\omega}{\omega} = \dfrac{1}{k} \dfrac{u_x}{x}$
$\omega = \sin x$	$u_\omega = u_x \cdot \cos x$
$\omega = \ln x$	$u_\omega = \dfrac{u_x}{x}$

以上关于不确定度的传递关系既适用于标准不确定度,也适用于高概率的不确定度,但要注意统一. 所有直接测量值都用标准不确定度表达时,传递的间接测量结果的不确定度也是标准不确定度,即置信概率仍保持在 68% 左右. 所有直接测量值都用高概率不确定度表达时,经传递后仍然是高概率的不确定度.

例3 用流体静力称衡法测量一铝块的密度,计算公式为 $\rho = \dfrac{m}{m - m_1} \cdot \rho_0$. 测得铝块质量 $m = (27.06 \pm 0.02)\text{g}$ ($P \approx 95\%$),铝块浸没于纯水中的质量 $m_1 = (17.03 \pm 0.02)\text{g}$ ($P = 95\%$),查手册得水的密度 $\rho_0 = (0.9997 \pm 0.0003)\text{g/cm}^3$ ($P = 95\%$)(其不确定度是根据室温的变动情况和水的纯度情况估计的). 试求铝块的密度测量结果.

解: 铝块的密度为

$$\rho = \frac{27.06}{27.06 - 17.03} \cdot 0.9997 \text{g/cm}^3 = 2.6971 \text{g/cm}^3.$$

铝块密度的不确定度为

$$u_\rho = \sqrt{(u_\rho)_m^2 + (u_\rho)_{m_1}^2 + (u_\rho)_{\rho_0}^2},$$

$$(u_\rho)_m = \frac{\partial}{\partial m}\left(\frac{m}{m-m_1} \cdot \rho_0\right) \cdot u_m = \frac{-m_1}{(m-m_1)^2} \cdot \rho_0 \cdot u_m$$

$$\approx -\frac{17}{(27-17)^2} \times 1 \times 0.02 \text{g/cm}^3 = -3.4 \times 10^{-3} \text{g/cm}^3,$$

$$(u_\rho)_{m_1} = \frac{\partial}{\partial m_1}\left(\frac{m}{m-m_1} \cdot \rho_0\right) \cdot u_{m_1} = \frac{m}{(m-m_1)^2} \cdot \rho_0 \cdot u_{m_1}$$

$$\approx \frac{27}{(27-17)^2} \times 1 \times 0.02 \text{g/cm}^3 = 5.4 \times 10^{-3} \text{g/cm}^3,$$

$$(u_\rho)_{\rho_0} = \frac{\partial}{\partial \rho_0}\left(\frac{m}{m-m_1} \cdot \rho_0\right) \cdot u_{\rho_0} = \frac{m}{m-m_1} \cdot u_{\rho_0}$$

$$\approx \frac{27}{27-17} \times 0.0003 \text{g/cm}^3 = 8.1 \times 10^{-4} \text{g/cm}^3.$$

于是得

$$u_\rho = 6.4 \times 10^{-3} \text{g/cm}^3.$$

铝块密度的测量结果为

$$\rho = (2.6971 \pm 0.0064) \text{g/cm}^3, \quad U_r = 0.24\% \quad (P \approx 95\%).$$

如果函数关系只有乘除没有加减，先计算相对不确定度更为简单．为此，可先将函数式取对数再求导，可得相对不确定度传递关系式（Y6-3），然后根据 $u_\omega = U_r \omega$ 计算总不确定度．

例 4 第 2 章实验 3 钢丝的杨氏模量 E 测量不确定度传递公式的推导．

解：杨氏模量的测量公式为

$$\overline{E} = \frac{8MgL\overline{D}}{\pi \overline{d}^2 b \overline{\Delta n}},$$

式中，M、g 为常数．

等式两边取对数，有

$$\ln \overline{E} = \ln 8 + \ln M + \ln g + \ln L + \ln \overline{D} - \ln \pi - 2\ln \overline{d} - \ln b - \ln \overline{\Delta n}.$$

求微分，得

$$\frac{d\overline{E}}{\overline{E}} = \frac{dL}{L} + \frac{d\overline{D}}{\overline{D}} - 2\frac{d\overline{d}}{\overline{d}} - \frac{db}{b} - \frac{d\overline{\Delta n}}{\overline{\Delta n}}.$$

将微分量换成不确定度量，有

$$\frac{u_{\overline{E}}}{\overline{E}} = \frac{u_L}{L} + \frac{u_{\overline{D}}}{\overline{D}} - 2\frac{u_{\overline{d}}}{\overline{d}} - \frac{u_b}{b} - \frac{u_{\overline{\Delta n}}}{\overline{\Delta n}}.$$

考虑到最大可能出现的情况，相对不确定度取其方和根，即

$$U_r = \frac{u_{\overline{E}}}{\overline{E}} = \sqrt{\left(\frac{u_L}{L}\right)^2 + \left(\frac{u_{\overline{D}}}{\overline{D}}\right)^2 + 4\left(\frac{u_{\overline{d}}}{\overline{d}}\right)^2 + \left(\frac{u_b}{b}\right)^2 + \left(\frac{u_{\overline{\Delta n}}}{\overline{\Delta n}}\right)^2}.$$

总不确定度为

$$u_{\overline{E}} = \overline{E} \cdot U_r = \overline{E} \cdot \sqrt{\left(\frac{u_L}{L}\right)^2 + \left(\frac{u_{\overline{D}}}{\overline{D}}\right)^2 + 4\left(\frac{u_{\overline{d}}}{\overline{d}}\right)^2 + \left(\frac{u_b}{b}\right)^2 + \left(\frac{u_{\overline{\Delta n}}}{\overline{\Delta n}}\right)^2}.$$

三、间接测量结果的书写表示规范

间接测量结果的书写表示规范与直接测量结果的书写表示规范相同,这里不再重复.

§7 有效数字

实验的数据记录、数据运算以及实验结果的表达,都应遵从有效数字的规则.

(一) 有效数字的基本概念

有效数字

从仪器上读取测量数据,不仅要读出整分度值刻度数,而且要尽量估读出最小分度的下一位数. 以图 Y7-1 所示的用米尺测量棒的长度为例,可以读出棒长度为4.14cm、

图 Y7-1 估读

4.15cm或4.16cm. 前两位数4.1cm是从米尺上整分度数读取的,是确切数字. 而第三位数是测量者估读出来的,其值会因人而异或因次(测几次)而异,是一位有疑问的数字,称为存疑数字. 把包括一位存疑数字在内的所有从仪器上直接读出的数字,称为有效数字. 根据这个规定,实验记录的原始数据最后一位都应该是估读的. 若上述棒长度的右端,刚好与4cm刻线对齐,测量结果必须写成4.00cm,以最后一个"0"表示出估读位是在$\frac{1}{100}$cm处. 写成4cm、40mm 都不对,原因在于有效数字的位数与仪器分度不符.

所谓存疑数字,就是有误差的一位数字,因而规定:包括一位有误差的数字和所有确切数字都是有效数字. 所有实验工作者都应遵从有效数字的规则来记录和表达测量数据,即使在没有写出不确定度时,别人也会知道数据的最后一位是有误差的. 或者说测量误差只产生于最后一位. 对于明确写出不确定度的测量结果,也应该使结果的最后一位或两位与所取不确定度值一位或两位对齐,多余的尾数应按"舍入规则"截取. 例如,在第 6 节的例 3 中,计算出密度 ρ 的不确定度,若取 $u_\rho=0.007\mathrm{g/cm^3}$, ρ 值应取为 $2.697\mathrm{g/cm^3}$,若取 $u_\rho=0.0064\mathrm{g/cm^3}$, ρ 值应取为 $2.6971\mathrm{g/cm^3}$. 当不确定度用两位数字表达时,在测量结果中保留了两位存疑数字,而多保留的一位存疑数字,不计入有效数字的位数.

按有效数字书写的测量数据,有效数字的位数就与测量的准确度联系起来. 例如, $\rho=2.697\mathrm{g/cm^3}$ 是四位有效数字,它的相对不确定度 $u_r=0.24\%$,粗略地说是千分之几. 由此可大致推断,两位有效数字测量准确度为十分之几(10^{-1}),三位有效数字测量准确度为百分之几(10^{-2}),四位有效数字测量准确度为千分之几(10^{-3}),等等. 因而按有效数字规定表示测量结果时,即使没有给出不确定度值,也粗略地表示了测量的准确度.

(二) 科学记数法

假若用一台测量精度为 1%g 的天平称某物体的质量为 80.20g,得到四位有效数字. 若把这个数据用 kg 为单位表示,则为 0.08020kg,仍应是四位有效数字,因而表示小数点位置的"0"不算有效数字. 若用毫克为单位表示写成 80200mg,就出现问题了. 按有效数

字规定,最后一位是有误差的数,原来数据为 80.20g,有误差的数是在 $\frac{1}{100}$g 位上,当写成 80200mg 时,最后一个数是 $\frac{1}{1000}$g,数据准确度变了.显然,测量数据不能因为单位换算而改变其有效数字的位数.为解决这个矛盾,应该使用科学记数法,即把数据写成小数点前只有一位(即个位数起头),再乘以 10 的幂次来表示.如上述质量数据写成 8.020×10^4mg 或 8.020×10^{-2}kg,这种记数法既表达出有效数字的位数,又表达出数字的大小,而且计算起来也容易定位.所以在书写实验数据时,应该采用科学记数法.

(三) 数字截尾的舍入规则

熟知的"四舍五入"规则是"见五就入",这会使从 1~9 的 9 个数字中,入的机会总是大于舍的机会,因而是不合理的.现在通用的规则是:对保留数字末位以后的部分,小于 5 则舍,大于 5 则入,等于 5 则把末位凑为偶数,即末位是奇数则加 1(五入),末位是偶数则不变(五舍).例如,4.535 取三位有效数字为 4.54;13.505 取四位有效数字为 13.50.

(四) 有效数字的运算规则

当用直接测量值计算间接测量值时,间接测量值的有效数字位数,只要求出不确定度后,就可以确定出来.在求不确定度时,怎样确定计算结果的有效数字位数呢?可按以下粗略方法去确定.总的原则是:存疑数字与确切数字相加减或相乘除,其结果仍是存疑数字,在最后的结果中,只保留一位存疑数字,其后的数字是无意义的,应按舍入规则截去.

加减法运算时,例如(为清楚起见,在算式存疑数字上加一横线):

$$32.\overline{1}+3.27\overline{6}=35.3\overline{76}=35.\overline{4},$$
$$26.6\overline{5}-3.92\overline{6}=22.7\overline{24}=22.7\overline{2}.$$

从上两个例子可总结出一个结论:和或差的存疑数字位置,与参与运算各量中存疑数字量值最大的一个相同.

乘除运算时,例如:

$$5.34\overline{8}\times20.\overline{5}=10\overline{9}.\overline{6340}=11\overline{0},$$
$$3764.\overline{3}\div21.\overline{7}=17\overline{3}.\overline{470}\cdots=17\overline{3}.$$

从这两个例子又得出一条结论:积或商的有效数字位数与参与运算各量中有效数字位数最少的相同.

不难证明,乘方或开方运算结果的有效数字位数与其底的有效数字位数相同.

至于指数、对数、三角函数运算结果的有效数字位数,可由改变量来确定.例如,35°35′的最后一个存疑数字是 5′,当换算成以度表示的十进制时为 35.58°,其 sin35.58°= 0.5818391…哪位是存疑数字呢?我们可以再计算 sin35.59°的值为 0.581981…,两数在小数点后第四位产生了差别,因而 sin35.58°=0.5818,最后一个"8"是存疑数字.

以上这些结论,在一般情况下是成立的,有时会有一位的出入.准确的方法,还是应该计算出间接测量结果的不确定度,用不确定度去确定间接测量结果的有效数字位数.

§8 用作图法处理实验数据

研究物理量间的变化关系,可以从实验中测出一系列相互对应的数据点,这些数据都带有误差,怎样通过这些数据点得到最可靠的实验结果或物理规律呢？这要靠正确的数据处理方法. 常用的方法有图示法、逐差法和最小二乘法拟合曲线. 本节先介绍图示法,后两种方法在下两节介绍.

作图法

图示法可以最醒目地表达物理量间的变化关系. 同时,作图连线对数据点可起到平均的作用,从而减小某些误差；从图线上还可以简便求出实验需要的某些结果(如直线的斜率和截距值等),读出没有进行观测的对应点(内插法),或在一定条件下从图线的延伸部分读到测量范围以外的对应点(外推法). 此外,还可以把某些复杂的函数关系通过一定的变换用直线图表示出来. 例如,半导体热敏电阻的电阻与温度关系为 $R=R_0 e^{E/kT}$,取对数后得到 $\lg R = \dfrac{E}{kT} \cdot \lg e + \lg R_0$. 若用半对数坐标纸,以 $\lg R$ 为纵轴,以 $\dfrac{1}{T}$ 为横轴画图,所示图形则为一条直线.

要特别注意的是,实验作图不是示意图,而是用图来表达实验中得到的物理量间的关系,同时还要反映出测量的准确程度,所以必须满足一定的作图要求.

(一) 作图要求

1. 作图必须用坐标纸.

按需要可以选用毫米方格纸、半对数坐标纸、对数坐标纸或极坐标纸等.

2. 选坐标轴.

以横轴代表自变量,纵轴代表因变量,在轴的端部注明物理量的名称符号及其单位.

3. 确定坐标分度.

坐标分度要保证图上观测点的坐标读数的有效数字位数与实验数据的有效数字位数相同. 例如,对于直接测量的物理量,轴上最小格的标度可与测量仪器的最小刻度相同. 两轴的交点不一定从零开始,一般可取比数据最小值再小一些的整数开始标值,要尽量使图线占据图纸的大部分,不偏于一角或一边. 对每个坐标轴,在相隔一定距离下用整齐的数字注明分度(参阅图 Y8-2).

4. 描点和连曲线.

根据实验数据用削尖的硬铅笔在图上描点,点可用 "+" "×" "○" 等符号表示,符号在图上的大小应与该物理量的不确定度大小相当. 点要清晰,图线不能盖过点. 连线时要纵观所有数据点的变化趋势,用曲线板连出光滑而细的曲线(如系直线可用直尺),连线不能通过的偏差较大的那些观测点,应均匀地分布于图线的两侧.

5. 写图名和图注.

在图纸的上部空旷处写出图名和实验条件等.

此外,还有一种校正图线,如用准确度级别高的电表校准级别低的电表,这种图要附在被校正的仪表上作为示值的修正. 作校正图时除连线方法与上述作图要求不同外,其余均相同. 校正图的相邻数据点间用直线连接,全图成为不光滑的折线(图 Y8-1). 这是因为不知两个校正点之间的变化关系,用线性插入法做近似处理.

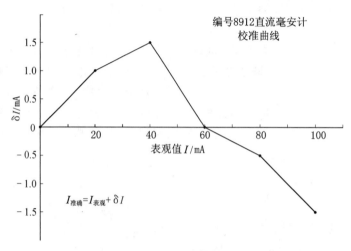

图 Y8-1 校准曲线图示例

(二) 作图举例

表 Y8-1 所列数据是测量约利秤弹簧伸长与受力的关系. 测量弹簧长度使用带有 0.1mm 游标的米尺. 加外力使用的是 5 只 200mg 的四等砝码,其误差限很小,对测量结果的不确定度的影响可以忽略不计.

表 Y8-1 弹簧伸长与受力关系数据表

砝码质量/mg	增重位置/mm	减重位置/mm	平均位置 L/mm
0	58.2	61.2	59.7
200	72.8	75.2	74.0
400	87.2	89.4	88.3
600	101.0	103.8	102.4
800	115.7	117.1	116.4
1000	129.4	129.4	129.4

作图示例见图 Y8-2.

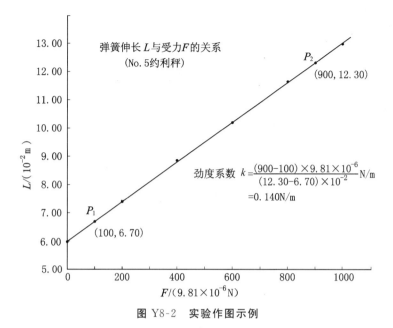

图 Y8-2 实验作图示例

如果所作图线是一条直线,可以按以下方法求直线图的斜率和截距.
直线函数方程为 $y=ax+b$,其斜率

$$a=\frac{y_2-y_1}{x_2-x_1}. \qquad (Y8\text{-}1)$$

在所作直线上选取相距较远的两点 P_1、P_2,从坐标轴上读取其坐标值 $P_1(x_1,y_1)$ 和 $P_2(x_2,y_2)$,代入式(Y8-1),可求得斜率 a. P_1、P_2 两点一般不取原来测量的数据点. 为了便于计算,x_1、x_2 两数值可选取整数. 在图上标出选取的 P_1、P_2 点及其坐标. 斜率的有效数字位数要按有效数字运算规则确定.

截距 b 为 $x=0$ 时的 y 值,可直接用图线求出. 但有的图线 x 轴的原点不在图上,可用延长图线的办法,如果延得太长,稍有偏斜会导致 b 有很大误差. 这时,我们可以采取从图线上再找一点 $P_3(x_3,y_3)$,利用关系式

$$b=y_3-\frac{y_2-y_1}{x_2-x_1}x_3 \qquad (Y8\text{-}2)$$

求得截距 b.

用作图法表述物理量间的函数关系直观、简便,这是它的最大优点. 但是利用图线确定函数关系中的参数(如直线的斜率和截距)仅仅是一种粗略的数据处理方法. 这是由于:① 作图法受图纸大小的限制,一般只能有三到四位有效数字;② 图纸本身的分格准确程度不高;③ 在图纸上连线时有相当大的主观任意性.因而用作图法求取的参数,不可避免地会在测量不确定度基础上增加数据处理过程中引起的不确定度. 一般情况下,用作图法求取的参数,只要用有效数字粗略地表达其准确度就可以了. 如果需要确定参数测量结果的不确定度,最好采用直接由数据点去计算的方法(如最小二乘法等)求得.

(三) 用对数坐标纸作图

对数坐标纸的格线间距按所表示数量对数值划分,而坐标轴标度值仍按原数量划

分．全对数坐标纸两个坐标轴都以对数间距分格；半对数坐标纸仅一个坐标轴以对数间距分格，而另一坐标轴仍以毫米均匀分格．用对数坐标纸作图时，要根据数据的覆盖范围选取不同的"级"，每"级"可容纳一个数量级的数值．常用的全对数坐标纸有 2×3 级、3×4 级等规格，半对数坐标纸有 1 级、2 级、3 级、4 级等规格．

对数坐标纸坐标轴刻度数值已经印上了数字，这些数字只能表示某些确定的数．例如，1 只能表示 1、10、100 或 10 的其他整数幂，决不能表示 2；同样，坐标纸上其他数字也一样．这一点，在使用对数坐标纸标度时要特别注意．

表 Y8-2 为半导体热敏电阻电阻值随温度变化的数据．图 Y8-3 是根据表 Y8-2 中数据在半对数坐标纸上所作的半导体热敏电阻的 $R\text{-}\frac{1}{T}$ 关系图．因该元件的电阻温度关系为 $R = R_0 e^{E/kT}$，在普通坐标纸上作图它将是一条指数曲线，而在半对数坐标纸上作图即为一条直线．

表 Y8-2　半导体热敏电阻电阻值随温度变化的数据

$t/℃$	2.20	8.10	20.80	29.90	38.40	51.20	60.30	69.20	82.50	91.00	99.70
T/K	275.35	281.25	293.95	303.05	311.55	324.35	333.45	342.35	355.65	364.15	372.85
$\frac{1}{T}/(10^{-3}\,\text{K}^{-1})$	3.632	3.555	3.402	3.300	3.210	3.083	2.999	2.921	2.812	2.746	2.682
R/Ω	1604	1333	939.0	649.5	588.7	446.4	364.7	300.3	232.7	204.7	172.3

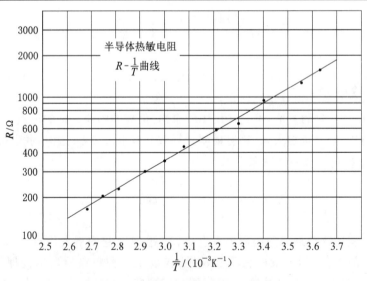

图 Y8-3　半对数坐标纸作图示例

§9　用逐差法处理实验数据

逐差法常应用于处理自变量等间距变化的数据组．逐差法计算简便，特别是在检查数据时，可以随测随检，能及时发现数据差错和数据变化规律．

逐差法是把实验测量的数据列成表格进行逐次相减，或者等间隔相减．为了说明这种方法,仍使用表 Y8-1 给出的弹簧伸长与受力关系的实验数据,将逐次相减及等间隔相减的结果列于表 Y9-1.计算表明,逐次相减的结果接近相等,说明弹簧伸长与所加砝码重量成线性变化关系.同时还看出 $L_5-L_4=13.0$ mm,较其他相减的结果偏小,这很可能是因为 L_5 这个测量值有某种系统误差,因为实验是增加砝码读一次数,减少砝码读一次数,减砝码读数普遍比增砝码读数偏大,从 L_0 至 L_4 的结果都是增重和减重的平均值,因而抵消了一部分系统误差.而 L_5 是一次测得值,增减砝码之间的差异在这个值上没有被抵消.

逐差法

表 Y9-1 弹簧伸长量逐次相减与等间隔相减

砝码质量 /mg	弹簧伸长位置 /mm	逐次相减 /mm	等间隔相减 /mm
0	$L_0=59.7$	$L_1-L_0=14.3$	$L_3-L_0=42.7$
200	$L_1=74.0$	$L_2-L_1=14.3$	
400	$L_2=88.3$	$L_3-L_2=14.1$	$L_4-L_1=42.4$
600	$L_3=102.4$	$L_4-L_3=14.0$	
800	$L_4=116.4$	$L_5-L_4=13.0$	$L_5-L_2=41.1$
1000	$L_5=129.4$		

利用所测数据求弹簧的劲度系数 $k(=F/l)$,通常的方法是把实验数据分成两组,一组是 L_0、L_1、L_2,另一组是 L_3、L_4、L_5,然后求其等间隔的差值.对于本例题相当于求出三个对应于 600mg 砝码重量的伸长量值 $l_1=L_3-L_0$、$l_2=L_4-L_1$,$l_3=L_5-L_2$,得到三个独立的 l 测量值后取平均,有

$$\bar{l}=\frac{l_1+l_2+l_3}{3}=42.1\text{mm}.$$

由于用这个平均值去求 k,相当于利用数据点连了三条直线,分别求出每条直线的斜率 $\frac{l_i}{F}$,再取其平均值的倒数,即

$$k=\frac{F}{\bar{l}}=\frac{600\times 9.81\times 10^{-6}}{42.1\times 10^{-3}}\text{N/m}=0.140\text{N/m}.$$

所得劲度系数 k 的不确定度可按以下方法计算:由于 F 的不确定度可忽略,所以 k 的不确定度主要取决于 $\bar{l}$ 的不确定度.$\bar{l}$ 的 A 类不确定度 $(u_A)_{\bar{l}}=t_{0.683}\cdot S_{\bar{l}}$,而

$$S_{\bar{l}}=\sqrt{\frac{(l_1-\bar{l})^2+(l_2-\bar{l})^2+(l_3-\bar{l})^2}{3\times(3-1)}}=0.49\text{mm},$$

查表 Y4-1 得 $n=3$ 时,$t_{0.683}=1.32$,于是

$$(u_A)_{\bar{l}}=1.32\times 0.49\text{mm}=0.65\text{mm}.$$

$\bar{l}$ 的 B 类不确定度可根据 0.1mm 的游标尺,示值误差限为 $\Delta=0.1$mm 求得,所以

$$(u_B)_{\bar{l}}=\frac{\Delta}{\sqrt{3}}=\frac{0.1}{\sqrt{3}}\text{mm}.$$

$\bar{l}$ 的合成不确定度为

$$u_{\bar l}=\sqrt{(u_A)_{\bar l}{}^2+(u_B)_{\bar l}{}^2}=0.66\text{mm}.$$

相对不确定度 $U_r=\dfrac{0.66}{42.1}=1.6\%.$

根据不确定度传递关系可知：

$$\frac{u_k}{k}=\frac{u_{\bar l}}{\bar l}=1.6\%,$$

因而

$$u_k=k\cdot 1.6\%=0.140\times 1.6\%\text{N/m}\approx 0.003\text{N/m}.$$

由逐差法计算得 $N_{0.5}$，约利秤弹簧的劲度系数为

$$k=(0.140\pm 0.003)\text{N/m},\ U_r=1.6\%\quad (P\approx 68\%).$$

§10 用最小二乘法处理实验数据

利用最小二乘法确定拟合曲线的参数是以误差理论为依据的严格方法. 由于这种方法涉及许多数据统计知识，这里只能做一些初步介绍.

我们考虑最简单的直线拟合情况. 如果已知所观测的一组数据点 $(x_i,y_i)(i=1,2,\cdots,n)$，变量 x 和 y 有 $y=ax+b$ 直线关系. 假设测量是等精度的，而且 x_i 的误差很小，可以忽略，数据点的分散主要是由 y_i 的误差而引起的. 下面我们根据最小二乘法来确定最佳拟合直线的参数 a 和 b.

若 $y=ax+b$ 是最佳拟合直线，则将 x_i 值代入上式，可求出对应 x_i 的线上的 y_i 值，而实际测量的 y_i 值不一定在线上，它们之间的偏差为

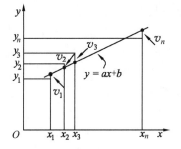

图 Y10-1　最小二乘法直线拟合

$$v_i=y_i-(ax_i+b),$$

见图 Y10-1. 求所有数据点的偏差平方和，得

$$\sum_{i=1}^n v_i{}^2=\sum_{i=1}^n[y_i-(ax_i+b)]^2. \tag{Y10-1}$$

根据最小二乘法，能使偏差平方和为最小的参数 a、b 值，就是最佳拟合直线的参数.

为了求式(Y10-1)的最小值，根据求极值的方法，即取上式对 a 的偏导数和对 b 的偏导数并分别令它们为零，于是得到两个方程：

$$\left.\begin{array}{l}-2\sum_{i=1}^n x_i(y_i-ax_i-b)=0,\\ -2\sum_{i=1}^n(y_i-ax_i-b)=0.\end{array}\right\} \tag{Y10-2}$$

整理后写成：

$$\overline{x^2}a+\overline{x}b=\overline{xy},$$
$$\overline{x}a+b=\overline{y}. \tag{Y10-3}$$

式中

$$\overline{x}=\frac{1}{n}\sum_{i=1}^{n}x_i,\quad \overline{y}=\frac{1}{n}\sum_{i=1}^{n}y_i,$$
$$\overline{x^2}=\frac{1}{n}\sum_{i=1}^{n}x_i^2,\quad \overline{xy}=\frac{1}{n}\sum_{i=1}^{n}x_iy_i.$$

联合求解 a 和 b,得

$$a=\frac{\overline{x}\cdot\overline{y}-\overline{xy}}{(\overline{x})^2-\overline{x^2}},$$
$$b=\overline{y}-a\,\overline{x}. \tag{Y10-4}$$

要验证这极值最小,还需要证明其二阶导数大于零,这里不再证明. 实际上由上式给出的 a 和 b 对应的 $\sum_{i=1}^{n}v_i^2$ 就是最小值.

衡量数据点在拟合直线两侧的离散程度,仍用标准偏差

$$S_y=\sqrt{\frac{\sum_{i=1}^{n}(y_i-ax_i-b)^2}{n-2}} \tag{Y10-5}$$

表示. 要注意:这时分母上是 $n-2$,不是 $n-1$. 这是因为确定两个未知数要用两个方程,多余的方程数为 $(n-2)$.

S_y 表示每个 y_i 的标准不确定度的 A 类分量值. 根据不确定度传递关系,可以按式 (Y10-4) 的关系求出斜率 a 和截距 b 的标准不确定度 A 类分量. 即由

$$S_a^2=\sum_{i=1}^{n}\left\{\frac{\partial}{\partial y_i}\left[\frac{\overline{x}\cdot\frac{1}{n}\sum_{i=1}^{n}y_i-\frac{1}{n}\sum_{i=1}^{n}x_iy_i}{(\overline{x})^2-\overline{x^2}}\right]\right\}^2 S_y^2,$$

$$S_b^2=\sum_{i=1}^{n}\left\{\frac{\partial}{\partial y_i}\left[\frac{1}{n}\sum y_i-\frac{\overline{x}\cdot\frac{1}{n}\sum_{i=1}^{n}y_i-\frac{1}{n}\sum_{i=1}^{n}x_iy_i}{(\overline{x})^2-\overline{x^2}}\overline{x}\right]\right\}^2 S_y^2.$$

可计算出

$$S_a=\frac{S_y}{\sqrt{n[\overline{x^2}-(\overline{x})^2]}},$$
$$S_b=\frac{\sqrt{\overline{x^2}}\,S_y}{\sqrt{n[\overline{x^2}-(\overline{x})^2]}}=\sqrt{\overline{x^2}}\cdot S_a. \tag{Y10-6}$$

现在我们再用最小二乘法处理弹簧伸长量与受力关系的那组数据. 为此再把数据列于下表:

砝码质量/g		弹簧伸长/cm		$x_i y_i/(\text{g}\cdot\text{cm})$	
x_1	0.000	y_1	5.97	$x_1 y_1$	0.000
x_2	0.200	y_2	7.40	$x_2 y_2$	1.480
x_3	0.400	y_3	8.83	$x_3 y_3$	3.532
x_4	0.600	y_4	10.24	$x_4 y_4$	6.144
x_5	0.800	y_5	11.64	$x_5 y_5$	9.312
x_6	1.000	y_6	12.94	$x_6 y_6$	12.940

$$\sum_{i=1}^{n} x_i = 3.000\text{g}, \quad \sum_{i=1}^{n} y_i = 57.02\text{cm}, \quad \sum_{i=1}^{n} x_i y_i = 33.408\text{g}\cdot\text{cm}$$

$$\overline{x}=0.500\text{g}, \quad \overline{y}=9.50\text{cm}, \quad \overline{xy}=5.568\text{g}\cdot\text{cm},$$

$$\sum_{i=1}^{n} x_i^2 = 2.200\text{g}^2, \quad \overline{x^2}=0.367\text{g}^2.$$

设弹簧伸长量 l 与所受外力 F 有如下线性关系：

$$L = \frac{1}{k}F + L_0 = \frac{g}{k}m + L_0.$$

对比 $y=ax+b$ 知，$\frac{g}{k}=a, L_0=b$. 将上表数据代入式(Y10-4)，得斜率

$$a=\frac{\overline{x}\cdot\overline{y}-\overline{xy}}{(\overline{x})^2-\overline{x^2}}=\frac{0.500\times 9.50-5.568}{(0.500)^2-0.367}\text{cm/g}=7.01\text{cm/g}=70.1\text{m/kg}.$$

截距

$$b=\overline{y}-a\overline{x}=(9.50-7.01\times 0.500)\text{cm}=6.00\text{cm}=6.00\times 10^{-2}\text{m}.$$

为了求 S_y，再把数据列于下表：

砝码质量/g		弹簧伸长/cm		$(ax_i+b)/\text{cm}$		v_i/cm	$v_i^2/(10^{-2}\text{cm}^2)$
x_1	0.000	y_1	5.97	ax_1+b	6.000	-0.030	0.09
x_2	0.200	y_2	7.40	ax_2+b	7.402	-0.002	0.00
x_3	0.400	y_3	8.83	ax_3+b	8.804	$+0.026$	0.07
x_4	0.600	y_4	10.24	ax_4+b	10.206	$+0.034$	0.12
x_5	0.800	y_5	11.64	ax_5+b	11.608	$+0.032$	0.10
x_6	1.000	y_6	12.94	ax_6+b	13.010	-0.070	0.49

$$\sum_{i=1}^{n} v_i^2 = 0.87\times 10^{-2}\text{cm}^2,$$

$$S_y = \sqrt{\frac{\sum_{i=1}^{n} v_i^2}{n-2}} = \sqrt{\frac{0.87\times 10^{-2}}{4}}\text{cm} = 0.047\text{cm}.$$

再考虑到测量 L 的仪器误差限，合成不确定度

$$u_L = \sqrt{S_y^2 + \left(\frac{\Delta}{\sqrt{3}}\right)^2} = \sqrt{(0.047)^2 + \left(\frac{0.01}{\sqrt{3}}\right)^2}\text{cm} = 0.048\text{cm}.$$

由式(Y10-6)计算

$$u_a = \frac{u_L}{\sqrt{n[\overline{x^2}-(\overline{x})^2]}} = \frac{0.048}{\sqrt{6[0.367-(0.500)^2]}}\text{cm/g} = 0.058\text{cm/g},$$

$$u_b = \sqrt{\overline{x^2}} \cdot u_a = \sqrt{0.367} \cdot 0.058\text{cm} = 0.036\text{cm} = 0.00036\text{m}.$$

于是

$$k = \frac{g}{a} = \frac{9.81}{70.1}\text{N/m} = 0.140\text{N/m}.$$

k 与 a 的不确定度传递关系是相对不确定度相等,即

$$\frac{u_k}{k} = \frac{u_a}{a} = \frac{0.058}{7.01} = 0.83\%,$$

$$u_k = \frac{u_a}{a} \cdot k = \frac{0.058}{7.01} \times 0.140\text{N/m} = 0.0012\text{N/m}.$$

所以

$$k = (0.140 \pm 0.002)\text{N/m}, \quad U_r = 0.83\% \quad (P \approx 0.68).$$

用最小二乘法得到的弹簧伸长与受力关系的最佳拟合直线方程为

$$L = \frac{F}{k} + L_0 = \frac{F}{0.140} + 0.0600.$$

上式 F 的单位为 N,L 的单位为 m. 最小二乘法的数据计算较为复杂,一般使用计算机计算.

习 题

1. 用一级千分尺(示值误差限为 ±0.004mm)测量某物体长度 10 次,测得值为 14.298、14.256、14.290、14.262、14.234、14.263、14.242、14.272、14.278、14.216(mm). 请你仿照第 4 节 例 1 把测得值按大小次序列表,求平均值 $\overline{x}$、$(x_i-\overline{x})$、$(x_i-\overline{x})^2$、$\sum_i (x_i-\overline{x})^2$ 以及测量列的标准差 S_x、平均值的标准偏差 $S_{\overline{x}}$、测量结果的标准不确定度 u,并正确地表示出测量结果.

2. 用一台灵敏阈为 2mg 的物理天平,用四等砝码(1~30g,允许误差限 ±2mg;10~500mg,允许误差限 ±1mg)称量某物体质量三次,得到结果均为 36.120g. 使用的砝码为 20g、10g、5g、1g、0.1g、0.02g 共 6 只(每只砝码的允许误差限都独立,应采用"方和根"方法合成). 试确定该测量结果的高置信概率的不确定度,并正确地表达出测量结果.

3. 根据不确定度的传递与合成关系,由直接测量值的不确定度或相对不确定度表示出间接测量值的不确定度或相对不确定度:

(a) $N = x+y-z$;

(b) $f = \dfrac{uv}{u+v}$;

(c) $I_2 = I_1 \dfrac{r_2^2}{r_1^2}$;

(d) $f = \dfrac{l^2-d^2}{4l}$;

(e) $n = \dfrac{\sin i}{\sin \gamma}$.

4. 一个铅圆柱体,测得其直径 $d = (2.04 \pm 0.01)$cm,高度 $h = (4.12 \pm 0.01)$cm,质量

$m = (149.18 \pm 0.05) \times 10^{-3}$ kg，各测量值的不确定度皆为 $P = 95\%$ 以上．试求铅密度 ρ 的测量结果．

5. 某电阻的测量结果如下：

$$R = (35.78 \pm 0.05)\Omega, \quad U_r = 0.14\% \quad (P = 68\%),$$

下列各种解释中哪种是正确的？

(a) 被测电阻值为 35.73Ω 或 35.83Ω；

(b) 被测电阻值为 35.73~35.83Ω；

(c) 在 35.73~35.83Ω 范围内含被测电阻真值的概率约 68%；

(d) 用 35.78Ω 表示被测电阻值时，其测量误差的绝对值小于 0.05Ω 的概率约为 0.68．

6. 把下列各数按舍入规则取为四位有效数字：21.495、43.465、8.1308、1.799501．

7. 改正下列测量结果的不规范表达：

$N = (10.8000 \pm 0.2)$ cm；

$q = (1.61648 \pm 0.28765) \times 10^{-19}$ C；

$L = 12$ km ± 100 m；

$E = (1.93 \times 10^{11} \pm 6.79 \times 10^8)$ N/m²；

$L = (28000 \pm 8000)$ m．

8. 根据有效数字规则，改正以下错误：

(a) 有人说 0.2870 有 5 位有效数字，也有人说只有 3 位有效数字（理由是"0"不算有效数字），请纠正，并加解释；

(b) 有人说 0.0008g 比 8.0g 测得准确，理由是第一个测量测出万分之几克，而第二个仅测到十分之几克，试纠正并说明理由；

(c) 28cm = 280mm；

(d) 0.0221s × 0.0221s = 0.00048841s²；

(e) $\dfrac{400 \times 1500}{12.60 - 11.6} = 600000$．

9. 用带有 $\dfrac{1}{100}$ mm 螺旋测微装置的移测显微镜测量玻璃毛细管的直径 d，先利用镜筒中的叉丝切于毛细管的一侧，读出镜筒位置的三次测量读数为 72.325、72.340、72.312 (mm)；当叉丝切于毛细管另一侧时三次读数为 72.753、72.771、72.749 (mm)．试求两个位置的平均值和不确定度（要用 t 因子），并求毛细管直径 d 的测量结果（$\dfrac{1}{100}$ mm 螺旋测微装置无准确度资料，可取最小分度值当作仪器的误差限 Δ 值）．

10. 用伏安法测电阻数据如下表所示：

U/V	0.00	1.00	2.01	3.05	4.00	5.01	5.99	6.98	8.00	9.00	9.99	11.00
I/mA	0.00	2.00	4.00	6.00	8.00	10.00	12.00	14.00	16.00	18.00	20.00	22.00

用直角坐标纸作图，写出 U-I 函数式，并用逐差法求出 U-I 函数式．

11. 水的表面张力 $\gamma(N \cdot m^{-1})$ 在不同温度时为下表所列数值. 设 $\gamma = aT - b$, 其中 T 为开尔文温标, 试用逐差法和最小二乘法求常数 a 和 b.

$t/℃$	10.0	20.0	30.0	40.0	50.0	60.0
$\gamma/(10^3 N/m)$	74.22	72.75	71.18	69.56	67.91	66.18

第 2 章 基本实验

实验 1 长度测量

长度测量是最基本的测量,除用图形和数字显示的仪器外,大多数测量仪器都要转化为长度(包括弧长)显示.因而能正确测量长度,快捷准确地读出各种分度尺所示数值是实验工作的最基本的技能之一.

实验中常用的长度测量器具有米尺(钢直尺、钢卷尺)、游标卡尺、螺旋测微器、移测显微镜和测微目镜等.

一、实验目的

1. 学习游标卡尺、螺旋测微器(千分尺)的使用方法.
2. 学习实验数据的基本处理方法.

二、实验原理

(一) 空心圆柱体体积及其不确定度

空心圆柱体如图 1-1 所示. D、d 和 h 分别表示空心圆柱体的外径、内径和高,u_D、u_d 和 u_h 分别表示空心圆柱体外径、内径和高的不确定度.那么,空心圆柱体体积的计算公式为

$$V = \frac{1}{4}\pi(D^2 - d^2)h.$$

空心圆柱体体积测量不确定度的计算公式为

$$u_V = \sqrt{\left(\frac{\partial V}{\partial D}\right)^2 u_D^2 + \left(\frac{\partial V}{\partial d}\right)^2 u_d^2 + \left(\frac{\partial V}{\partial h}\right)^2 u_h^2}$$

$$= \frac{1}{4}\pi \sqrt{4D^2 h^2 u_D^2 + 4d^2 h^2 u_d^2 + (D^2 - d^2)^2 u_h^2}.$$

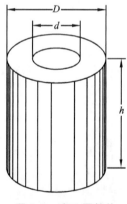

图 1-1 空心圆柱体

(二) 小钢球体积及其不确定度

设小钢球的直径为 d,其测量不确定度为 u_d.那么,小钢球的体积计算公式为

$$V = \frac{1}{6}\pi d^3.$$

小钢球体积的测量不确定度的计算公式为

$$u_V = \frac{\mathrm{d}V}{\mathrm{d}d} u_d = \frac{1}{2}\pi d^2 u_d.$$

三、实验仪器及介绍

（一）米尺

在准确度要求不高的场合,可以使用木制或塑料米尺.实验室中一般使用比较准确的钢直尺和钢卷尺.它们的分度值为 1mm,测量时常可估读到 0.1mm.为了避免米尺端面磨损引起零位误差,一般不使用米尺的端面作为测量起点,而是选择米尺上的某一刻度作为起点,测量时应把米尺的刻度面与待测物体贴紧（处在同一平面内）,以尽量减小读数视差引起的测量误差.

根据国标 GB9056—88 规定,钢直尺的示值误差限为
$$\Delta = (0.05 + 0.015L)\text{mm}.$$
式中,L 是以 m 为单位的长度值,当长度不是米的整数倍时,取最接近的较大整数倍值.

例如,所测长度为 30.2mm,取 $L=1$,$\Delta=0.065$mm;所测长度为 198.7cm 时,取 $L=2$,则 $\Delta=0.08$mm.

使用钢卷尺测量时,其示值误差限可按国标 GB10633—1989 的规定计算.自零点端起到任意线纹的示值误差限为

$$\text{I 级} \quad \Delta = (0.1 + 0.1L)\text{mm},$$
$$\text{II 级} \quad \Delta = (0.3 + 0.2L)\text{mm}.$$

式中,L 是以 m 为单位的长度值,当长度不是米的整数倍时,取最接近的较大的整数倍值.

例如,使用 I 级钢卷尺测量长度为 786.3mm 的物体时,计算 Δ 的公式中取 $L=1$,即 $\Delta=0.2$mm.

实际上,在使用钢直尺和钢卷尺测量长度（或距离）时,常常由于尺的纹线与被测长度的起点和终点对准（瞄准）条件不好,尺与被测物体长度倾斜以及视差等原因而引起的测量不确定度要比尺本身示值误差限引入的不确定度更大些,因而常需要根据实际情况合理估计测量结果的不确定度.

（二）游标卡尺

为了克服使用钢直尺测量时与工件对齐和小数位估计的困难,人们设计了游标卡尺,其结构如图 1-2 所示.主尺仍是钢制毫米分度尺,主尺顶头连有量爪 A 和 E,在主尺上套一可滑动的游标附尺,其上也附有量爪 B 和 F,游标附尺背面还连有一测杆 C.沿主尺推动游标附尺时,量爪 A、

游标卡尺

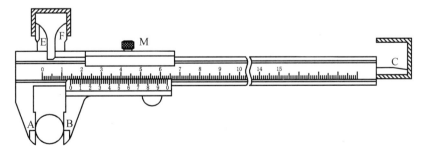

图 1-2 游标卡尺

B 张开,量爪 E、F 错开,测杆 C 从尺端探出同样的距离,因而利用游标卡尺可方便地测量内外圆直径和孔槽的深度.

游标卡尺最主要的特点是在游标附尺上刻有游标分度,可用来准确地读出毫米以下的小数测量值. 常用的游标卡尺有 10、20 和 50 分度三种,对应的分度值为 0.1mm、0.05mm 和 0.02mm.

1. 游标的读数原理.

下面以分度值为 0.02mm 的游标卡尺为例,具体说明游标的分度方法和读数原理. 当使游标卡尺的量爪 A、B 并合时,游标上的 0 刻度线正对主尺上的 0 刻度线(图 1-3). 游标上有 50 个分度,总长度为 49mm. 这样,游标上每个分度的长度为 0.98mm,它比主尺上一个分度差 0.02mm. 当游标附尺向右移 0.02mm,则游标上第一条分度线就与主尺 1mm 刻度线对齐,这时量爪 A、B 张开 0.02mm;游标向右移 0.04mm,游标上第二分度线就与主尺 2mm 刻度线对齐,量爪 A、B 张开 0.04mm;依次类推. 所以游标附尺在 1mm 内向右移动的距离,可由游标中与主尺某刻度线对齐的那一条分度线来决定,看是第几条分度线与主尺刻度线对得最齐,游标附尺向右移动的距离就是几个 0.02mm. 图 1-4 是图 1-2 中游标位置的放大图,待测物体长度的毫米以上的整数部分看游标附尺"0"刻度线指示主尺上的整刻度值,图中所示为 14mm,毫米以下的小数部分通过观察游标附尺的 50 条分度线来决定,图示为第 22 条分度线与主尺刻度线对得最齐,因而游标附尺的"0"刻度线比主尺 14mm 刻线还错过 0.44mm,即物体的长度为 14.44mm.

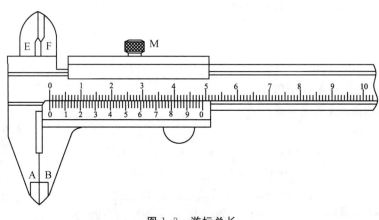

图 1-3 游标总长

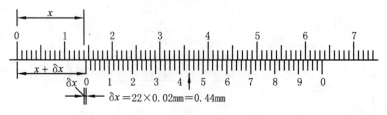

图 1-4 游标卡尺的读数

除了游标卡尺外,许多测量仪器也常使用游标读数装置,有直尺游标,还有用在弧尺上的角游标,因而有必要进一步说明游标分度的一般原理.

如果用 a 表示主尺的分度值,用 n 表示游标的分度数,当 n 个游标分度的总长与主尺上 $(\nu n-1)$ 个分度值相等时,则每个游标分度的分度值为

$$b=\frac{(\nu n-1)a}{n}.$$

式中,ν 称为游标系数,一般取 1 或 2. 前述 0.02mm 分度的游标卡尺就是 $\nu=1$ 的例子. ν 取 2 的目的是为了把游标刻线间距放大一些,以便于读数.

游标卡尺的分度值定义为 ν 倍主尺分度值(νa)与游标分度值(b)之差,即

$$i=\nu a-b=\nu a-\frac{(\nu n-1)a}{n}=\frac{a}{n}.$$

可见游标卡尺的分度值只与游标的分度数 n 和主尺分度值 a 有关.

2. 游标量具的读数方法.

使用带有游标装置的量具时,必须首先弄清游标装置的分度值 $\frac{a}{n}$. 读数时以游标的零刻度线为基线,先读出游标零刻度线前主尺上整刻度值 l_0,然后仔细观察哪一条游标刻度线与主尺刻度线对得最齐,若确定为第 k 条,则测量的结果便是 $l_0+k\frac{a}{n}$.

3. 游标卡尺的示值误差限.

在正确使用游标卡尺测量时,如果被测对象稳定,测量不确定度主要取决于游标卡尺的示值误差限.

符合国标 GB1214—85 规定的游标卡尺,其示值误差限列于表 1-1.

表 1-1　游标卡尺的示值误差限　　　　　　　　单位:mm

测量长度	游标分度值		
	0.02	0.05	0.10
	示值误差限		
0~150	0.02	0.05	0.01
150~200	0.03	0.05	
200~300	0.04	0.08	
300~500	0.05	0.08	
500~1000	0.07	0.10	0.15
测量深度<20	0.02	0.05	0.10

(三) 螺旋测微器(千分尺)

螺旋测微器是又一种常用的精密测长量具. 这种量具的种类很多,按用途分为外径千分尺、内径千分尺、深度千分尺等. 此外,在不少测量仪器中也利用这种螺旋测微装置作为仪器的读数机构,如移测显微镜、测微目镜等.

下面以外径千分尺(图 1-5)为例介绍这类螺旋测微装置的工作原理

螺旋测微器

和读数方法.

图中测量砧 A 通过弓形架 C 与刻有主尺分度的套筒 E 相连.E 称为固定套筒,筒内固定有精密螺母.附尺刻在套筒 F 的圆周上,称为微分筒.F 内装有与测量杆 B 相连的精密螺杆,转动套筒 F,使 F 可相对于 E 旋进或旋出,套筒 F 的端边沿着主尺刻度移动,并使测量杆 B 一起移动.

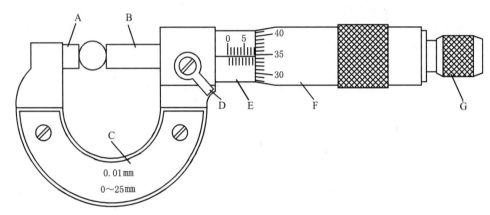

图 1-5　螺旋测微器(千分尺)

测量砧 A 与测量杆 B 之间的距离可从固定套筒 E 和微分筒 F 所组成的读数机构中得到测量读数.在固定套筒 E 上刻有一条横刻线作为微分筒的基准线,横刻线的上、下方各刻有毫米分度线,上、下刻线错开 0.5mm.测微螺杆的螺距为 0.5mm,微分筒圆周上刻有 50 个分度线,这样当微分筒旋转一周时,测微螺杆就移动 0.5mm,微分筒旋转一个分度时测微螺杆就移动 0.01mm.所以,螺旋测微器的分度值为 0.01mm,并可估读到 0.001mm.

使用螺旋测微器时应注意如下事项:

(1) 测量前先检查零点读数.当使测量杆 B 和测量砧 A 并合时,微分筒的边缘对到主尺的"0"刻度线且微分筒圆周上的"0"刻度线也正好对准基准线,如图 1-6(a)所示,则零点读数为 0.000mm.如果未对准则应记下零点读数.顺刻度方向读出的零点读数记为正值,逆刻度方向读出的零点读数记为负值.测量值为测量读数值减去零点读数值.

(2) 螺旋测微器主尺分度值为 0.5mm,读数时要特别注意半毫米刻度线是否露出来.图 1-6(b)中读数是 5.386mm,而图 1-6(c)的读数应该是 5.886mm.

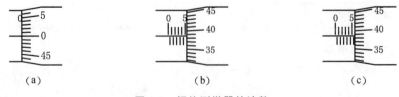

图 1-6　螺旋测微器的读数

(3) 在读取零点读数或夹持物体测量时,都不准直接旋转微分筒,必须利用尾钮 G 带动微分筒旋转,尾钮 G 中的棘轮装置可以保证夹紧力不会过大;否则,不仅测量不准,还会夹坏待测物或损坏螺旋测微器的精密螺旋.

(4) 螺旋测微器用毕,在测量杆 B 和测量砧 A 之间要留有一定的间隙,以免测量杆受热膨胀而损坏螺旋测微器.

实验室通常使用量程为 0~25mm 的一级螺旋测微器,分度值为 0.01mm,示值误差限为 0.004mm.

四、实验内容

1. 熟悉游标卡尺、螺旋测微器的结构,学会读游标卡尺、螺旋测微器的示值.
2. 用游标卡尺分别测量空心圆柱体外径、内径和高各 6 次.
3. 记录螺旋测微器的零位读数,用螺旋测微器测量小钢球直径 6 次.

五、实验数据及处理

(一) 空心圆柱体体积的测量

单位：mm

测量次数	空心圆柱体		
	外径 D	内径 d	高度 h
1			
2			
3			
4			
5			
6			
平均值			

(二) 小钢球直径的测量

零点读数 $d_0 =$ _____ mm　单位：mm

测量次数 n	1	2	3	4	5	6
测量值 d'						
修正值 $d = d' - d_0$						

$$\overline{d} = _____ \text{ mm}.$$

(三) 空心圆柱体体积的计算

1. 外径 D 的计算.

A 类不确定度：$u_{\overline{D}A} = S_{\overline{x}} = \sqrt{\dfrac{\sum\limits_{i=1}^{6}(x_i - \overline{x})^2}{6 \times (6-1)}} = _____$ mm.

B 类不确定度：$u_{\overline{D}B} = \dfrac{0.02}{\sqrt{3}}$ mm $= _____$ mm.

总不确定度：$u_{\overline{D}} = \sqrt{u_{\overline{D}A}^2 + u_{\overline{D}B}^2} = _____$ mm.

外径测量结果：$D=\overline{D}\pm u_{\overline{D}}=$ _____ mm.

2. 内径 d 的计算.

A 类不确定度：$u_{\overline{d}A}=S_{\overline{x}}=\sqrt{\dfrac{\sum\limits_{i=1}^{6}(x_i-\overline{x})^2}{6\times(6-1)}}=$ _____ mm.

B 类不确定度：$u_{\overline{d}B}=\dfrac{0.02}{\sqrt{3}}$mm $=$ _____ mm.

总不确定度：$u_{\overline{d}}=\sqrt{u_{\overline{d}A}{}^2+u_{\overline{d}B}{}^2}=$ _____ mm.

内径测量结果：$d=\overline{d}\pm u_{\overline{d}}=$ _____ mm.

3. 高度 h 的计算.

A 类不确定度：$u_{\overline{h}A}=S_{\overline{x}}=\sqrt{\dfrac{\sum\limits_{i=1}^{6}(x_i-\overline{x})^2}{6\times(6-1)}}=$ _____ mm.

B 类不确定度：$u_{\overline{h}B}=\dfrac{0.02}{\sqrt{3}}$mm $=$ _____ mm.

总不确定度：$u_{\overline{h}}=\sqrt{u_{\overline{h}A}{}^2+u_{\overline{h}B}{}^2}=$ _____ mm.

高度测量结果：$h=\overline{h}\pm u_{\overline{h}}=$ _____ mm.

4. 空心圆柱体体积的计算.

$$\overline{V}=\dfrac{\pi}{4}(\overline{D}^2-\overline{d}^2)\overline{h}=\underline{\qquad}\text{ mm}.$$

$$u_{\overline{V}}=\sqrt{\left(\dfrac{\partial V}{\partial D}\right)^2 u_{\overline{D}}{}^2+\left(\dfrac{\partial V}{\partial d}\right)^2 u_{\overline{d}}{}^2+\left(\dfrac{\partial V}{\partial h}\right)^2 u_{\overline{h}}{}^2}=\underline{\qquad}\text{ mm}^3.$$

体积测量结果：$V=\overline{V}\pm u_{\overline{V}}=$ _____ mm³.

（四）金属球体积的计算

1. 金属球直径 d 的计算.

A 类不确定度：$u_{\overline{d}A}=S_{\overline{x}}=\sqrt{\dfrac{\sum\limits_{i=1}^{6}(x_i-\overline{x})^2}{6\times(6-1)}}=$ _____ mm.

B 类不确定度：$u_{\overline{d}B}=\dfrac{0.004}{\sqrt{3}}$mm $=$ _____ mm.

总不确定度：$u_{\overline{d}}=\sqrt{u_{\overline{d}A}{}^2+u_{\overline{d}B}{}^2}=$ _____ mm.

2. 金属球体积 V 的计算.

$$\overline{V}=\dfrac{4}{3}\pi\left(\dfrac{\overline{d}}{2}\right)^3=\underline{\qquad}\text{ mm}^3.$$

$$u_{\overline{V}}=\left(\dfrac{\mathrm{d}V}{\mathrm{d}d}\right)\cdot u_{\overline{d}}=\underline{\qquad}\text{ mm}^3.$$

体积测量结果：$V=\overline{V}\pm u_{\overline{V}}=$ _____ mm³.

六、思考题

1. 试说明你所写出的小球体积测量结果的含义.
2. 实验结束后,存放游标卡尺、螺旋测微器时应注意哪些事项?

实验 2 流体静力称衡法测物体的密度

一、实验目的

1. 掌握天平的使用方法.
2. 学习一种测定物体密度的方法.
3. 学习不确定度的计算方法.

二、实验原理

物体的密度定义为

$$\rho = \frac{m_1}{V}. \qquad (2-1)$$

式中,m_1 为物体的质量,V 为物体的体积. m_1 可由天平测定,V 可根据阿基米德原理测得.

设物体在空气中的重量为 $W_1 = m_1 g$(m_1 为物体的质量),若它全部浸入水中的视重为 $W_2 = m_2 g$(m_2 为物体在水中的表观质量),则物体所受浮力为实重与视重之差,即

$$F = (m_1 - m_2)g = \rho_0 V g. \qquad (2-2)$$

式中,ρ_0 为水的密度.由此可得物体的体积 V 为

$$V = \frac{m_1 - m_2}{\rho_0}. \qquad (2-3)$$

将式(2-3)代入式(2-1),得物体的密度 ρ 为

$$\rho = \frac{m_1}{m_1 - m_2} \cdot \rho_0. \qquad (2-4)$$

三、实验仪器及介绍

物理天平、砝码、玻璃杯、待测物.

天平是利用杠杆原理和零位法,采取比较测量进行质量测定的仪器.

(一) 物理天平的构造

常用的天平分为物理天平(普通天平)和分析天平两类.本实验用的是物理天平,其构造如图 2-1 所示.在横梁 bb′ 的中点和两端 B、B′ 共有

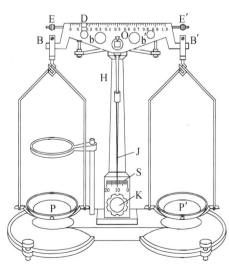

图 2-1 物理天平

三个刀口.中间刀口 O 安置在支柱 H 顶端的玛瑙刀架上,作为横梁的支点,在两端的刀口 B 和 B′ 上悬挂两个秤盘 P 和 P′.横梁下部装有一读数指针 J.支柱 H 上的制动旋钮 K 可以用于调节横梁升降.平衡螺母 E 和 E′ 用于天平空载时调平衡.

(二) 天平的主要技术参数

1. 称量(最大载荷).称量是天平允许称衡的最大质量.

2. 分度值与灵敏度.分度值(旧称感量)是天平平衡时,为使天平指针从标度尺的平衡位置偏转一个分度,在一盘中所需添加的最小质量.分度值的倒数是灵敏度.天平仪器铭牌上的分度值称为名义分度值,实测分度值一般不应大于名义分度值,否则灵敏度过低.调节天平指针的重心砣位置可改变实测分度值的大小.要注意天平分度值是与测量的灵敏度相关联的一个量,与天平横梁的分度所能测出的最小读数不相同.例如,本实验所用的天平,铭牌上的分度值为 50mg,而最小读数是 20mg.天平的仪器误差约定为铭牌给出的分度值之半.

(三) 天平的操作顺序

1. 了解所用天平的技术参数.

2. 调整水平.调节天平的底部调平螺丝,利用圆形水平仪(或铅锤),使天平支柱垂直,刀口架水平.

3. 调整零点.天平空载时,将游码置于横梁左端零刻度线,旋转制动旋钮 K,支起横梁,启动天平,观察指针 J 的摆动情况.当 J 在标尺 S 的中线两边摆幅相等时,则天平平衡.如不平衡,反旋 K,放下横梁,调节平衡螺母 E 和 E′,反复调节,使天平平衡,消除零点误差.

4. 称衡.将待测物置于左盘,砝码置于右盘,增减砝码(配合游码),使天平平衡.

5. 读数及复位.记下砝码和游码读数;把待测物体从盘中取出,砝码放回砝码盒,游码放回零位,秤盘摘离刀口,天平复原.

横梁上有 50 个刻度和可移动的游码 D.游码向右移动一个刻度,相当于往右盘中加 0.02g 的砝码.

(四) 天平的操作规程

1. 天平的负载不得超过其最大称量,以免损坏刀口和压弯横梁.

2. 在调节天平、取放物体、取放砝码以及不用天平时,都必须将天平制动,以免损坏刀口.只有在判断天平是否平衡时才将天平启动.天平启动、制动时动作要轻,制动时最好在天平指针接近标尺中线刻度时进行.

3. 待测物体和砝码要放在秤盘正中.砝码不要直接用手拿取,要用镊子夹取.称量完毕,砝码必须放回盒内一定位置,不要随意乱放.

4. 天平的各部件以及砝码都要注意防锈蚀.

(五) 天平两臂不等长误差的消除

天平两臂不等长,将带来系统误差,可用复称法来消除.

设 $L_{左}$、$L_{右}$ 分别代表横梁左右两臂的长度,物体的质量为 m.先把待测物体放于左盘,m_1 砝码放于右盘,使天平平衡,则有

$$mL_{左}=m_1L_{右}. \tag{2-5}$$

然后将物体放于右盘，m_2 砝码放于左盘，使天平再次平衡，则有
$$mL_{右} = m_2 L_{左}, \tag{2-6}$$
式(2-5)乘以式(2-6)，得
$$m^2 = m_1 m_2,$$
$$m = \sqrt{m_1 m_2}. \tag{2-7}$$
可见 m 为 m_1、m_2 的几何平均值．考虑到 $m_1 - m_2 \ll m_2$，将式(2-7)用级数展开，并略去高次项，有
$$m = \sqrt{m_1 m_2} = m_2 \left(1 + \frac{m_1 - m_2}{m_2}\right)^{\frac{1}{2}} \approx m_2 \left(1 + \frac{1}{2} \cdot \frac{m_1 - m_2}{m_2}\right) = \frac{1}{2}(m_1 + m_2). \tag{2-8}$$
m 即为 m_1 和 m_2 的算术平均值．

（六）逐次逼近调节测量

以指针 J 为判断依据，逐次增减砝码，使指针 J 在零位左右摆幅逐次减小，直到指针指零为止，这种方法称为逐次逼近调节法．

四、实验内容

测铝块的密度（$\rho > \rho_0$）．

1. 将待测物用细线挂在左边的天平钩上，称量待测物质量 m_1 共 5 次．
2. 用托架托住水杯，并移至待测物下方，将待测物浸入水杯中，测其表观质量 m_2 共 5 次．

> **注意**：正确使用天平，每测一次都应检查和调整天平的零点；用镊子夹砝码，不能用手拿．

五、实验数据及处理

天平规格　型号：_____　称量：_____　分度值：_____

水的密度（根据当时的水温查实验室提供的常数表）：$\rho_0 = $ _____ g·cm^{-3}．

次　序	1	2	3	4	5	平　均
m_1/g						$\overline{m_1} =$
m_2/g						$\overline{m_2} =$

（一）计算待测物体的密度

$$\overline{\rho} = \frac{\overline{m_1}}{(\overline{m_1} - \overline{m_2})} \rho_0 = \underline{\qquad} \text{ g·cm}^{-3}.$$

（二）计算不确定度 $u_{\overline{\rho}}$

ρ_0 的不确定度可忽略，只考虑由质量测量不确定度传递至物体密度不确定度的部分．$u_{\overline{\rho}}$ 的计算公式如下（请补充中间的推导过程）：

$$u_{\overline{\rho}} = \frac{\sqrt{(m_2 u_{\overline{m_1}})^2 + (m_1 u_{\overline{m_2}})^2}}{(m_1 - m_2)^2} \rho_0 = \underline{\qquad} \text{ g·cm}^{-3}.$$

式中，$u_{\overline{m_1}}$ 与 $u_{\overline{m_2}}$ 为质量测量的不确定度．天平的仪器误差限 $\Delta_{仪}$ 约定为天平分度值的一半，m_1 和 m_2 各测了 5 次，其不确定度由 A 类分量与 B 类分量合成，其中

A 类不确定度：$u_{\overline{m_1}A} = \sqrt{\dfrac{\sum_{i=1}^{n}(m_{1i}-\overline{m_1})^2}{n(n-1)}} = \underline{\qquad}$ g．

B 类不确定度：$u_{\overline{m_1}B} = \dfrac{\Delta_{仪}}{\sqrt{3}} = \underline{\qquad}$ g．

合成不确定度：$u_{\overline{m_1}} = \sqrt{(u_{\overline{m_1}A})^2 + (u_{\overline{m_1}B})^2} = \underline{\qquad}$ g．

$u_{\overline{m_2}}$ 的处理与 $u_{\overline{m_1}}$ 相同．

(三) 测量结果

$$\rho = \overline{\rho} \pm u_{\overline{\rho}} = \underline{\qquad} \text{ g·cm}^{-3}.$$

六、思考题

1. 设计用流体静力称衡法测石蜡块的密度（$\rho < \rho_0$）的实验方案．（提示：可在石蜡块下拴一重物）

2. 据说阿基米德曾用浮力原理判定王冠是否为纯金所制．请你拟订一实验方案，确定出一个由 A 和 B 两种材料混合而成的物体中这两种材料的重量百分比．

实验 3 钢丝杨氏模量的测定

弹性模量是描述材料抵抗弹性形变能力的物理量，又称杨氏模量，以纪念物理学家托马斯·杨（Thomas Young，1773—1829）．本实验用静态拉伸法测定一种钢丝的杨氏模量．

一、实验目的

1. 理解杨氏模量的定义．
2. 学习利用光杠杆测量微小长度的原理和方法．
3. 练习用逐差法处理实验数据．

实验原理

二、实验原理

(一) 杨氏模量

物体受力产生形变，去掉外力后能立刻恢复原状的，称为弹性形变；因受力过大或受力时间过长，去掉外力后形变不能消失的，称为塑性形变．

物体受单方向的拉力或压力，产生纵向的伸长和缩短是最简单也是最基本的形变．设一物体长为 L，横截面积为 S，沿长度方向施加力 F 后，物体伸长（或缩短）了 δL，F/S 是单位面积上的作用力，称为应力．$\delta L/L$ 是相对形变量，称为应变．在弹性形变范围内，按照胡克（Hooke Robert，1635—1730）定律，物体内部的应力正比于应变，其比值

$$\frac{F/S}{\delta L/L}=E \tag{3-1}$$

被称为杨氏模量.

实验证明,E 与试样的长度 L、横截面积 S 以及施加的外力 F 的大小无关,而只取决于试样的材料.从微观结构来考虑,杨氏模量是一个表征原子间结合力大小的物理参量.

(二) 用静态拉伸法测金属丝的杨氏模量

杨氏模量测量有静态法和动态法之分.动态法是基于振动的方法,静态法是对试样直接加力,测量形变.动态法测量速度快,精度高,适用范围广,是国家标准规定的方法.静态法原理直观,设备简单.

用静态拉伸法测金属丝的杨氏模量,是使用如图 3-1 所示的杨氏模量测定仪测定的.在三角底座上装两根支柱,支柱上端有横梁,中部紧固一个平台,构成一个刚度极好的支架.整个支架受力后形变极小,可以忽略,待测样品是一根粗细均匀的钢丝.钢丝上端用卡头 A 夹紧并固定在上横梁上,钢丝下端也用一个圆柱形卡头 B 夹紧并穿过平台 C 的中心孔,使钢丝自由悬挂.通过调节三角底座螺丝,使整个支架铅直.下卡头在平台 C 的中心孔内,周围缝隙均匀而不蹭边.圆柱形卡头下方的挂钩上挂一个砝码盘,当盘上逐次加上一定重量的砝码后,钢丝就被拉伸.下卡头的上端面相对平台 C 的下降量,即是钢丝的伸长量 δL,钢丝的总长度就是从上卡头的下端面至下卡头的上端面之间的长度.钢丝的伸长量 δL 是很微小的,本实验采用光杠杆法测量.

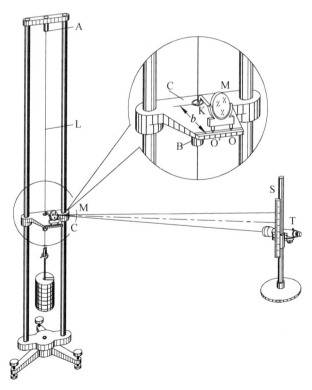

图 3-1 杨氏模量测定仪

(三) 光杠杆

光杠杆是用放大的方法来测量微小长度(或长度改变量)的一种装置,由平面镜 M、水平放置的望远镜 T 和竖直标尺 S 组成(图 3-1).平面镜 M 竖立在一个小三足支架上,O、O′ 是前足,K 是后足.K 至 O、O′ 连线的垂直距离为 b(相当于杠杆的短臂),两前足放在杨氏模量测定仪的平台 C 的沟槽内,后足尖置于待测钢丝下卡头的上端面上.当待测钢丝受力作用而伸长 δL 时,后足尖 K 就随之下降 δL,从而平面镜 M 也随之倾斜 α 角.在与平面镜 M 相距 D 处(约 1~2m)放置测量望远镜和竖直标尺.如果望远镜水平对准竖直的平面镜,并能在望远镜中看到平面镜反射的标尺像,那么从望远镜的十字准线上可读出钢丝伸长前后标尺的读数 n_0 和 n_1.这样就把微小的长度改变量 δL 放大成相当可观的变化量 $\delta n = n_1 - n_0$.从图 3-2 所示几何关系来看,平面镜倾斜 α 角后,镜面法线 OB 也随之转动 α 角,反射线将转动 2α 角,有

$$\tan\alpha = \frac{\delta L}{b}; \quad \tan 2\alpha = \frac{\delta n}{D}.$$

在 α 很小的条件下,有 $\tan\alpha \approx \alpha$,$\tan 2\alpha \approx 2\alpha$.

于是得光杠杆放大倍数

$$\frac{\delta n}{\delta L} = \frac{2D}{b}. \tag{3-2}$$

在本实验中,D 为 1~2m,b 约 7cm,放大倍数可达 30~60 倍.光杠杆可以做得很精细、很灵敏,还可以采用多次反射光路,常在精密仪器中应用.

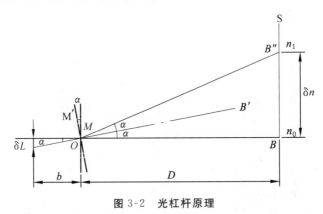

图 3-2 光杠杆原理

(四) 静态拉伸法测金属丝杨氏模量的实验公式

由式(3-2)可得钢丝的伸长量

$$\delta L = \frac{b \cdot \delta n}{2D}. \tag{3-3}$$

将式(3-3)以及拉力 $F = Mg$(M 为砝码质量)、钢丝的截面积 $S = \frac{1}{4}\pi d^2$(d 为钢丝直径)代入式(3-1),于是得测量杨氏模量的实验公式:

$$E = \frac{8MgLD}{\pi d^2 b(n_1 - n_0)}. \tag{3-4}$$

三、实验仪器

杨氏模量测量仪(包括砝码组、光杠杆及望远镜—标尺装置)、外径千分尺、钢卷尺.

实验仪器

四、实验内容

1. 检查钢丝是否被上下卡头夹紧,然后在圆柱形卡头下面挂钩上挂一个砝码盘,将钢丝预拉紧.

2. 用水准器调节平台 C,使之水平,并观察钢丝下卡头在平台 C 的通孔中的缝隙,使之达到均匀,以不发生摩擦为准.

3. 将光杠杆平面镜放置在平台上,并使前足 O、O' 落在平台沟槽内,后足尖 K 压在圆柱形卡头上端面上.同时调节光杠杆平面镜 M,使之处于铅直位置.

实验操作

4. 将望远镜—标尺支架移到光杠杆平面镜前,使望远镜光轴与平面镜同高,然后移置于离平面镜约 1m 处.调节标尺的高度并使标尺铅直,调节望远镜方位,使镜筒水平对准平面镜 M.

5. 左右稍稍移动支架,用肉眼从望远镜外沿镜筒方向看平面镜 M 中有没有标尺的反射像,直至在镜筒外看到标尺的反射像为止.

6. 调节望远镜目镜,使叉丝像清晰,再调节物镜,使标尺成像清晰并消除与叉丝像的视差,如此时的标尺读数与望远镜所在水平面的标尺位置 n_0 相差较大,需略微转动平面镜 M 的倾角,当相差较小时,可微调望远镜俯仰螺丝,使准线对准 n_0,记下这一读数.

7. 逐次增加砝码(每个 1kg),记录从望远镜中观察到的各相应的标尺读数 n_i'(共五个砝码).然后再逐次移去所加的砝码,也记下相应的标尺读数 n_i''.将对应于同一 F_i 值的 n_i'' 和 n_i' 求平均,记为 $\bar{n}_i$(加、减砝码时动作要轻,不要使砝码盘摆动和上下振动).

8. 用钢卷尺测量平面镜 M 到标尺 S 之间的垂直距离 D 和待测钢丝的原长 L,从平台上取下平面镜支架,放在纸上轻轻压出前后足的痕迹,然后用细铅笔作两前足 O、O' 的连线及后足 K 到 O、O' 连线的垂线,测出此垂线的长度 b.

9. 用螺旋测微器测量钢丝不同位置的直径 6 次.

五、实验数据及处理

(一) $\overline{\Delta n}$ 的测量

砝码质量/kg	标尺读数/mm			逐　　差/mm
	加砝码	减砝码	平均值	
1			$\bar{n}_1=$	$\Delta n_1 = \bar{n}_4 - \bar{n}_1 =$
2			$\bar{n}_2=$	$\Delta n_2 = \bar{n}_5 - \bar{n}_2 =$
3			$\bar{n}_3=$	$\Delta n_3 = \bar{n}_6 - \bar{n}_3 =$

续表

砝码质量/kg	标尺读数/mm			逐　　　差/mm
	加砝码	减砝码	平均值	
4			$\overline{n}_4=$	
5			$\overline{n}_5=$	$\overline{\Delta n}=\dfrac{\Delta n_1+\Delta n_2+\Delta n_3}{3}=$
6			$\overline{n}_6=$	

$\overline{\Delta n}$测量不确定度：

$$S_{\overline{\Delta n}}=\sqrt{\dfrac{\sum\limits_{i=1}^{3}(\Delta n_i-\overline{\Delta n})^2}{3\times(3-1)}}=\underline{\qquad}\text{ mm}.$$

$u_A=t_{0.68}\cdot S_{\overline{\Delta n}}=\underline{\qquad}$ mm．　　　（$n=3$ 时，$t_{0.68}=1.32$）

$u_B=\dfrac{\Delta}{\sqrt{3}}=\dfrac{0.5}{\sqrt{3}}\text{mm}=\underline{\qquad}$ mm．

$u_{\overline{\Delta n}}=\sqrt{u_A{}^2+u_B{}^2}=\underline{\qquad}$ mm．

（二）金属丝直径的测量

螺旋测微器零点读数 $d_0=\underline{\qquad}$ mm，修正值 $d=d'-d_0$

测量次数	1	2	3	4	5	6
测量值 d'/mm						
修正值 d/mm						

$\overline{d}=\underline{\qquad}$ mm，　　　$S_{\overline{d}}=\sqrt{\dfrac{\sum\limits_{i=1}^{6}(d_i-\overline{d})^2}{6\times(6-1)}}=\underline{\qquad}$ mm．

$u_A=S_{\overline{d}}=\underline{\qquad}$ mm，　　　$u_B=\dfrac{\Delta}{\sqrt{3}}=\dfrac{0.004}{\sqrt{3}}$ mm．

$u_{\overline{d}}=\sqrt{u_A{}^2+u_B{}^2}=\underline{\qquad}$ mm．

（三）金属丝长度（L）、光杠杆长度（b）、平面镜与标尺距离（D）的测量（各测一次）

L/mm	D/mm	b/mm

$u_L=0.5$ mm，$u_D=0.7$ mm，$u_b=0.5$ mm．

（四）E 的计算结果

$$\overline{E}=\dfrac{8MgLD}{\pi\,\overline{d}^2\,b\,\overline{\Delta n}}=\underline{\qquad}\text{ N/m}^2.\quad（保留五位有效数字）$$

式中，$M=3$ kg．

（五）$\overline{E}$ 的不确定度

$$u_E = \overline{E}\sqrt{\left(\frac{1}{L}\right)^2 u_L{}^2 + \left(\frac{2}{\overline{d}}\right)^2 u_{\overline{d}}{}^2 + \left(\frac{1}{D}\right)^2 u_D{}^2 + \left(\frac{1}{b}\right)^2 u_b{}^2 + \left(\frac{1}{\Delta n}\right)^2 u_{\overline{\Delta n}}{}^2} = \underline{\qquad} \text{ N/m}^2.$$

$E = \overline{E} \pm u_E = \underline{\qquad}$ N/m² （$P = 0.68$）.

（$\overline{E}$ 作为中间结果至少保留 5 位有效数字，u_E 保留 2 位有效数字，E 按"修约规则"截断.）

六、思考题

1. 杨氏模量的物理意义是什么？它的大小反映了材料的什么性质？若某种钢材的杨氏模量 $E = 2.0 \times 10^6$ kg/mm²，有人说"这种钢材每平方毫米截面能承受 2 千吨拉力"，这样说对吗？

2. 光杠杆的放大倍数取决于 $\dfrac{2D}{b}$，一般讲增加 D 或减小 b 可提高光杠杆放大倍数，这样做有没有限度？怎样考虑这个问题？

3. 本实验中的几个长度采用几种不同仪器（方法）来测量，为什么要这样安排？实验中哪个量的测量误差对结果影响大？如何进一步改进？

实验 4　刚体转动惯量的测定

转动惯量和转动定律是物理学的基本概念和基本定律．转动惯量是刚体转动过程中惯性大小的度量，其数值与刚体质量相对于转轴的位置分布有关．简单规则形状刚体的转动惯量可以计算出来，一般复杂刚体的转动惯量是通过实验方法测定的．本实验应用刚体转动动力学原理测定刚体的转动惯量，并对刚体转动平行轴定理进行验证．

一、实验目的

1. 学会用刚体转动实验仪测量规则物体的转动惯量，并与理论值进行比较.
2. 用实验方法验证刚体的转动定律及平行轴定理.
3. 学会用作图法处理实验数据.

二、实验原理

根据转动定律，当刚体绕固定轴转动时，有

$$\sum M = J\beta. \tag{4-1}$$

其中，$\sum M$ 是刚体所受的合外力矩，J 是刚体对该轴的转动惯量，β 为角加速度．在实验装置中，刚体所受的外力矩为绳子给予的力矩 $T \cdot r$ 和摩擦力矩 M_μ．T 为绳子的张力，与 OO' 相垂直，r 为塔轮的绕线半径（图 4-1）．当略去滑轮及绳子的质量以及滑轮轴上的摩擦力，并认为绳子的长度不变时，砝码 $m_{砝码}$ 以匀加速度 a 下落，并有

$$T = m_{砝码}(g-a).$$

式中，g 为重力加速度. 在实验过程中，保持 $a \ll g$，则有

$$m_{砝码} g r - M_\mu = J\beta, \tag{4-2}$$

$$J = \frac{m_{砝码} g r - M_\mu}{\beta}. \tag{4-3}$$

在转动过程中，刚体系所受的摩擦力矩 M_μ 基本上是不变的，可以把刚体转动视为匀变速转动. 当作用于刚体系的外力矩 $T \cdot r$ 消失时，可得摩擦力矩 M_μ 与相应的角加速度 β_0 的关系式：

$$M_\mu = -J\beta_0. \tag{4-4}$$

将式(4-4)代入式(4-2)，得

$$J = \frac{m_{砝码} g r}{\beta - \beta_0}. \tag{4-5}$$

只要测出角加速度 β 和 β_0，就可求出转动惯量 J.

（一）测量规则物体的转动惯量

空实验台转动时，刚体系为承物台和塔轮组合体，体系对转动轴 OO' 的转动惯量为 J_0. 当承物台上加上待测物体（如铝环、铝盘等）时，整个刚体系的转动惯量变为 J. 设待测物体对转动轴 OO' 的转动惯量为 J_x，则三者之间的关系为

$$J_x = J - J_0. \tag{4-6}$$

分别测出 J_0 和 J 后，便可求出 J_x.

（二）验证刚体转动定律

当刚体由静止开始转动转过 n 个半圈时，所用时间为 t，则有

$$n\pi = \frac{1}{2}\beta t^2,$$

即

$$\beta = \frac{2n\pi}{t^2}. \tag{4-7}$$

式中，n 为半圈数（实验中计时脉冲序数$=n+1$）. 将式(4-7)代入式(4-2)，整理得

$$m_{砝码} = \frac{2n\pi J}{g r t^2} + \frac{M_\mu}{g r}. \tag{4-8}$$

若保持 r、n 及 J 不变（即保持实验装置不变），只改变砝码质量 $m_{砝码}$，测出相应的下落时间 t，在直角坐标纸上作 $m_{砝码}-\frac{1}{t^2}$ 图，如得一直线，则证明式(4-1)成立，并由直线的斜率可求得转动惯量 J，由直线的截距可以求得摩擦力矩 M_μ.

（三）验证平行轴定理

刚体绕通过其质心的固定轴转动时，其转动惯量为 J_c；若另有一转轴与前述质心轴平行，两者间距为 d_0，刚体绕该固定轴转动时，其转动惯量为 J，则 J 和 J_c 满足下列关系：

$$J = J_c + m d_0^2. \tag{4-9}$$

式中，m 为刚体的质量. 上式就是平行轴定理的数学表达式.

把两个质量均为 $m_{小钢珠}$ 的小钢柱分别放在承物台上一对对称的小孔中，当这两个小

第2章 基本实验

钢柱随承物台一起转动时,其组成的刚体系绕通过其质心的固定轴转动,实验测出其体系的转动惯量为 J_1,且有

$$J_1 = J_0 + J_c. \tag{4-10}$$

当这两个小钢柱保持间隔不变时,它们的质心偏离转动轴,实验测出相应的转动惯量为 J_2,且有

$$J_2 = J_0 + J_c + 2m_{小钢珠} d_0^2. \tag{4-11}$$

式中,d_0 为两个小钢柱的质心偏离转动轴的距离. 显然有下式成立:

$$J_2 - J_1 = 2m_{小钢珠} d_0^2. \tag{4-12}$$

实验测出上面各量且代入上式,便可以验证平行轴定理.

三、实验仪器及介绍

刚体转动实验仪、TH-4 通用电脑式毫秒计.

(一) 刚体转动实验仪

刚体转动实验仪如图 4-1 所示. 在底座上,通过滚珠轴承,安装一个具有五个不同半径 r 的塔轮,塔轮上装有十字承物台、铝盘和铝环,它们一起组成一个绕固定轴 OO' 转动的刚体系. 塔轮上绕一细线,通过滑轮与砝码相连. 砝码下落时,通过细线对刚体系施加外力 T. 滑轮的支架可升降,以保证当细线绕塔轮的不同半径时都可以保持与 OO' 轴垂直. 改变绕线轮的半径或砝码的质量,可以改变刚体系所受的动力矩. 在承物台(图 4-2)上沿半径方向等距离地排有三个小孔,相邻小孔的中心距为 d. 实验用的小钢柱可以通过这些小孔定位. 改变小钢柱相对于转轴的位置,可以改变包括小钢柱在内的刚体系的转动惯量. 刚体转动时,与承物台相连的两根遮光细棒依次通过光电门遮断光路,光电门光路每遮断一次就产生一个计时触发信号.

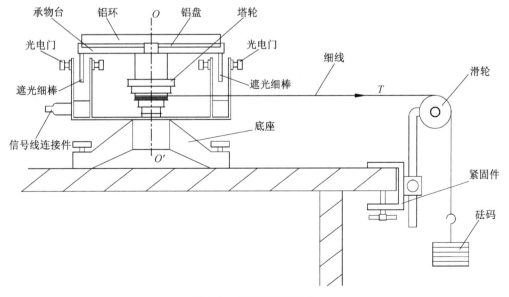

图 4-1 刚体转动实验仪

（二）TH-4 通用电脑式毫秒计

TH-4 通用电脑式毫秒计主要用于物理实验中的测时和计数，它由单片机和固化程序等组成，具有记忆功能，最多可记忆 99 个测量时间．实验时与刚体转动实验仪上的光电门配合使用．光电门为红色可见光，发光器件为发光二极管，遮光细棒每经过一次光电门，光电门光路就产生一个计时触发信号，毫秒计就计一次时间，并将时间储存起来．

毫秒计的前面板如图 4-3 所示．0～9 为数字键；"—"为减号键；"β"为角加速度键；"发送"为向计算机发送数据键；"设置/上"为设置和向上取数字键；"下"为向下取数字键；"复位"键，工作不正常时复位．

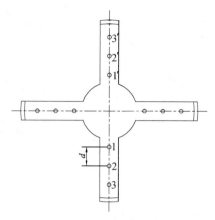

图 4-2　承物台俯视图

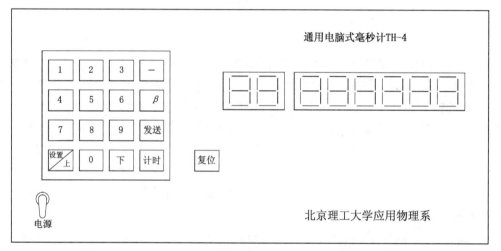

图 4-3　TH-4 通用电脑式毫秒计前面板示意图

使用方法：

（1）接通电源，显示"88 888888"，否则按"复位"键．

（2）按"设置"键，显示"P0199"，01 表示一个脉冲计一个数，99 表示最多可计 99 个数．若只需计 9 个数，则只要按 0109 这四个数字键即可．设置好了以后，再按一下"设置"键方可计时．

（3）计时．遮光细棒第一次经过光电门时，毫秒计将时间计为"0"．遮光细棒每经过一次光电门，毫秒计就计一次时间（与第一次的时间间隔），并将时间储存起来．若设置"P0109"，则毫秒计计 9 个数后，就停止计时．

（4）取时间值．计时结束后，若需第 8 次的时间值，可按相应的数字键 8，就显示第 8 次的时间值．若需后一次的时间值，按"上"键；若需前一次的时间值，按"下"键．

（5）取"β"值．角位移定为 8π，即刚体系统固定轴 OO' 转动圈数不少于 4 圈，两遮光细棒遮光次数不少于 9 次．按"β"键，显示 1 为 β，2 为 β'．β 为角加速度，β' 为角加速度对时间的变化率．

(6) 若需重新计时,则按"计时"键即可. 若按"复位"键,则需重新设置.

四、实验内容

1. 调节底座螺丝,使 OO' 轴与地面垂直. 将滑轮紧固在桌沿上.

2. 将长约 1m 的细线的一端挂上砝码,另一端打一小结(实验室已打好),选择半径为 2.50cm 的塔轮(中间一个),将细线打结的一端扣在两绕线轮间的小槽内,从上至下密绕在塔轮上,并调节滑轮高度使细线与 OO' 轴垂直. 砝码下落前,两根遮光细棒中的一根应移至左光电门附近,并移动刚体转动实验仪使砝码靠近滑轮. 注:每个砝码的质量为 5.00g,砝码钩的质量也为 5.00g.

注意:下文中"左光电门前面"指左光电门远离实验者的一面,"左光电门后面"指左光电门靠近实验者的一面.

3. 测承物台的转动惯量 J_0.

将铝盘和铝环取下,取砝码质量为 10g(一个砝码钩加上一个砝码). 接通 TH-4 通用电脑式毫秒计的电源,将一遮光细棒移至左光电门附近,若刚体顺时针转动,则遮光细棒应放在左光电门前面一点;若刚体逆时针转动,则遮光细棒应放在左光电门后面一点. 放手使砝码自静止开始下落,刚体转过约半圈后,毫秒开始计时,计数超过 9 个后,按"β"键将角加速度 β 值记录在表中. 砝码脱落后,刚体继续转动,按"复位"键,毫秒计重新开始计时,同样计数超过 9 个后,按"β"键将角加速度 β_0 值记录在表中. 重复测量 3 次,取平均值. 将 $\overline{\beta}$ 和 $\overline{\beta_0}$ 代入式(4-5)中,即可求出承物台转动惯量 J_0. 每测一次按一下"复位"键.

4. 测铝环对中心轴的转动惯量 $J_{铝环}$.

将铝环放在承物台上,取砝码质量为 10g. 按测承物台转动惯量 J_0 一样的方法测出整个系统的转动惯量 J,铝环对中心轴的转动惯量 $J_{铝环}$ 可根据下式求出:

$$J_{铝环} = J - J_0.$$

根据铝环的几何参数,用公式 $J = \frac{1}{2}m(r_1^2 + r_2^2)$ 计算铝环对中心轴的转动惯量理论值并作为标准值,计算实验结果的相对不确定度.

5. 验证刚体的转动定律.

将铝环取下,铝盘放在承物台上. 接通毫秒计的电源,按"设置"键,设置为 P0109,设置好了以后,再按一下"设置"键. 将一遮光细棒移至左光电门附近,若刚体顺时针转动,则遮光细棒应放在左光电门后面一点;若刚体逆时针转动,则遮光细棒应放在左光电门前面一点. 放手使砝码自静止开始下落,刚体转动的瞬间,毫秒计开始计时,刚体转四圈后,毫秒计停止计时,将刚体转四圈的时间记录在表中,对应每一个 m 值,测时间 3 次然后取平均值. 砝码质量的变化自 10.00g 开始每次增加 5.00g,直至 30.00g 为止. 毫秒计每测一次时间要按一下"计时"键. 若按"复位"键,则需重新设置.

在直角坐标纸上作 m-$\frac{1}{t^2}$ 图,如得一直线,则证明式(4-1)成立,并由直线的斜率可求得转动惯量 J,由直线的截距可以求得摩擦力矩 M_μ.

可以用同样的方法测出承物台的转动惯量 J_0，从而计算出铝盘的转动惯量，并与理论计算结果 $J=\frac{1}{2}mr^2$ 比较，计算实验结果的相对不确定度.

6. 验证平行轴定理.

把两个小钢柱分别放在承物台上 $(2,2')$ 对称的小孔中，测出整个系统的转动惯量 J_1；再把两个小钢柱分别放在承物台 $(1,3')$ 或 $(3,1')$ 的小孔中，测出整个系统的转动惯量 J_2. 将转动惯量差值与理论计算结果 $\Delta J=2m_{小钢珠}d_0^2$ 相比较，验证平行轴定理.

实验结束时，断开毫秒计的电源，将砝码放在刚体的圆盘内.

五、实验数据及处理

（一）测量铝环对中心轴的转动惯量 $J_{铝环}$

砝码质量 $m=10.00$g，绕线轮半径 $r=2.50$cm.

铝环内径 $r_1=10.50$cm，铝环外径 $r_2=12.00$cm，铝环质量 $m_{铝环}=480.00$g.

转动体系	$\beta(\beta')/s^{-2}$（$\sum M$ 作用下）				β_0/s^{-2}（仅在 M_μ 作用下）			
	1	2	3	平均值	1	2	3	平均值
承物台(J_0)								
全系统(J)								

承物台的转动惯量：$J_0=\dfrac{m_{承物台}gr}{\beta-\beta_0}=$ _____ kg·m².

全系统的转动惯量：$J=\dfrac{m_{全系统}gr}{\beta'-\beta_0}=$ _____ kg·m².

铝环的转动惯量：$J_{铝环}=J-J_0=$ _____ kg·m².

$$J_{理论值}=\frac{1}{2}m_{铝环}(r_1^2+r_2^2)= \underline{\qquad} \text{ kg·m}^2.$$

相对不确定度：$U_r=\dfrac{J_{铝环}-J_{理论值}}{J_{理论值}}\times100\%=$ _____ .

（二）验证刚体的转动定律

绕线轮半径 $r=2.50$cm，半圈数 $n=8$.

铝盘半径 $r_{铝盘}=12.00$cm，铝盘质量 $m_{铝盘}=470.00$g.

	m/g	10.00	15.00	20.00	25.00	30.00
t/s						
承物台 (J_0)	第1次					
	第2次					
	第3次					
	平均值					
	$\dfrac{1}{t^2}/s^{-2}$					

续表

t/s	m/g	10.00	15.00	20.00	25.00	30.00
全系统 (J)	第1次					
	第2次					
	第3次					
	平均值					
	$\frac{1}{t^2}/s^{-2}$					

在毫米方格纸上分别作两条 $m_{砝码}$-$\frac{1}{t^2}$ 曲线,如果是直线,则证明式(4-1)成立,并由这两条直线的斜率可求出转动惯量 J_0 和全系统的转动惯量 J,由直线的截距求出摩擦力矩 M_μ.

在直线上取相距较远的两点,将这两点坐标标在图上,根据斜率公式 $k=\frac{m_{砝码2}-m_{砝码1}}{\frac{1}{t_2^2}-\frac{1}{t_1^2}}$,分别求出两条直线的斜率.

直线1(承物台)的斜率:$k_1=$ _____ kg·s².

直线2(全系统)的斜率:$k_2=$ _____ kg·s².

承物台的转动惯量:$J_0=\frac{gr}{2n\pi}k_1=$ _____ kg·m².

全系统的转动惯量:$J=\frac{gr}{2n\pi}k_2=$ _____ kg·m².

铝盘的转动惯量:$J_{铝盘}=J-J_0=$ _____ kg·m².

$$J_{理论值}=\frac{1}{2}m_{铝盘}r^2=\underline{\qquad}\ \text{kg·m}^2.$$

相对不确定度:$U_r=\frac{J_{铝盘}-J_{理论值}}{J_{理论值}}\times100\%=$ _____ .

(三) 验证平行轴定理

砝码质量 $m_{砝码}=10.00$ g,绕线轮半径 $r=2.50$ cm.

两个小钢柱的质心偏离转动轴的距离 $d_0=2.50$ cm,小钢柱质量 $m_{小钢柱}=190.00$ g.

转动体系	β/s^{-2}($\sum M$ 作用下)				β_0/s^{-2}(仅在 M_μ 作用下)			
	1	2	3	平均值	1	2	3	平均值
$J_1(2,2')$								
$J_2(1,3')$或$(3,1')$								

转动惯量:$J_1=\frac{m_{砝码}gr}{\beta-\beta_0}=$ _____ kg·m².

转动惯量:$J_2=\frac{m_{砝码}gr}{\beta'-\beta_0}=$ _____ kg·m².

$$J_2 - J_1 = \underline{\qquad} \text{ kg} \cdot \text{m}^2.$$
$$2m_{\text{小钢柱}} d_0^2 = \underline{\qquad} \text{ kg} \cdot \text{m}^2.$$

验证 $J_2 - J_1 = 2m_{\text{小钢柱}} d_0^2$ 关系式是否成立.

六、思考题

1. 实验中如何保证 $a \ll g$ 的条件？由于做了这一近似，会对结果产生多大影响？
2. 通过实验，你对作图法的优点有何体会？作图时应注意什么问题？

实验 5 金属线膨胀系数的测定

一、实验目的

1. 利用光杠杆测定金属棒在一定测试区域内的平均线膨胀系数.
2. 掌握几种长度测量的方法及其误差分析.
3. 学习用作图法处理实验数据.

二、实验原理

当固体温度升高时，由于分子的热运动，固体微粒间距离增大，结果使固体膨胀. 在常温下其线度随温度变化可由经验公式表示：

$$L_t = L_0(1 + \alpha t). \tag{5-1}$$

式中，α 称为固体的线膨胀系数，L_0 为 $t = 0\ ℃$ 时固体的长度. 实验表明，在温度变化不大时，α 是一个常量. 式(5-1)可写成

$$\alpha = \frac{L_t - L_0}{L_0 t} = \frac{\delta L / L_0}{t}. \tag{5-2}$$

由此可见，α 的物理意义是温度每升高 $1\ ℃$ 时物体的相对伸长量，单位为 $1/℃$.

实验还发现，当温度变化较大时，同一材料在不同温度区域，其线膨胀系数不一定相同. α 与 t 有关，随温度升高而变大. 这时

$$L_t = L_0(1 + at + bt^2 + ct^3 + \cdots),$$
$$\alpha = a + bt + ct^2 + \cdots. \tag{5-3}$$

式(5-3)是经验公式，可从手册上查得 a、b、c 等常量.

实验测量时，测得的是物体在室温 $t_1\ ℃$ 时的长度 L_1 及其温度升到 $t_2\ ℃$ 时其长度伸长量 δL，根据式(5-1)可得

$$L_1 = L_0(1 + \alpha t_1),$$
$$L_1 + \delta L = L_0(1 + \alpha t_2),$$

将此二式相比，消去 L_0，整理后得出

$$\alpha = \frac{\delta L}{L_1(t_2 - t_1) - \delta L t_1}. \tag{5-4}$$

当 t_1、t_2 较小时，由于 δL 和 L 相比甚小，$L_1(t_2 - t_1) \gg \delta L t_1$，所以式(5-4)可近似写成

第 2 章 基本实验

$$\alpha = \frac{\delta L}{L_1(t_2-t_1)}. \tag{5-5}$$

由式(5-5)求得的 α 是在温度 $t_1 \sim t_2$ 间的平均线膨胀系数.

很明显,实验中测出 δL 是关键.本实验是利用光杠杆来测量由温度变化而引起的长度的微小变化量 δL,实验时将待测金属棒直立在线膨胀系数测量仪的金属筒中,如图 5-1 所示.将光杠杆后足尖置于金属棒的上端,前刀口(或两前足尖)置于固定的平台上的凹形槽内.

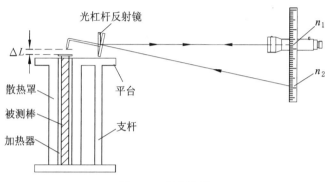

图 5-1 实验装置

设在温度 t_1 时,通过望远镜和光杠杆的平面镜,看见直尺上的刻度 n_1 刚好在望远镜中叉丝横线处;当温度升至 t_2 时,直尺上刻度 n_2 移至叉丝横线上.则根据光杠杆原理可得

$$\delta L = \frac{(n_2-n_1)b}{2D}. \tag{5-6}$$

式中,D 为光杠杆镜面到直尺的距离,b 为光杠杆长度(即光杠杆后足到两前足连线的垂直距离).将式(5-6)代入式(5-5),得

$$\alpha = \frac{(n_2-n_1)b}{2DL_1(t_2-t_1)}. \tag{5-7}$$

可见,只要测出各长度 n_2、n_1、b、D、L_1 及温度 t_2、t_1,便可求得 α.对于 $L_0 \approx 50 \mathrm{cm}$ 的铜棒,其 α 值的数量级为 $10^{-5}/{}^\circ\mathrm{C}$,若温度变化 $\Delta t = t_2 - t_1 \approx 100 {}^\circ\mathrm{C}$ 时,其伸长量 δL 约为 $10^{-2}\mathrm{cm}$,可见 $L_0 \gg \delta L$,因此式(5-7)中 L_1 可近似取为室温下的棒长值 L,其值由实验室给出.

三、实验仪器

线膨胀仪、待测金属棒、卷尺、数字温度计、光杠杆一套.

线膨胀仪是采用电热法来测定金属棒的线膨胀系数的,它主要包括下面几部分:给被测材料加热的加热器、散热罩、支架、放置光杠杆的平台、底座、支架.平台与底座牢固地连接在一起.加热器中的加热管道上绕有电阻丝,接通电源即可逐渐升温,并有温场均匀特点.加热管道内可放置待测材料棒和温度传感器.

四、实验内容

1. 移走光杠杆,取出温度传感器及待测金属棒,在室温条件下,测出金属棒的长度

L_1,记录下 L_1(L_1 在 50cm 左右).

2. 将光杠杆的两前足放在平台的凹槽内,后足尖立于被测棒顶端,并使光杠杆平面镜法线大致与望远镜同轴,且平行于水平底座,见装置图 5-2.

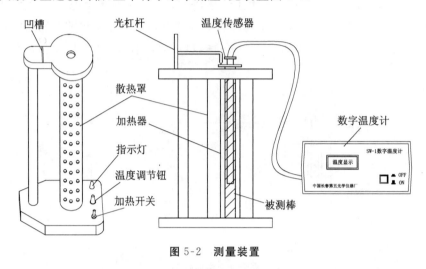

图 5-2 测量装置

注意:光学系统未调好即 $n_{初}$ 未记录之前,不得接通电源.

3. 调节光杠杆、标尺、望远镜系统,直至通过望远镜能看清标尺的像为止(具体调节方法参照实验 3),记下标尺的初读数 $n_{初}$.

4. 接通电源,将温度调节旋钮旋到适当位置(实验室已调好,实验过程中无须再调),记下初始温度 $t_{初}$,然后分别测出不同温度下标尺的读数 $n(t)$,

$$n(t) = \frac{2DL_1}{b}\alpha(t-t_{初}) + n_{初}.$$

式中,D 为光杠杆反射镜与标尺平面间的垂直距离,b 为光杠杆长度.

五、实验数据及处理

$t_{初} = \underline{\qquad}$ ℃, $n_{初} = \underline{\qquad}$ cm, $b = \underline{\qquad}$ cm, $L_1 = \underline{\qquad}$ cm, $D = \underline{\qquad}$ cm.

t/℃	30.0	40.0	50.0	60.0	70.0	80.0	90.0
n/cm							

在坐标纸上作 $n(t)$-t 曲线,取相距较远的两点 $P_1(t_1,n_1)$、$P_2(t_2,n_2)$,求取斜率 k(不要取实测点),进而根据曲线斜率 k 求得 α.

$$k = \frac{n_2 - n_1}{t_2 - t_1},$$

$$k = \frac{2DL_1}{b}\alpha, \quad \alpha = \frac{kb}{2DL_1}.$$

六、思考题

1. 两根材料相同、粗细长度不同的金属棒,在同样的温度范围内变化时,它们的线膨胀系数是否相同?膨胀量是否相同?为什么?

2. 本实验对各长度量分别用不同仪器测量,是根据什么原则考虑的?哪一个量的测量误差对结果的影响最大?

实验 6　准稳态法测导热系数和比热容

热传导是热传递的三种基本方式之一. 导热系数定义为1m厚的材料在单位温度梯度下每单位时间内通过单位面积传递的热量,单位为 W/(m·K),它表征物体导热能力的大小.

比热容是单位质量物质的热容量. 单位质量的某种物质,在温度升高(或降低)1度时所吸收(或放出)的热量,叫作这种物质的比热容,单位为 J/(kg·K).

以往测量导热系数和比热容的方法大多用稳态法,使用稳态法要求温度和热流量均稳定,但在学生实验中实现这样的条件比较困难,因而导致测量的重复性、稳定性、一致性都比较差,误差也大. 为了克服稳定态测量的误差,我们使用了一种新的测量方法——准稳态法,使用准稳态法只需温差恒定和温升速率恒定,而不必通过长时间的加热达到稳态,就可通过简单计算得到导热系数和比热容.

一、实验目的

1. 了解准稳态法测量导热系数和比热容的原理.
2. 学习用热电偶测量温度的原理和方法.
3. 用准稳态法测量不良导体的导热系数和比热容.

二、实验原理

(一) 准稳态法测量原理

考虑如图6-1所示的一维无限大导热模型:一无限大不良导体平板厚度为$2R$,初始温度为t_0,现在平板两侧同时施加均匀的指向中心面的热流密度q_c,则平板各处的温度$t(x,\tau)$将随加热时间τ而变化.

以试件中心为坐标原点,上述模型的数学描述可表达如下:

$$\begin{cases} \dfrac{\partial t(x,\tau)}{\partial \tau} = a\dfrac{\partial^2 t(x,\tau)}{\partial x^2}, \\ \dfrac{\partial t(R,\tau)}{\partial x} = \dfrac{q_c}{\lambda}, \\ \dfrac{\partial t(0,\tau)}{\partial x} = 0, \\ t(x,0) = t_0. \end{cases}$$

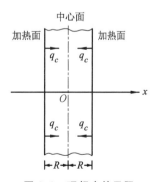

图 6-1　理想中的无限大不良导体平板

式中,$a=\dfrac{\lambda}{\rho c}$,$\lambda$ 为材料的导热系数,ρ 为材料的密度,c 为材料的比热容.可以给出此方程的解为(参见附录):

$$t(x,\tau)=t_0+\dfrac{q_c}{\lambda}\left(\dfrac{a}{R}\tau+\dfrac{1}{2R}x^2-\dfrac{R}{6}+\dfrac{2R}{\pi^2}\sum_{n=1}^{\infty}\dfrac{(-1)^{n+1}}{n^2}\cos\dfrac{n\pi}{R}x\cdot e^{-\dfrac{an^2\pi^2}{R^2}\tau}\right). \qquad (6\text{-}1)$$

考察 $t(x,\tau)$ 的解析式(6-1),可以看到,随加热时间的增加,样品各处的温度将发生变化,而且我们注意到式中的级数求和项由于指数衰减的原因,会随加热时间的增加而逐渐变小,直至所占份额可以忽略不计.

定量分析表明,当 $\dfrac{a\tau}{R^2}>0.5$ 以后,上述级数求和项可以忽略,这时式(6-1)变成

$$t(x,\tau)=t_0+\dfrac{q_c}{\lambda}\left[\dfrac{a\tau}{R}+\dfrac{x^2}{2R}-\dfrac{R}{6}\right]. \qquad (6\text{-}2)$$

这时,在试件中心处有 $x=0$,因而有

$$t(0,\tau)=t_0+\dfrac{q_c}{\lambda}\left[\dfrac{a\tau}{R}-\dfrac{R}{6}\right]. \qquad (6\text{-}3)$$

在试件加热面处有 $x=R$,因而有

$$t(R,\tau)=t_0+\dfrac{q_c}{\lambda}\left[\dfrac{a\tau}{R}+\dfrac{R}{3}\right]. \qquad (6\text{-}4)$$

由式(6-3)和式(6-4)可见,当加热时间满足条件 $\dfrac{a\tau}{R^2}>0.5$ 时,在试件中心面和加热面处温度和加热时间呈线性关系,温升速率同为 $\dfrac{aq_c}{\lambda R}$,此值是一个和材料导热性能和实验条件有关的常数,此时加热面和中心面的温度差为

$$\Delta t=t(R,\tau)-t(0,\tau)=\dfrac{q_c R}{2\lambda}. \qquad (6\text{-}5)$$

由式(6-5)可以看出,此时加热面和中心面的温度差 Δt 和加热时间 τ 没有直接关系,保持恒定.系统各处的温度和时间呈线性关系,温升速率也相同,我们称此种状态为准稳态.

当系统达到准稳态时,由式(6-5)得到

$$\lambda=\dfrac{q_c R}{2\Delta t}. \qquad (6\text{-}6)$$

根据式(6-6),只要测量出进入准稳态后加热面和中心面间的温度差 Δt,并由实验条件确定相关参量 q_c 和 R,就可以得到待测材料的导热系数 λ.

另外,在进入准稳态后,由比热容的定义和能量守恒关系,可以得到下列关系式:

$$q_c=c\rho R\dfrac{\mathrm{d}t}{\mathrm{d}\tau}, \qquad (6\text{-}7)$$

比热容为

$$c=\dfrac{q_c}{\rho R\dfrac{\mathrm{d}t}{\mathrm{d}\tau}}. \qquad (6\text{-}8)$$

式中，$\frac{dt}{d\tau}$ 为准稳态条件下试件中心面的温升速率(进入准稳态后各点的温升速率是相同的).

由以上分析可以得到结论：只要在上述模型中测量出系统进入准稳态后加热面和中心面的温度差和中心面的温升速率，即可由式(6-6)和式(6-8)得到待测材料的导热系数和比热容.

（二）热电偶温度传感器

热电偶结构简单，具有较高的测量准确度，可测温度范围为 $-50\ ℃\sim 1600\ ℃$，在温度测量中应用极为广泛.

由 A、B 两种不同的导体两端相互紧密地连接在一起，组成一个闭合回路，如图 6-2(a)所示. 当两接点温度不等($T > T_0$)时，回路中就会产生电动势，从而形成电流，这一现象称为热电效应，回路中产生的电动势称为热电势.

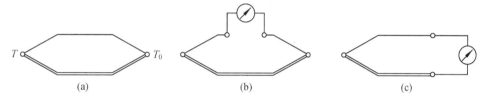

图 6-2 热电偶原理及接线示意图

上述两种不同导体的组合称为热电偶，A、B 两种导体称为热电极. 两个接点，一个称为工作端或热端(T)，测量时将它置于被测温度场中；另一个称为自由端或冷端(T_0)，一般要求测量过程中恒定在某一温度.

理论分析和实践证明热电偶有如下基本定律：

热电偶的热电势仅取决于热电偶的材料和两个接点的温度，而与温度沿热电极的分布以及热电极的尺寸与形状无关(热电极的材质要求均匀).

在由 A、B 材料组成的热电偶回路中接入第三种导体 C，只要引入的第三种导体两端温度相同，则对回路的总热电势没有影响. 在实际测温过程中，需要在回路中接入导线和测量仪表，相当于接入第三种导体，常采用图 6-2(b)或(c)的接法.

热电偶的输出电压与温度并非呈线性关系. 对于常用的热电偶，其热电势与温度的关系由热电偶特性分度表给出. 测量时，若冷端温度为 0 ℃，由测得的电压，通过对应分度表，即可查所测温度；若冷端温度不为 0 ℃，则通过一定的修正，也可得到温度值. 在智能式测量仪表中，将有关参数输入计算程序，则可将测得的热电势值直接转换为温度显示.

三、实验仪器

ZKY-BRDR 型准稳态法比热容·导热系数测定仪实验装置一个、实验样品两套(橡胶和有机玻璃，每套四块)、加热板两块、热电偶两只、导线若干、保温杯一只.

四、实验装置介绍

（一）仪器设计

仪器设计必须尽可能地满足理论模型. 无限大平板条件无法满足，实验中总是要用有限尺寸的试件来代替.根据实验分析,当试件的横向尺寸大于试件厚度六倍以上时,可以认为传热方向只在试件的厚度方向进行.

为了精确地确定加热面的热流密度 q_c,仪器利用超薄型加热板作为热源,其加热功率在整个加热面上均匀并可精确控制,加热板本身的热容可忽略不计.为了在加热板两侧得到相同的热阻,采用四个样品块的配置,可认为热流密度为功率密度的一半.

为了精确地测量出温度和温差,用两个分别放置在加热横梁面中间部位、中心面横梁左边部位的热电偶来测量温差和温升速率(图6-3).

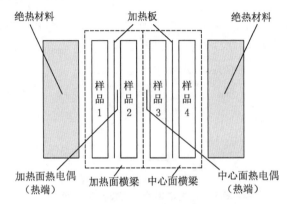

图 6-3　被测样件的安装原理(实验时各部件紧靠在一起)

实验仪主要包括主机和实验装置,另有一只保温杯用于保证热电偶的冷端温度在实验中保持一致.

(二) 主机

主机是控制整个实验操作并读取实验数据的装置,主机前后面板如图6-4、图6-5所示.

1——"加热电压调节"旋钮:调节加热电压的大小(范围为15.00～19.99V).

2——测量电压显示:显示"加热电压(V)"和"热电势(mV)".

3——"电压切换"按键:切换显示加热电压、热电势.

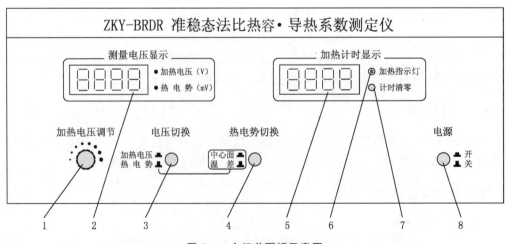

图 6-4　主机前面板示意图

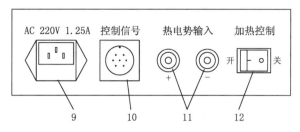

图 6-5 主机后面板示意图

4—"热电势切换"按键:切换显示中心面热电势(实际为中心面—室温间的温差热电势)、中心面—加热面间的温差热电势.

5—加热计时显示:显示加热时间,前两位表示分,后两位表示秒,最大显示 99:59.

6—加热指示灯:指示加热控制开关的状态,灯亮表示正在加热,灯灭表示加热停止.

7—计时清零:若不需要当前计时显示数值,而需要重新计时,可按此键实现清零.

8—电源:打开或关闭实验仪器的开关.

9—电源插座:接 220V、1.25A 的交流电源.

10—控制信号:为放大盒及加热薄板提供工作电压.

11—热电势输入:将传感器感应的热电势输入主机.

12—"加热控制"开关:控制加热的开关.

13—放大盒:将热电偶感应的电压信号放大并将此信号输入主机.

14、17—隔热层:防止加热样品时散热,从而保证实验精度.

15—加热面横梁:横梁下有加热板,在左边给样品加热,承载加热面的热电偶.

16—中心面横梁:横梁下也有加热板,在右边给样品加热,承载中心面的热电偶.

18—锁定杆:实验时锁定横梁,防止未松动螺杆取出热电偶,导致热电偶损坏.

19—"螺杆"旋钮:推动隔热层,压紧或松动实验样品及热电偶.

(三) 实验装置

实验装置是安放实验样品和通过热电偶测温并放大感应信号的平台.实验装置采用卧式插拔组合结构,直观、稳定、便于操作、易于维护,如图 6-6 所示.

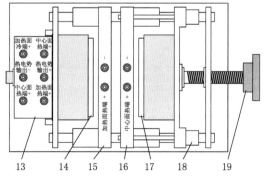

图 6-6 实验装置(俯视图)

(四) 接线原理图及接线说明

实验时,将两只热电偶的热端分别置于样品的加热面和中心面,冷端置于保温杯中,接线原理如图 6-7 所示.

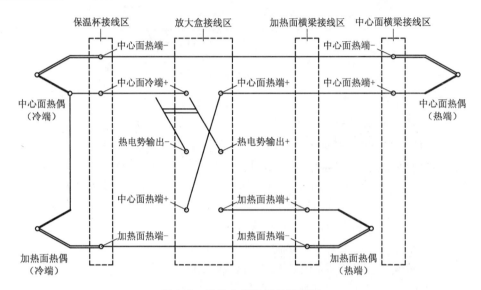

图 6-7　接线方法及测量原理图

放大盒的两个"中心面热端＋"相互短接,再与横梁的"中心面热端＋"相连(绿—绿—绿),"中心面冷端＋"与保温杯的"中心面冷端＋"相连(蓝—蓝),"加热面热端＋"与横梁的"加热面热端＋"相连(黄—黄),"热电势输出－"和"热电势输出＋"则与主机后面板的"热电势输入－"和"热电势输出＋"相连(红—红,黑—黑);横梁的两个"－"端分别与保温杯上相应的"－"端相连(黑—黑);后面板上的"控制信号"与放大盒侧面的七芯插座相连.

主机面板上的"热电势切换"按键相当于图 6-7 中的切换开关,开关合在上边时,测量的是中心面热电势(中心面与室温的温差热电势);开关合在下边时,测量的是加热面与中心面的温差热电势.

五、实验内容

(一) 安装样品并连接各部分连线

连接线路前,先用多用表检查两只热电偶冷端和热端的电阻值大小,一般在 $3\sim6\Omega$ 内,如果偏差大于 1Ω,则可能是热电偶有问题,遇到此情况应请指导教师帮助解决.

戴好手套,尽量保证四个实验样品初始温度保持一致.将冷却好的样品放进样品架中,热电偶的测温端应保证置于样品的中心位置,防止由于边缘效应影响测量精度.注意两个热电偶之间、中心面与加热面的位置不要放错,根据图 6-3 所示,中心面横梁的热电偶应该放到样品 2 和样品 3 之间,加热面热电偶应该放到样品 1 和样品 2 之间.同时要注意热电偶不要嵌入加热膜里,然后旋动旋钮以压紧样品.在保温杯中加入自来水,水的容量约占保温杯容量的 $\frac{3}{5}$ 为宜.根据实验要求连接好各部分连线(其中包括主机与样品放大盒、放大盒与横梁、放大盒与保温杯、横梁与保温杯之间的连线).

(二) 设定加热电压

检查各部分接线是否有误,同时检查后面板上的"加热控制"开关是否关上(若已开机,可以根据前面板上加热指示灯的亮与不亮来确定,亮表示"加热控制"开关打开,不亮表示"加热控制"开关关闭),没有关则应立即关上.

开机后,先让仪器预热 10min 左右再进行实验.在记录实验数据之前,应该先设定所需的加热电压,步骤为:先将"电压切换"按键切换到"加热电压"挡位,再由"加热电压调节"旋钮来调节所需要的电压(参考加热电压:18V、19V).

(三) 测定样品的温度差和温升速率

将"测量电压显示"调到"热电势"的"温差"挡位,如果显示温差绝对值小于 0.004mV,就可以开始加热了,否则应等到显示降到小于 0.004mV 时再加热(如果实验精度要求不高,显示在 0.010mV 左右也可以,但不能太大,以免降低实验的准确性).

保证上述条件后,打开"加热控制"开关并开始计数,计入下表中[计数时,建议每隔 1min 分别记录一次中心面热电势(实际为中心面—室温间的温差热电势)、温差热电势(中心面—加热面间的),这样便于后面的计算.一次实验时间最好在 25min 之内完成,一般在 15min 左右为宜].

时间 τ/min	1	2	3	4	5	6	7	8	9	10	11	12	13	14	15
温差热电势 V_t/mV															
中心面热电势 V/mV															
每分钟温升热电势 $\Delta V = V_{s,n+1} - V_{s,n}$															

当记录完一次数据需要换样品进行下一次实验时,其操作顺序是:关闭"加热控制"开关→关闭"电源"开关→旋螺杆以松动实验样品→取出实验样品→取下热电偶传感器→取出加热膜冷却.

注意:在取样品的时候,必须先将中心面横梁热电偶取出,再取出实验样品,最后取出加热面横梁热电偶.严禁用弯曲热电偶的方法取出实验样品,这样将会大大缩短热电偶的使用寿命.

(四) 数据处理

准稳态的判定原则是温差热电势和温升热电势趋于恒定.实验中有机玻璃一般在 8~15min、橡胶一般在 5~12min 处于准稳态.有了准稳态时的温差热电势 V_t 值和每分钟温升热电势 ΔV 值,就可以由式(6-6)和式(6-8)计算导热系数和比热容.

式(6-6)和式(6-8)中各参量如下:

样品厚度 $R = 0.010$m,有机玻璃的密度 $\rho = 1196$kg/m³,橡胶的密度 $\rho = 1374$kg/m³,热流的密度为

$$q_c = \frac{U^2}{2Fr} (\text{W}/\text{m}^2).$$

式中,U 为两并联加热器的加热电压;$F = A \times 0.09\text{m} \times 0.09\text{m}$,为边缘修正后的加热面积,$A$ 为修正系数,对于有机玻璃和橡胶,$A = 0.85$;$r = 110\Omega$,为每个加热器的电阻.

铜—康铜热电偶的热电常数为 0.04mV/K,即温度每差 1 度,温差热电势为 0.04mV.据此可将温度差和温升速率的电压值换算为温度值.

温度差 $\Delta t = \dfrac{V_t}{0.04} \text{K}$,温升速率 $\dfrac{\mathrm{d}t}{\mathrm{d}\tau} = \dfrac{\Delta V}{60 \times 0.04} \text{K/s}$

附录　热传导方程的求解

在实验条件下,以试件中心为坐标原点,温度 t 随位置 x 和时间 τ 的变化 $t(x,\tau)$ 可用如下的热传导方程及边界、初始条件描述:

$$\begin{cases} \dfrac{\partial t(x,\tau)}{\partial \tau} = a \dfrac{\partial^2 t(x,\tau)}{\partial x^2}, \\ \dfrac{\partial t(R,\tau)}{\partial x} = \dfrac{q_c}{\lambda}, \\ \dfrac{\partial t(0,\tau)}{\partial x} = 0, \\ t(x,0) = t_0. \end{cases} \quad (6\text{-}9)$$

式中,$a = \dfrac{\lambda}{\rho c}$,$\lambda$ 为材料的导热系数,ρ 为材料的密度,c 为材料的比热容,q_c 为从边界向中间施加的热流密度,t_0 为初始温度.

为求解方程(6-9),应先作变量代换,将式(6-9)的边界条件换为齐次的,同时使新变量的方程尽量简洁,故此设

$$t(x,\tau) = u(x,\tau) + \frac{aq_c}{\lambda R}\tau + \frac{q_c}{2\lambda R}x^2. \quad (6\text{-}10)$$

将式(6-10)代入式(6-9),得到 $u(x,\tau)$ 满足的方程及边界、初始条件:

$$\begin{cases} \dfrac{\partial u(x,\tau)}{\partial \tau} = a \dfrac{\partial^2 u(x,\tau)}{\partial x^2}, \\ \dfrac{\partial u(R,\tau)}{\partial x} = 0, \\ \dfrac{\partial u(0,\tau)}{\partial x} = 0, \\ u(x,0) = t_0 - \dfrac{q_c}{2\lambda R}x^2. \end{cases} \quad (6\text{-}11)$$

用分离变量法解方程(6-11),设

$$u(x,\tau) = X(x) \times T(\tau), \quad (6\text{-}12)$$

代入(6-11)中第一个方程后得出变量分离的方程为

$$T'(\tau) + a\beta^2 T(\tau) = 0, \quad (6\text{-}13)$$

$$X'(x) + \beta^2 X(x) = 0. \tag{6-14}$$

式(6-13)、式(6-14)中 β 为待定常数.

方程(6-13)的解为

$$T(\tau) = e^{-\alpha\beta^2\tau}. \tag{6-15}$$

方程(6-14)的通解为

$$X(x) = c\cos\beta x + c'\sin\beta x. \tag{6-16}$$

为使式(6-12)是方程(6-11)的解,式(6-16)中的 c、c'、β 的取值必须使 $X(x)$ 满足方程(6-11)的边界条件,即必须使 $c' = 0, \beta = \dfrac{n\pi}{R}$.

由此得到 $u(x,\tau)$ 满足边界条件的一组特解:

$$u_n(x,\tau) = c_n \cos\frac{n\pi}{R}x \cdot e^{-\frac{an^2\pi^2}{R^2}\tau}. \tag{6-17}$$

将所有特解求和,并代入初始条件,得

$$\sum_{n=0}^{\infty} c_n \cos\frac{n\pi}{R}x = t_0 - \frac{q_c}{2\lambda R}x^2. \tag{6-18}$$

为满足初始条件,令 c_n 为 $t_0 - \dfrac{q_c}{2\lambda R}x^2$ 的傅氏余弦展开式的系数:

$$c_0 = \frac{1}{R}\int_0^R \left(t_0 - \frac{q_c}{2\lambda R}x^2\right)\mathrm{d}x = t_0 - \frac{q_c R}{6\lambda}, \tag{6-19}$$

$$c_n = \frac{2}{R}\int_0^R \left(t_0 - \frac{q_c}{2\lambda R}x^2\right)\cos\frac{n\pi}{R}x\,\mathrm{d}x = (-1)^{n+1}\frac{2q_c R}{\lambda n^2\pi^2}. \tag{6-20}$$

将 c_0、c_n 的值代入式(6-17),并将所有特解求和,得到满足方程(6-11)条件的解为

$$u(x,\tau) = t_0 - \frac{q_c R}{6\lambda} + \frac{2q_c R}{\lambda\pi^2}\sum_{n=1}^{\infty}\frac{(-1)^{n+1}}{n^2}\cos\frac{n\pi}{R}x \cdot e^{-\frac{an^2\pi^2}{R^2}\tau}. \tag{6-21}$$

将式(6-21)代入式(6-10),可得

$$t(x,\tau) = t_0 + \frac{q_c}{\lambda}\left(\frac{a}{R}\tau + \frac{1}{2R}x^2 - \frac{R}{6} + \frac{2R}{\pi^2}\sum_{n=1}^{\infty}\frac{(-1)^{n+1}}{n^2}\cos\frac{n\pi}{R}x \cdot e^{-\frac{an^2\pi^2}{R^2}\tau}\right),$$

上式即为正文中的式(6-1).

实验 7　电磁电表的改装与校对

电表在电学测量中有着广泛的应用,因此如何了解电表和使用电表就显得十分重要.电流计(表头)由于构造的原因,一般只能测量较小的电流和电压,如果要用它来测量较大的电流或电压,就必须进行改装,以扩大其量程.多用表就是利用对微安表头进行多量程改装而来的,在电路的测量和故障检测中得到了广泛的应用.

一、实验目的

1. 测量表头内阻 R_g 及满度电流 I_g.
2. 掌握将 $100\mu A$ 表头改成较大量程的电流表和电压表的方法.

3. 设计一个 $R_{中}=10\text{k}\Omega$ 的欧姆表,要求 E 在 $1.35\sim1.6\text{V}$ 范围内使用、能调零.
4. 用电阻器校准欧姆表,画校准曲线,并根据校准曲线用组装好的欧姆表测未知电阻.
5. 学会校准电流表和电压表.

二、实验原理

常见的磁电式电流计主要由放在永久磁场中的由细漆包线绕制的可以转动的线圈、用来产生机械反力矩的游丝、指示用的指针和永久磁铁所组成.当电流通过线圈时,载流线圈在磁场中就产生一磁力矩 $M_{磁}$,使线圈转动并带动指针偏转.线圈偏转角度的大小与线圈通过的电流大小成正比,所以可由指针的偏转角度直接指示出电流值.

(一) 测量量程 I_g、内阻 R_g

电流计允许通过的最大电流称为电流计的量程,用 I_g 表示,电流计的线圈有一定内阻,用 R_g 表示,I_g 与 R_g 是两个表示电流计特性的重要参数.

测量内阻 R_g 的常用方法有:

1. 半电流法也称中值法.

测量原理如图 7-1 所示,当被测电流计连接在电路中时,使电流计满偏,再用十进位电阻箱与电流计并联作为分流电阻,改变电阻值即改变分流程度,当电流计指针指示到中间值,且总电流强度仍保持不变时,分流电阻值就等于电流计的内阻.

2. 替代法.

测量原理如图 7-2 所示,当被测电流计接在电路中时,用十进位电阻箱替代它,改变电阻值,当电路中的电压不变,且电路中的电流亦保持不变时,电阻箱的电阻值即为被测电流计的内阻.

替代法是一种运用很广的测量方法,具有较高的测量准确度.

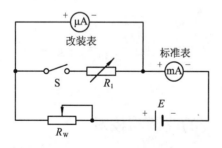

图 7-1 中值法测量电路　　图 7-2 替代法测量电路

(二) 将电流计改装为大量程电流表

根据电阻并联规律可知,如果在表头两端并联上一个阻值适当的电阻 R_s,如图 7-3 所示,可使表头不能承受的那部分电流从 R_s 上分流通过.这种由表头和并联电阻 R_s 组成的整体(图中虚线框住的部分)就是改装后的电流表.如需将量程扩大 n 倍,则不难得出

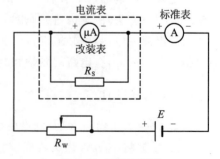

图 7-3 改装电流表

$$R_s = \frac{R_g}{n-1}. \tag{7-1}$$

图 7-3 为扩大后的电流表原理图.用电流表测量电流时,电流表应串联在被测电路中,所以要求电流表应有较小的内阻.在表头上并联阻值不同的分流电阻,可制成多量程的电流表.

(三) 将电流计改装为电压表

一般表头能承受的电压很小,不能用来测量较大的电压.为了测量较大的电压,可以给表头串联一个阻值适当的电阻 R_M,如图 7-4 所示,使表头上不能承受的那部分电压降落在电阻 R_M 上.这种由表头和串联电阻 R_M 组成的整体就是电压表,串联的电阻 R_M 叫作扩程电阻.选取不同大小的 R_M,就可以得到不同量程的电压表.由图 7-4 可求得扩程电阻值为

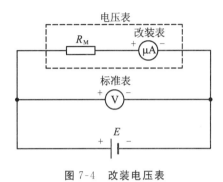

图 7-4 改装电压表

$$R_M = \frac{U}{I_g} - R_g. \tag{7-2}$$

实际扩展量程后的电压表原理见图 7-4,用电压表测电压时,电压表总是并联在被测电路上.为了不致因为并联了电压表而改变电路中的工作状态,要求电压表应有较高的内阻.

(四) 将微安表改装为欧姆表

用来测量电阻大小的电表称为欧姆表.根据调零方式的不同,可分为串联分压式和并联分流式两种.其原理电路如图 7-5 所示.

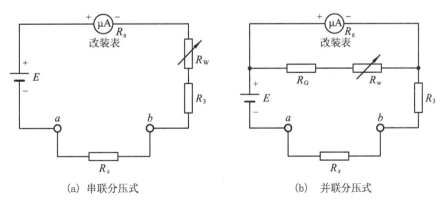

(a) 串联分压式 (b) 并联分压式

图 7-5 欧姆表原理图

图 7-5(a)中 E 为电源,R_3 为限流电阻,R_W 为调"零"电位器,R_x 为被测电阻,R_g 为等效表头内阻.图 7-5(b)中,R_G 与 R_W 一起组成分流电阻.

使用欧姆表前要先调零点,即 a、b 两点短路(相当于 $R_x=0$),调节 R_W 的阻值,使表头指针正好偏转到满度.可见欧姆表的零点在表头标度尺的满刻度(即量限)处,与电流表和电压表的零点位正好相反.

在图 7-5(a)中，当 a、b 端接入被测电阻 R_x 后，电路中的电流为

$$I=\frac{E}{R_g+R_w+R_3+R_x}. \tag{7-3}$$

对于给定的表头和线路来说，R_g、R_w、R_3 都是常量。由此可见，当电源端电压 E 保持不变时，被测电阻和电流值有一一对应的关系。即接入不同的电阻，表头就会有不同的偏转读数，R_x 越大，电流 I 越小。使 a、b 两端短路，即 $R_x=0$ 时，有

$$I=\frac{E}{R_g+R_w+R_3}=I_g, \tag{7-4}$$

这时指针满偏。

当 $R_x=R_g+R_w+R_3$ 时，有

$$I=\frac{E}{R_g+R_w+R_3+R_x}=\frac{1}{2}I_g, \tag{7-5}$$

这时指针在表头的中间位置，对应的阻值为中值电阻，显然 $R_{中}=R_g+R_w+R_3$。

当 $R_x=\infty$（相当于 a、b 开路）时，$I=0$，即指针在表头的机械零位。所以欧姆表的标度尺为反向刻度，且刻度是不均匀的，电阻 R_x 越大，刻度间隔越密。如果表头的标度尺预先按已知电阻值刻度，就可以用电流表来直接测量电阻了。

并联分流式欧姆表是利用对表头分流来进行调零的，具体参数可自行设计。

欧姆表在使用过程中电池的端电压会有所改变，而表头的内阻 R_g 及限流电阻 R_3 为常量，故要求 R_w 要跟着 E 的变化而变化，以满足调"零"的要求，设计时用可调电源模拟电池电压的变化，范围取 1.35～1.6V 即可。

三、实验仪器

FB308 型电表改装与校对实验仪一台、专用连接线等。

四、实验内容

1. 用中值法或替代法测表头内阻。

中值法测量可参考图 7-6 接线。先将 E 调至 0V，接通 E、R_w、被改装表和标准电流表后，先不接入电阻箱 R，调节 E、R_w 使改装表头满偏，记录标准表的读数，此电流即为改装表头的满度电流，$I_g=$ _____ μA；再接入电阻箱 R（图中虚线所示）。改变 R 的数值，使被测表头指针从满度 100μA 降低到 50μA 处。注意调节 E 或 R_w，使标准电流表的读数保持不变，$R_g=$ _____ Ω。

替代法测量可参考图 7-7 接线。先将 E 调至 0V，接通 E、R_w、被改装表和标准电流表后，调节 E、R_w 使改装表头满偏，记录标准表的读数，此值即为被改装表头的满度电流，$I_g=$ _____ μA；再断开接到改装表头的接线，转接到电阻箱 R（图中虚线所示），调节 R 使标准电流表的电流保持刚才记录的数值。这时电阻箱 R 的数值即为被测表头内阻 $R_g=$ _____ Ω。

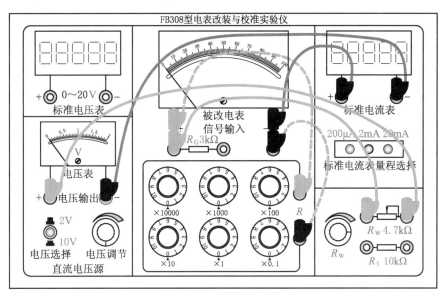

图 7-6　中值法测量表头内阻

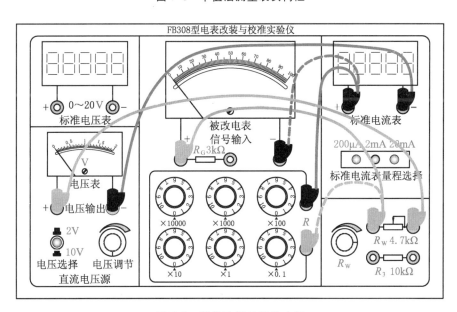

图 7-7　替代法测量表头内阻

2. 将一个量程为 $100\mu A$ 的表头改装成 $1mA$（或自选）量程的电流表.

（1）根据电路参数，估计 E 值大小，并根据式(7-1)计算出分流电阻值.

（2）参考图 7-8 接线，先将 E 调至 $0V$，检查接线正确后，调节 E 和滑线变阻器 R_W，使改装表指到满量程，这时记录标准表读数. 注意：R_W 作为限流电阻，阻值不要调至最小值. 然后每隔 $0.2mA$ 逐步减小读数直至零，再按原间隔逐步增大到满量程，每次记录标准表相应的读数于表 7-1 中.

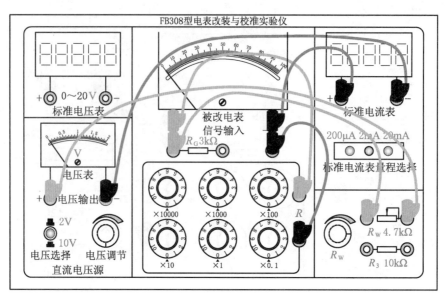

图 7-8 改装电压表

表 7-1 标准电流表

改装表读数/μA	标准表读数/mA			误差 ΔI/mA
	减小时	增大时	平均值	
20				
40				
60				
80				
100				

(3) 以改装表读数为横坐标,标准表由大到小及由小到大调节时两次读数的平均值为纵坐标,在坐标纸上作出电流表的校正曲线,并根据两表最大误差的数值定出改装表的准确度等级.

(4) 重复以上步骤,将 100μA 表头改装成 10mA 表头,可按每隔 2mA 测量一次(可选做).

(5) 将 R_g 和表头串联,作为一个新的表头,重新测量一组数据,并比较扩流电阻有何异同(可选做).

3. 将一个量程为 100μA 的表头改装成 1.5V(或自选)量程的电压表.

(1) 根据电路参数估计 E 的大小,根据式(7-2)计算扩程电阻 R_M 的阻值,可用电阻箱 R 进行实验. 按图 7-9 进行接线,先调节 R 值至最大值,再调节 E;用标准电压表监测到 1.5V 时,再调节 R 值,使改装表指示为满度. 于是 1.5V 电压表就改装好了.

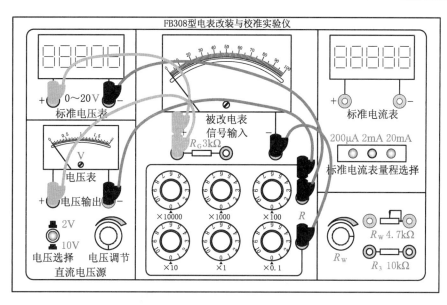

图 7-9 改装电压表

(2) 用数显电压表作为标准表来校准改装的电压表.

调节电源电压,使改装表指针指到满量程(1.5V),记下标准表读数.以后每隔 0.3V 逐步减小改装表读数直至零点,再按原间隔逐步增大到满量程,每次记录标准表相应的读数于表 7-2 中.

表 7-2　标准电压表

改装表读数/V	标准表读数/V			示值误差 ΔU/V
	减小时	增大时	平均值	
0.3				
0.6				
0.9				
1.2				
1.5				

(3) 以改装表读数为横坐标,标准表由大到小及由小到大调节时两次读数的平均值为纵坐标,在坐标纸上作出电压表的校正曲线,并根据两表最大误差的数值定出改装表的准确度等级.

(4) 重复以上步骤,将 100μA 表头改装成 10V 表头,可每隔 2V 测量一次(可选做).

(5) 将 R_g 和表头串联,作为一个新的表头,重新测量一组数据,并比较扩程电阻有何异同(可选做).

4. 改装欧姆表及标定表面刻度.

(1) 根据表头参数 I_g 和 R_g 以及电源电压 E,选择 R_W 为 4.7kΩ,R_3 为 10kΩ.

(2) 按图 7-10 进行连线.调节电源 $E=1.5$V,使 a、b 两接点短路,调 R_W 使表头指示为零.如此,欧姆表的调零工作即告完成.

(3) 测量改装成的欧姆表的中值电阻. 如图 7-10 中虚线所示, 将电阻箱 R(即 R_x)接于欧姆表的 a、b 测量端, 调节 R, 使表头指示到正中, 这时电阻箱 R 的数值即为中值电阻, $R_中 = _____ \Omega$.

(4) 取电阻箱的电阻为一组特定的数值 R_{xi}, 读出相应的偏转格数(div), 并填入表 7-3 中. 利用所得读数 R_{xi}、偏转格数绘制出改装欧姆表的标度盘.

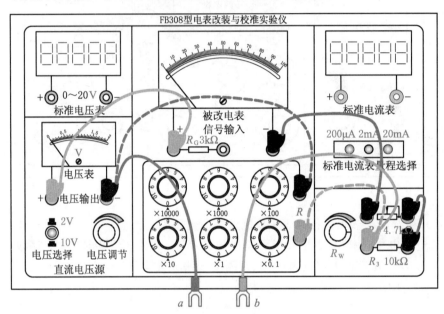

图 7-10 改装串联分压式欧姆表

表 7-3 标准欧姆表　　　　$E=$ _____ V, $R_中=$ _____ Ω

R_{xi}/Ω	$\frac{1}{5}R_中$	$\frac{1}{4}R_中$	$\frac{1}{3}R_中$	$\frac{1}{2}R_中$	$R_中$	$2R_中$	$3R_中$	$4R_中$	$5R_中$
偏转格数/div									

(5) 确定改装欧姆表的电源使用范围. 短接 a、b 两测量端, 将工作电源放在 0~2V 挡, 调节 $E=1$V 左右, 先将 R_W 逆时针调到底, 调节 E 直至表头满偏, 记录 E_1 值; 接着将 R_W 顺时针调到底, 再调节 E 直至表头满偏, 记录 E_2 值, $E_1 \sim E_2$ 值就是欧姆表的电源使用范围.

(6) 按图 7-5(b)进行连线, 设计一个并联分流式欧姆表并进行连线、测量. 与串联分压式欧姆表比较, 有何异同(可选做)?

五、思考题

1. 测量电流计内阻时应注意什么? 是否还有别的办法来测定电流计内阻? 能否用欧姆定律来进行测定? 能否用电桥来进行测定?

2. 设计 $R_中 = 10\text{k}\Omega$ 的欧姆表, 现有两只量程为 $100\mu\text{A}$ 的电流表, 其内阻分别为 2500Ω 和 1000Ω, 你认为选哪只较好?

3. 若要求制作一个线性量程的欧姆表, 有什么方法可以实现?

实验 8 模拟法测绘静电场

用实验方法直接测量静电场时,不仅需要复杂的设备,而且深入静电场中的探针上的感应电荷会影响原电场的分布.为了解决这个困难,我们采用模拟法,建立一个与静电场有相似的数学函数表达式的模拟场,通过对模拟场的测定,可以间接地获得原静电场的分布.模拟法是一种重要的科学研究方法.

一、实验目的

1. 用模拟法描绘静电场的分布.
2. 加深对电场强度和电势的理解.

二、实验原理

以两无限长带等量异号电荷的同轴圆柱面的电场为例,其横截面如图 8-1 所示.设电极 A 的半径和电极 B 的半径分别为 r_A 和 r_B,每单位长度分别带有电荷 $+\tau$ 和 $-\tau$,B 接地,设 A 的电势为 V_A(B 的电势为零).

根据理论计算,A、B 两极间半径为 r 处的电场强度的大小为

$$E = \frac{\tau}{2\pi\varepsilon_0 r}. \tag{8-1}$$

式中,ε_0 为真空电容率,场强的方向在垂直于轴线的平面内,沿径向呈辐射状.

A、B 两极间任一半径为 r 的柱面的电势为

$$V = \int_r^{r_B} \boldsymbol{E} \cdot \mathrm{d}\boldsymbol{r} = \frac{\tau}{2\pi\varepsilon_0} \int_r^{r_B} \frac{1}{r} \mathrm{d}r = \frac{\tau}{2\pi\varepsilon_0} \ln \frac{r_B}{r}. \tag{8-2}$$

同理,电极 A 的电势为

$$V_A = \frac{\tau}{2\pi\varepsilon_0} \ln \frac{r_B}{r_A}. \tag{8-3}$$

故有

$$\frac{V}{V_A} = \frac{\ln \dfrac{r_B}{r}}{\ln \dfrac{r_B}{r_A}}, \tag{8-4}$$

或

$$V = V_A \frac{\ln \dfrac{r_B}{r}}{\ln \dfrac{r_B}{r_A}}. \tag{8-5}$$

下面讨论相应的稳恒电流场.若在电极 A、B 间用均匀的不良导体(如导电纸、水、稀硫酸铜溶液等)连接或填充时,接上电源(设输出电压为 U_{AB})后,不良导体中就产生了从电极 A 均匀辐射状地流向电极 B 的电流.电流密度 $\boldsymbol{J}$ 为

$$\boldsymbol{J} = \frac{\boldsymbol{E}'}{\rho}.$$

式中，E'为不良导体内的电场强度，ρ为不良导体的电阻率．

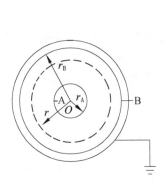 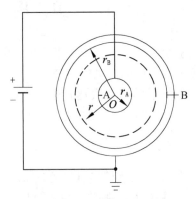

图 8-1　无限长的同轴圆柱导体截面的电场分布　　图 8-2　无限长的同轴圆柱导体电场的模拟模型

如图 8-2 所示，设不良导体的厚度为 b，取半径为 r、宽度为 dr 的薄圆环，其电阻为

$$dR = \rho \frac{dr}{S} = \frac{\rho dr}{2\pi rb}.$$

从半径为 r 的圆柱面到半径为 r_B 的电极 B 之间的电阻为

$$R_{r_B} = \frac{\rho}{2\pi b}\int_r^{r_B} \frac{dr}{r} = \frac{\rho}{2\pi b}\ln\frac{r_B}{r}. \tag{8-6}$$

同理，充满在电极 A、B 间的不良导体的总电阻为

$$R_{AB} = \frac{\rho}{2\pi b}\ln\frac{r_B}{r_A}. \tag{8-7}$$

设从电极 A 到电极 B 的总电流为 I，根据欧姆定律，有

$$U_{AB} = V_A - V_B = IR_{AB}.$$

由于 $V_B = 0$，所以电极 A 的电势为

$$V_A = IR_{AB}. \tag{8-8}$$

同理，半径为 r 的圆柱面的电势为

$$V' = IR_{r_B}.$$

所以有

$$\frac{V'}{V_A} = \frac{R_{r_B}}{R_{AB}} = \frac{\ln\dfrac{r_B}{r}}{\ln\dfrac{r_B}{r_A}}, \tag{8-9}$$

或

$$V' = V_A \frac{\ln\dfrac{r_B}{r}}{\ln\dfrac{r_B}{r_A}}. \tag{8-10}$$

比较式(8-10)和式(8-5)可见，稳恒电流场与静电场的电势分布是相同的．由于稳恒电流场和静电场具有这种等效性，因此欲测绘静电场的分布，只要测绘相应的稳恒电流场的分布即可．

三、实验仪器及介绍

静电场描绘仪、YB1713 型双路直流电源、电压表、检流计、滑动变阻器、单刀双掷开关.

静电场描绘仪如图 8-3 所示,它分上、下两层.下层为一胶木平板,放有一小方盒(图中未画出),盒内装有电极 A、B 和不良导体——水.上层也是一块胶木平板,可放置坐标纸.有一分为上下两层的探针,通过弹簧片把它们固定在手柄 C 上,两探针保持在同一铅垂线上.移动手柄时,两探针在上、下两层的运动轨迹是一致的,下探针细而尖,靠弹簧片的作用,始终保持与水接触.实验时,移动手柄座,在检流计和电压表的指示下,找到所测等势点时,按一下坐标纸上方的探针,扎下小孔,这样找到的点上、下对应.

图 8-3 静电场描绘仪

四、实验内容

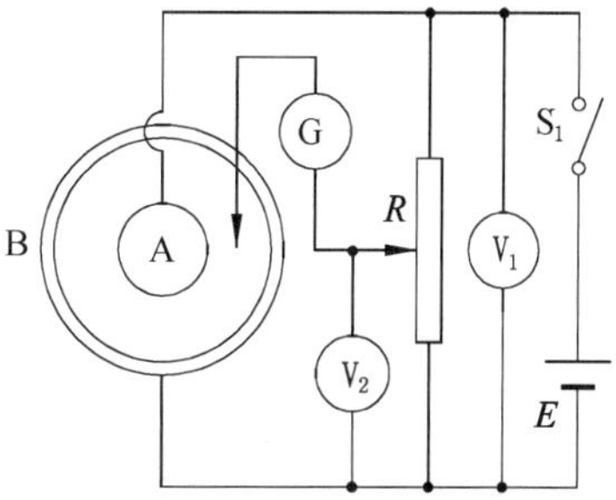

1. 取一张坐标纸,放在静电场描绘仪上层的胶木平板上,用弹簧压片将坐标纸压住.

2. 按图 8-4 接好电路,调节探针,保持下探针与水接触良好,上探针与坐标纸有 1～2mm 的距离.

3. 合上 S_1,接通电源,调节直流稳压电源的输出电压,使电极 A 的电势为 7.5V(设电极 B 的电势为零).

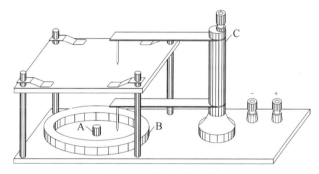

图 8-4 测量电路

4. 调节滑动变阻器 R,使电压表 V_2 的读数为 2V.移动探针位置,使检流计 G 指针指零,则该点的电势为 2V,用上探针扎孔为记.同理,再找到电势为 2V 的间隔均匀的 7 个等势点,扎孔为记.

5. 使电压表 V_2 的读数分别为 3V、4V、5V 和 6V,重复步骤 4.

五、实验数据及处理

1. 将 8 个等势点连成等势线(应是圆),确定圆心 O 的位置,量出各条等势线的半径 r,并分别求其平均值.

2. 按式(8-5)计算各相应半径 r 处电势的理论值 $V_{理}$,并与实验值比较,计算相对误差,将数据填入下表.

$r_A = 0.5$ cm, $r_B = 5.0$ cm

$V_实$/V	2.00	3.00	4.00	5.00	6.00
r/cm					
$\ln r$					
$V_理$/V					
$E_r = \dfrac{|V_实 - V_理|}{V_理} \times 100\%$					

3. 根据等势线与电场线相互正交的特点,在等势线上添画电场线,使之成为一张完整的两无限长带等量异号电荷的同轴圆柱面的静电场分布图.

4. 以 $\ln r$ 为横坐标,$V_实$ 为纵坐标,作 $V_实$-$\ln r$ 图线,并与 $V_理$-$\ln r$ 图线比较.

六、思考题

1. 如果电源输出电压增加一倍,等势线和电场线的形状是否变化?

2. 有人在坐标纸上画出电场线是从圆心沿半径向外,穿过半径 r_B,这样画对吗? 为什么?

实验 9　自组惠斯登电桥测电阻

桥式电路是一种常见的基本回路. 利用桥式电路制成的电桥是一种用比较法进行测量的仪器,其灵敏度和精确度较高. 常被用来测量电阻、电容、电感、频率、温度及压力等许多物理量,在自动控制和自动检测中得到了广泛的应用. 根据用途不同,电桥有多种类型,其性能和结构也各有特点,但基本原理相同. 惠斯登电桥仅是其中的一种,它可以测量的电阻范围为 $10\,\Omega \sim 10^6\,\Omega$.

一、实验目的

1. 掌握自组惠斯登电桥测电阻的原理和方法.
2. 了解电桥灵敏度.
3. 学会测量不确定度的估算.

二、实验原理

（一）电桥基本原理

实验原理

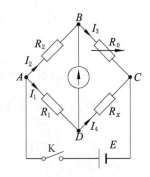
图 9-1　惠斯登电桥

惠斯登电桥的基本电路如图 9-1 所示. 图中,被测电阻 R_x 和三只已知电阻 R_1、R_2、R_0 构成电桥的四个臂,接有检流计的对角线 BD,即所谓"桥". 当调节 R_1、R_2、R_0 使检流计指零时,说明 B、D 两点的电位相等,此时称电桥达到平衡. 平衡时,通过检流计的电流 $I_g=0$,于是 $I_1=I_4$,$I_2=I_3$,$I_1R_1=I_2R_2$,$I_1R_x=I_2R_0$,容易导出

$$R_x=\frac{R_1}{R_2}R_0,\tag{9-1}$$

此即惠斯登电桥的工作原理公式. 式中 $\frac{R_1}{R_2}$ 称为比率臂的倍率,R_0 称为比较臂,R_x 称为被测臂. 通常 R_1、R_2、R_0 是电阻值准确而稳定的电阻箱,只要检流计足够灵敏,测量结果的准确度就会很高.

(二) 电桥灵敏度

当电桥平衡后,被测电阻 R_x 变化 ΔR_x 时,检流计偏转 Δd 分度,则电桥灵敏度 S 定义为

$$S=\frac{\Delta d}{\frac{\Delta R_x}{R_x}}.\tag{9-2}$$

由于待测电阻 R_x 是不可改变的,可改变的是标准电阻 R_0,且容易证明

$$\frac{\Delta d}{\frac{\Delta R_0}{R_0}}=\frac{\Delta d}{\frac{\Delta R_x}{R_x}}.$$

因此,电桥灵敏度 S 通常表示为

$$S=\frac{\Delta d}{\frac{\Delta R_0}{R_0}}.\tag{9-3}$$

在电桥偏离平衡时,应用基尔霍夫定律,可以推导出电桥的灵敏度

$$S=\frac{S_iE}{(R_1+R_2+R_x+R_0)+(2+\frac{R_2}{R_1}+\frac{R_x}{R_0})R_g}.\tag{9-4}$$

式中,S_i 是检流计的电流灵敏度,R_g 为检流计的内阻,E 为电源的电压.

由上式可知,适当提高电源电压 E,选择灵敏度高、内阻低的检流计,适当减小桥臂电阻 $(R_1+R_2+R_x+R_0)$,尽量把桥臂配置成均匀状态(四臂电压相等),使 $(2+\frac{R_2}{R_1}+\frac{R_x}{R_0})$ 值最小,对提高电桥灵敏度都有作用.

由于电桥灵敏度的限制,会对测量结果产生多大影响呢? 设检流计偏离平衡 0.2 格之内人眼无法分辨,由此可定义偏离平衡位置 0.2 格所对应的 R_x 的改变量 δR_x 为电桥的灵敏阈. 如果把 R_0 调偏 ΔR_0 时,检流计偏转 Δd 格,则偏离平衡位置 0.2 格对应的 R_0 调偏量 $\delta R_0=\frac{0.2}{\Delta d}\Delta R_0$. 于是可近似认为 $\delta R_x=C\delta R_0$ ($C=\frac{R_1}{R_2}$ 为所选用的倍率). 所以,电桥灵敏阈所决定的误差限为

$$\Delta_S=\delta R_x=C\delta R_0=C\frac{0.2}{\Delta d}\Delta R_0.\tag{9-5}$$

三、实验仪器及介绍

YB1731C2A 型双路直流稳压电源、ZX21 型电阻箱、ZX36 型电阻箱(两只)、待测电阻盒、AC5/2 型直流指针式检流计、滑动变阻器、单刀双掷开关(两只).

实验仪器

（一）AC5/2 型直流指针式检流计

该检流计常用于直流电桥、电位差计的示零器。其主要技术指标为：等级指数 0.5，电流分度值 $C_i \leqslant 2 \times 10^{-6}$ A/div，内阻 $R_g \leqslant 50\Omega$，外临界电阻 $R_c \leqslant 500\Omega$，阻尼时间 $\leqslant 2.5$s。检流计面板图如图 9-2 所示。使用时应注意以下三点：

（1）将指针锁扣钮转向白点，露出红点，表示指针可以转动，然后用零位调节器调整零点。

（2）若只需短时间使检流计与外电路接通时，按一下"电计"按钮即可；若须长时间接通时，则可按下"电计"按钮，并顺时针旋转将其锁住。断电后，按"短路"按钮，可使指针尽快停止摆动。

（3）使用完毕，应使"电计"按钮断开，并将指针锁扣钮转向红点。

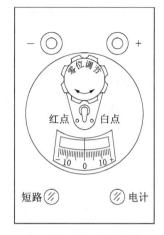

图 9-2　检流计面板图

（二）电阻箱

电阻箱一般由电阻温度系数较小的锰铜合金丝绕制的精密电阻串联而成。实验室常把电阻箱作为标准电阻使用。改变转盘的位置，可获得各种电阻值。

电阻箱的主要规格是其总电阻、额定功率和准确度等级。实验室常用的有两种型号：ZX36 型和 ZX21 型。现以 ZX21 型电阻箱为例做如下说明（图 9-3）：

（1）调节范围。如果六个转盘所对应的电阻全部用上（使用"0"和"99999.9Ω"两个接线柱，六个转盘均置于最高位），总电阻值为 99999.9Ω，此时残余电阻（内部导线电阻和电刷接触电阻）最大。如果只需要 0.1Ω～0.9Ω（或 9.9Ω）的阻值范围，ZX21 型电阻箱则应接"0"和"0.9Ω"（或 9.9Ω）两接线柱，这样可减少残余电阻对使用低电阻时的影响。

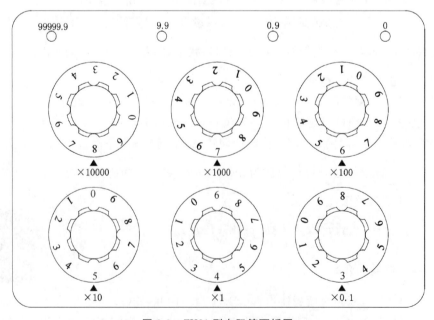

图 9-3　ZX21 型电阻箱面板图

(2) 额定功率. 使用电阻箱不允许超过其额定功率. 虽然各挡的额定功率是相同的, 但各挡的额定电流是不同的. 各挡的额定电流可利用公式 $I=\sqrt{\dfrac{P}{R}}$ 算出.

(3) 准确度等级. 电阻箱的准确度等级由基本误差和影响量(环境温度、相对湿度)引起的变差来确定. 对等级指数的划分, GB3949—83 与 JB1788—76 的规定有所不同. 旧国标规定一只电阻箱有一个共同的等级指数, 而新国标规定一只电阻箱的各挡可以有不同的等级指数.

对于适用旧国标 JB1788—76 的电阻箱, 我们暂约定按下式估算示值误差限:
$$\Delta_R = a\% R + 0.005m.$$
式中, R 为电阻箱示值, a 为等级指数, m 为所使用的步进盘的个数. 例如, 使用 "0" 和 "9.9Ω" 两接线柱时, $m=2$; 而使用 "0" 和 "99999.9Ω" 两接线柱时, $m=6$.

对于适用新国标 GB3949—83 的电阻箱, 可用下式估算示值误差限:
$$\Delta_R = \sum_i a_i\% R_i + 0.005m.$$
式中, a_i、R_i 表示第 i 个十进盘的等级指数和示值. 各挡的等级指数标示在产品铭牌上.

使用电阻箱时应注意: 使用前应来回旋转一下各转盘, 使电刷接触可靠. 使用过程中应注意不要使电阻箱出现 0Ω 示值.

四、实验内容

(一) 实验电路介绍

实验电路如图 9-4 所示. 图中 R_1、R_2 为 ZX36 型电阻箱; R_0 为 ZX21 型电阻箱; R_x 为待测电阻盒上的电阻(待测电阻盒上共有三只电阻, 阻值分别为 20Ω、200Ω 和 2000Ω); E 为直流稳压电源; 检流计为 AC5/2 型; 按键 K_3 即为检流计上的 "电计" 按钮; 滑动变阻器 r 为检流计的保护电阻; K_1、K_2 为单刀双掷开关.

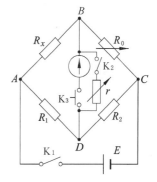

图 9-4 自组电桥电路

(二) 正确连接线路

1. 将实验仪器按照实验电路摆好位置.
2. 用导线将四个桥臂电阻连接起来.
3. 电源 E 的正极通过开关 K_1 接 R_x、R_1 之间的 A 点, 负极接 R_0、R_2 之间的 C 点.
4. 检流计一端接 R_x、R_0 之间的 B 点, 另一端接 R_1、R_2 之间的 D 点; 滑动变阻器 r 与开关 K_2 串接后, 并接在检流计的两端.

实验操作

线路连接好后, 仔细检查一遍, 再请指导教师复查后方可通电.

(三) 测量未知电阻 R_x

1. 根据 R_x 的标称值及倍率 $C(=\dfrac{R_1}{R_2})$ 的大小, 预置 R_0 的值 ($R_0 = \dfrac{R_2}{R_1}R_{x标}$).
2. 将滑动变阻器 r 的滑动头置中间位置.
3. 合上 K_1、K_2, 接通电源, 按下 "电计" 按钮, 调节 R_0, 使检流计指针指零. 断开 K_2, 再

调节 R_0，使检流计指针重新指零．将 R_0 的值记录在表 9-1 中．

（四） 测量电桥灵敏度 S

电桥完全平衡后，改变 R_0 的值，使检流计指针偏转 2 格，将 R_0 的改变量 ΔR_0 记录在表 9-1 中．

实验结束后，应将检流计"电计"按钮松开．

五、实验数据及处理

表 9-1 实验数据

R_1/Ω	R_2/Ω	R_0/Ω	$\Delta R_0/\Omega$	$\Delta d/\mathrm{div}$	S/div	Δ_S/Ω	Δ_x/Ω	Δ/Ω	$E_\mathrm{r}=\Delta/R_x$	R_x/Ω
1000	1000			2						
100	100			2						
100	1000			2						

由式（9-1）得

$$R_x = \frac{R_1}{R_2}R_0 = \underline{\qquad} \; \Omega.$$

电桥灵敏度为

$$S = \frac{\Delta d}{\Delta R_0/R_0} = \underline{\qquad} \; \mathrm{mm}.$$

电桥灵敏阈所决定的误差限为

$$\Delta_S = \delta R_x = C\frac{0.2}{\Delta d}\Delta R_0 = \frac{R_1}{R_2}\cdot\frac{0.2}{\Delta d}\Delta R_0 = \underline{\qquad} \; \Omega.$$

由电阻箱的误差公式，得

$$\Delta_{R_1} = R_1 a\% + 0.005m = \underline{\qquad} \; \Omega,$$
$$\Delta_{R_2} = R_2 a\% + 0.005m = \underline{\qquad} \; \Omega,$$
$$\Delta_{R_0} = R_0 a\% + 0.005m = \underline{\qquad} \; \Omega.$$

其中，a 为电阻箱的等级指数，等于 0.1；m 为所使用的步进盘的个数，对于 R_1、R_2 而言 $m=4$，对于 R_0 而言 $m=6$．

由式（9-1）得测量不确定度为

$$\Delta_x = R_x\cdot\sqrt{\left(\frac{\Delta_{R_1}}{R_1}\right)^2 + \left(\frac{\Delta_{R_2}}{R_2}\right)^2 + \left(\frac{\Delta_{R_0}}{R_0}\right)^2} = \underline{\qquad} \; \Omega.$$

总的 B 类测量不确定度为

$$u_\mathrm{B} = \Delta = \sqrt{\Delta_x^2 + \Delta_S^2} = \underline{\qquad} \; \Omega.$$

相对测量不确定度为

$$U_\mathrm{r} = \frac{\Delta}{R_x}\times 100\% = \underline{\qquad}.$$

测量结果为

$$R_x = (\underline{\qquad} \pm \underline{\qquad})\Omega \quad (P \approx 0.95).$$

六、思考题

1. 在用惠斯登电桥进行测量时,若取 $C=1$, R_x 粗估值 200Ω. 当调节 R_0,使其在 $0\Omega \sim 10^5\Omega$ 范围内变化时,检流计始终偏向一边,这说明什么问题?应如何处理?

2. 电桥的灵敏度 S 和灵敏阈 δR_x 各是如何定义的?试写出它们之间的关系.

实验 10 金属电阻温度系数的测定

一、实验目的

1. 学会用箱式电桥测电阻.
2. 测铜电阻的温度系数.

二、实验原理

物体的电阻均与温度有关. 在通常温度下,多数纯金属的电阻与温度呈线性关系:

$$R = R_0(1+at). \tag{10-1}$$

式中,R 是温度为 t ℃时的电阻;R_0 是温度为 0℃时的电阻;a 称为电阻温度系数,单位为 1/℃. 严格地说,a 与温度有关. 但对本实验所用的纯铜而言,在 -50℃$\sim$100℃范围内,a 的变化很小,可看成常量. 在上述温度范围内,铜的 a 值约为 0.0043/℃.

利用纯金属的电阻随温度变化的性质,可制成电阻温度计. 例如,铜电阻温度计在 -50℃$\sim$100℃范围内线性很好,应用广泛. 铂电阻温度计准确度高,稳定性好,在 -263℃$\sim$1100℃范围内都能使用.

康铜(铜镍合金)、锰铜(铜锰镍合金)等合金,a 值很小(约为 0.2×10^{-4}/℃),电阻几乎不随温度变化,利用合金的这一性质,可制成标准电阻.

半导体的电阻与温度的关系和导体不同,在通常温度下,半导体的电阻随温度的升高而减小,它的变化规律为

$$R = R_0 e^{E/kT}. \tag{10-2}$$

式中,E 和 R_0 是常量,k 为玻耳兹曼常量,T 为绝对温度. 利用半导体的这一性质制成的热敏电阻,在灵敏测温和自动温控装置中得到了广泛的应用.

三、实验仪器及介绍

QJ23 型直流电阻电桥、电阻温度系数装置、TDGC1 型接触调压器.

(一) QJ23 型直流电阻电桥使用方法

1. 图 10-1 为 QJ23 型直流电阻电桥面板图. 根据表 10-1 选择倍率、电桥电源. 使用内接检流计时,将"外接"接线柱用短路片短路;使用外接检流计时,将"内接"接线柱用短路片短路. 同样,使用内附电源(4.5V)时,电源 B 两接线柱用短路片短路. 使用外接电源时,将短路片去掉,按极性分别接到电源 B 的正、负两接线柱上.

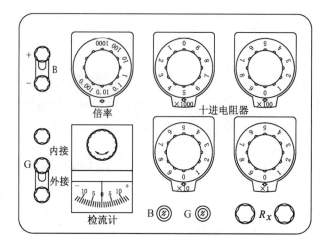

图 10-1　QJ23 型直流电阻电桥面板图

表 10-1　QJ23 型直流电阻电桥主要技术指标

倍率	基本误差的允许极限 Δ	有限量程	分辨率	电桥电源	准确度等级
×0.001	±(2%R_x+0.002Ω)	0～9.999Ω	0.001Ω	4.5V	2
×0.01	±(0.2%R_x+0.002Ω)	0～99.99Ω	0.01Ω	4.5V	0.2
×0.1	±(0.2%R_x+0.02Ω)	0～999.9Ω	0.1Ω	4.5V	0.2
×1	±(0.2%R_x+0.2Ω)	0～9.999kΩ	1Ω	4.5V	0.2
×10	±(0.5%R_x+5Ω)	0～99.99kΩ	10Ω	6V	0.5
×100	±(0.5%R_x+50Ω)	0～999.9kΩ	100Ω	15V	0.5
×1000	±(2%R_x+2kΩ)	0～9.999MΩ	1000Ω	36V	2

2. 如果检流计指针不在零位,则调节检流计顶端旋钮使指针指零.

3. 将被测电阻接入"R_x"接线柱上,按下"B""G"两按钮,调节十进电阻器,使检流计指针指零,被测电阻值为倍率与十进电阻器示值的乘积.

当内附检流计指针向"-"方向偏转时,应减少十进电阻器的示值;当指针向"+"方向偏转时,应增加十进电阻器的示值.

当测量电感性电阻时,应先按"B"再按"G",先放"G"再放"B",以防止电感产生的瞬间高压损坏检流计.

"B""G"两按钮开关若需长时间接通,可将其按下再顺时针旋转 90°即可锁定.

应正确选用倍率,使十进电阻器第一盘示值(×1000Ω)不为零值.这样测量结果有四位有效数字,且测量准确度较高.

4. 使用完毕,放开"B""G"两按钮.

(二)　电阻温度系数装置

电阻温度系数装置(图 10-2)采用电热丝加热,为避免温升过快,电源经接触调压器降压后接入.通电之前装置中必须

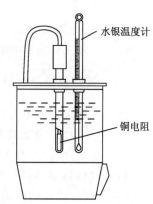

图 10-2　电阻温度系数装置

加入约 4/5 的水. 由纯铜丝绕制的电阻封装在铜管中. 水温由水银温度计读得.

四、实验内容

1. 给电阻温度系数装置加入约 4/5 的水.

2. 将铜电阻接到电桥的"R_x"两个接线柱上,取倍率 $C=0.01$,按下"B""G"两按钮,调节十进电阻器,使检流计指针指零. 记录室温条件下的温度 $t_初$ 及铜电阻阻值 $R_初$.

注意:未将电桥调平衡之前,电阻温度系数装置不得接通电源.

3. 将接触调压器的输出电压调节至 150V 处. 接通电源,开始加热,随着温度的上升,铜电阻阻值发生变化,检流计指针偏离平衡位置,不断调节十进电位器,使检流计指针始终处于零位,当温度达到测温点后,将铜电阻阻值(十进电阻器示值与倍率的乘积)记录在表 10-2 中.

4. 实验结束,切断电源,放开"B""G"两按钮.

五、实验数据及处理

根据表 10-2 中的数据,在直角坐标纸上作 R-t 图,若图线是直线,则在直线上任取相距较远的两点(不用实测点),根据这两点坐标(在图上标出)求出直线的斜率,再延长直线得到截距,从而得出电阻温度系数 a 和 R_0 值.

表 10-2 铜电阻阻值

$t_初=$ _____ ℃,$R_初=$ _____ Ω

温度 t/℃	30.0	40.0	50.0	60.0	70.0	80.0	90.0
R/Ω							

六、思考题

1. 在铜的 R-t 图中,其截距的物理意义是什么?

2. 本实验在某一温度点上调节电桥平衡后,为什么要求先读温度,后读电桥示值?这种同时测取两个实验数据的实验以后还会遇到,你能概括说明读数顺序的原则吗?

第3章 基础实验

实验 11 用拉脱法测定液体的表面张力系数

液体表层厚度约为 10^{-10} m 内的分子所处的条件与液体内部不同,液体内部每一分子被周围其他分子所包围,分子所受的作用力合力为零.由于液体表面上方接触的气体分子,其密度远小于液体分子密度,因此液面每一分子受到向外的引力比向内的引力要小得多,也就是说所受的合力不为零,力的方向是垂直于液面并指向液体内部,该力使液体表面收缩,直至达到动态平衡.因此,在宏观上,液体具有尽量缩小其表面积的趋势,液体表面好像一张拉紧了的橡皮膜.这种沿着液体表面的、收缩表面的力称为表面张力.表面张力能说明液体的许多现象,如润湿现象、毛细管现象及泡沫的形成等.在工业生产和科学研究中常常要涉及液体特有的性质和现象.比如,化工生产中液体的传输过程,药物制备过程及生物工程研究领域中关于动、植物体内液体的运动与平衡等问题.因此,了解液体表面性质和现象,掌握测定液体表面张力系数的方法是具有重要实际意义的.测定液体表面张力系数的方法通常有拉脱法、毛细管升高法和液滴测重法等.本实验介绍拉脱法.

一、实验目的

1. 观察拉脱法测液体表面张力的物理过程和物理现象,并用物理学基本概念和定律进行分析和研究,加深对物理规律的认识.

2. 了解 FB326 型液体的表面张力系数测定仪的基本结构,掌握用标准砝码对测量仪进行定标的方法,计算该传感器的灵敏度.

3. 掌握用拉脱法测定纯水的表面张力系数及用逐差法处理数据.

二、实验原理

将一洁净的圆筒形吊环浸入液体中,然后缓慢地提起吊环,圆筒形吊环将带起一层液膜.使液面收缩的表面张力 f 沿液面的切线方向(图 11-1),角 φ 称为湿润角(或接触角).当继续提起圆筒形吊环时,φ 角逐渐变小而接近为零,这时所拉出的液膜的里、外两个表面的张力 f 均垂直向下.设拉起液膜破裂时的拉力为 F,则有

$$F = (m + m_0)g + 2f. \tag{11-1}$$

式中,m 为黏附在吊环上的液体的质量,m_0 为吊环质量,因表面张力的大小与接触面周边

界长度成正比,则有

$$2f = \pi(D_内 + D_外) \cdot \alpha. \tag{11-2}$$

式中,$D_内$、$D_外$为吊环的内、外直径,比例系数 α 称为表面张力系数,单位是 N/m,在数值上等于单位长度上的表面张力.综合式(11-1)、式(11-2),有

$$\alpha = \frac{F - (m + m_0)g}{\pi(D_内 + D_外)}. \tag{11-3}$$

由于金属膜很薄,拉起来的液膜也很薄,m 很小可以忽略不计,于是上式可简化为

$$\alpha = \frac{F - m_0 g}{\pi(D_内 + D_外)}. \tag{11-4}$$

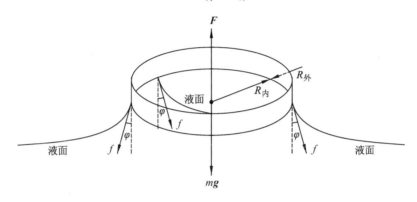

图 11-1　圆筒形吊环从液面缓慢拉起受力示意图

表面张力系数 α 与液体的种类、纯度、温度和它上方的气体成分有关.实验表明,液体的温度越高,α 值越小;所含杂质越多,α 值也越小.只要上述这些条件保持一定,α 值就是一个常数.本实验的核心部分是准确测定 $F - m_0 g$,即圆筒形吊环所受到的向下的表面张力.

三、实验仪器

FB326 型液体表面张力系数测定仪(图 11-2).

四、实验内容

1. 开机预热 15min.
2. 清洗有机玻璃器皿和吊环,在有机玻璃器皿内放入被测液体.
3. 将砝码盘挂在力敏传感器的钩上,对力敏传感器定标.在加砝码前应首先读取电子秤的初读数 U_0(该读数包括砝码盘的重量),然后每加一个 500.00mg 砝码,读取一个对应数据(mV),记录到表 11-1 中.安放砝码时动作要轻巧,用逐差法求力敏传感器的转换系数 K(N/mV).
4. 测定吊环的内、外直径并记录到表 11-2 中.取下砝码盘,挂上吊环,读取一个对应数据 V_0(mV).逆时针转动活塞调节旋钮,让液面缓慢上升,当环下沿接近液面时,仔细调节吊环的悬挂线,使环水平,然后把吊环部分浸入液体中.按下面板上的按键开关,将仪器功能设为峰值测量.顺时针缓慢地转动活塞调节旋钮,让液面逐渐下降(相对而言,

向上提拉吊环),观察吊环浸入液体中以及从液体中拉起时的物理过程.当吊环拉断液柱的一瞬间,数字电压表显示拉力峰值 V_1 并自动保持该数据不变.拉断后,释放按键开关,电压表恢复随机测量功能,静止后读其数值 V_2,记下这个数值.连续做 5 次,求平均值,实验数据记录于表 11-3 中.那么表面张力为

$$2f = (\overline{V}_1 - \overline{V}_2)\overline{K},$$

表面张力系数为

$$\alpha = \frac{2f}{L} = \frac{(\overline{V}_1 - \overline{V}_2)\overline{K}}{\pi(D_内 + D_外)}.$$

式中,L 为吊环内、外圆环的周长之和,K 为力敏传感器的转换系数.

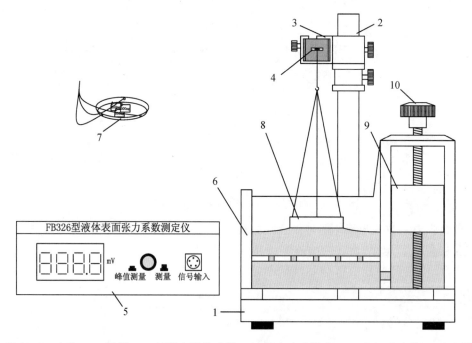

1—底座;2—立柱;3—横梁;4—压阻力敏传感器;5—数字式毫伏表;6—有机玻璃器皿(连通器);
7—标准砝码(砝码盘);8—圆筒形吊环;9—活塞;10—活塞调节旋钮

图 11-2 FB326 型液体表面张力系数测定仪整机图

五、实验数据及处理

1. 用逐差法计算力敏传感器的转换系数 $K(\mathrm{N/mV})$.

初读数 $U_0 = $ _____ mV.

表 11-1 定标力敏传感器

砝码质量 /(10^{-6} kg)	增重读数 U_i'/mV	减重读数 U_i''/mV	$U_i = \dfrac{U_i' + U_i''}{2}$/mV	等间距逐差/mV $\delta U_i = U_{i+4} - U_i$
0.00				$\delta U_1 = U_4 - U_0$
500.00				

续表

砝码质量 /(10^{-6} kg)	增重读数 U_i'/mV	减重读数 U_i''/mV	$U_i = \dfrac{U_i' + U_i''}{2}$/mV	等间距逐差/mV $\delta U_i = U_{i+4} - U_i$
1000.00				$\delta U_2 = U_5 - U_1$
1500.00				
2000.00				$\delta U_3 = U_6 - U_2$
2500.00				
3000.00				$\delta U_4 = U_7 - U_3$
3500.00				

$$\delta \overline{U} = \frac{1}{4}(\delta U_1 + \delta U_2 + \delta U_3 + \delta U_4).$$

式中，$\delta \overline{U}$ 为每 500.00 mg 对应的电子秤的读数.

则
$$K = \frac{mg}{\delta \overline{U}} = \underline{\qquad} \text{ N/mV}.$$

2. 吊环内、外直径的测定.

表 11-2　吊环内、外直径

测量次数	1	2	3	4	5	平均值
内径 $D_内$/mm						
外径 $D_外$/mm						

3. 拉脱法求拉力对应的电子秤读数.

水温(室温)＿＿＿＿℃，电子秤初读数 $V_0 = $ ＿＿＿＿ mV.

表 11-3　与表面张力对应的电压表读数

测量次数	拉脱时最大读数 V_1/mV	吊环读数 V_2/mV	表面张力对应读数 $V = (V_1 - V_2)$/mV
1			
2			
3			
4			
5			
平均值			

4. 计算 α 及其不确定度.

$$\overline{\alpha} = \frac{\overline{K} \cdot \overline{V}}{\overline{L}},$$

$$\left(\frac{\Delta\bar{\alpha}}{\bar{\alpha}}\right)^2 = \left(\frac{\Delta\bar{K}}{\bar{K}}\right)^2 + \left(\frac{\Delta\bar{V}}{\bar{V}}\right)^2 + \left(\frac{\Delta\bar{L}}{\bar{L}}\right)^2,$$

$$\alpha = \bar{\alpha} \pm \Delta\bar{\alpha}.$$

六、思考题

1. 什么叫表面张力？表面张力系数与哪些因素有关？
2. 在推导测量式(11-3)时，做了哪些近似？式中各量的物理意义是什么？
3. 拉脱法的物理本质是什么？
4. 若考虑拉起液膜的重量，实验结果应如何修正？

实验 12 用落球法测定液体的黏滞系数

当液体内各部分之间有相对运动时，接触面之间存在内摩擦力，阻碍液体的相对运动，这种性质称为液体的黏滞性，液体的内摩擦力称为黏滞力。黏滞力的大小与接触面的面积以及接触面处的速度梯度成正比，比例系数 η 称为黏滞系数(或黏度)。

对液体黏滞性的研究在流体力学、化学化工、医疗、水利等领域都有广泛的应用。例如，在用管道输送液体时要根据输送液体的流量、压力差、输送距离及液体的黏度，设计输送管道的口径。

测量液体黏度可用落球法、毛细管法、转筒法等，其中落球法适用于测量黏度较高的液体。

黏度的大小取决于液体的性质与温度，温度升高，黏度将迅速减小。例如，对于蓖麻油，在室温附近温度改变 1℃，黏度值改变约 10%。因此，测定液体在不同温度的黏度有很大的实际意义，欲准确测量液体的黏度，必须精确控制液体的温度。

一、实验目的

1. 用落球法测量不同温度下蓖麻油的黏度。
2. 了解 PID 温度控制的原理。
3. 练习用停表计时，用螺旋测微器测直径。

二、实验原理

（一）落球法测定液体的黏度

一个在静止液体中下落的小球受到重力、浮力和黏滞阻力三个力的作用，如果小球的速度 v 很小，且液体可以看成在各方向上都是无限广阔的，则从流体力学的基本方程可以导出表示黏滞阻力的斯托克斯公式：

$$F = 3\pi\eta v d. \tag{12-1}$$

式中，d 为小球的直径。由于黏滞阻力与小球速度 v 成正比，小球在下落很短一段距离后(参见附录的推导)，小球受到三力作用达到平衡，小球将以 v_0 匀速下落，此时有

$$\frac{1}{6}\pi \times d^3(\rho - \rho_0)g = 3\pi\eta v_0 d. \tag{12-2}$$

式中,ρ 为小球的密度,ρ_0 为液体的密度. 由式(12-2)可解出黏度 η 的表达式:

$$\eta = \frac{(\rho-\rho_0)gd^2}{18v_0}. \tag{12-3}$$

本实验中,小球在直径为 D 的玻璃管中下落,液体在各方向无限广阔的条件不满足,此时黏滞阻力的表达式可加修正系数 $(1+2.4d/D)$,式(12-3)可修正为

$$\eta = \frac{(\rho-\rho_0)gd^2}{18v_0(1+2.4d/D)}. \tag{12-4}$$

当小球的密度较大,直径不是太小,而液体的黏度值又较小时,小球在液体中的平衡速度 v_0 会达到较大的值,奥西思-果尔斯公式反映出液体运动状态对斯托克斯公式的影响:

$$F = 3\pi\eta v_0 d\left(1+\frac{3}{16}Re-\frac{19}{1080}Re^2+L\right). \tag{12-5}$$

其中,Re 称为雷诺数,是表征液体运动状态的无量纲参数,L 为平衡距离(小球在达到平衡速度之前所经路程).

$$Re = \frac{v_0 d\rho_0}{\eta}. \tag{12-6}$$

当 $Re<0.1$ 时,可认为式(12-1)和式(12-4)成立;当 $0.1<Re<1$ 时,应考虑式(12-5)中一级修正项的影响;当 $Re>1$ 时,还须考虑高次修正项.

考虑式(12-5)中一级修正项及玻璃管的影响后,黏度 η_1 可表示为

$$\eta_1 = \frac{(\rho-\rho_0)gd^2}{18v_0(1+2.4d/D)(1+3Re/16)} = \eta\frac{1}{1+3Re/16}. \tag{12-7}$$

由于 $\frac{3}{16}Re$ 是远小于 1 的数,将 $\frac{1}{1+3Re/16}$ 按幂级数展开后近似为 $1-\frac{3}{16}Re$,式(12-7)又可表示为

$$\eta_1 = \eta - \frac{3}{16}v_0 d\rho_0. \tag{12-8}$$

已知或测量得到 ρ、ρ_0、D、d、v_0 等参数后,由式(12-4)计算黏度 η,再由式(12-6)计算 Re,若需计算 Re 的一级修正,则由式(12-8)计算经修正的黏度 η_1.

在国际单位制中,η 的单位是 Pa·s(帕斯卡·秒),在厘米、克、秒制中,η 的单位是 P(帕)或 cP(厘帕),它们之间的换算关系是

$$1\text{Pa·s} = 10\text{P} = 1000\text{cP}. \tag{12-9}$$

(二) PID 调节原理

PID 调节是自动控制系统中应用最为广泛的一种调节规律,自动控制系统的原理可用图 12-1 说明.

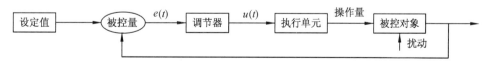

图 12-1 自动控制系统框图

假如被控量与设定值之间有偏差 $e(t)=$ 设定值 $-$ 被控量,调节器依据 $e(t)$ 及一定的

调节规律输出调节信号 $u(t)$，执行单元按 $u(t)$ 输出操作量至被控对象，使被控量逼近直至最后等于设定值. 调节器是自动控制系统的指挥机构.

在温度控制系统中，调节器采用 PID 调节，执行单元是由可控硅控制加热电流的加热器，操作量是加热功率，被控对象是水箱中的水，被控量是水的温度.

PID 调节器是按偏差的比例（proportional）、积分（integral）、微分（differential）进行调节的，其调节规律可表示为

$$u(t) = K_P e(t) + \frac{K_P}{T_I}\int_0^t e(t)\mathrm{d}t + K_P T_D \frac{\mathrm{d}e(t)}{\mathrm{d}t}. \tag{12-10}$$

式中，第一项为比例调节，K_P 为比例调节系数；第二项为积分调节，T_I 为积分时间常数；第三项为微分调节，T_D 为微分时间常数.

PID 温度控制系统在调节过程中温度随时间的一般变化关系可用图 12-2 表示，控制效果可用稳定性、准确性和快速性评价.

系统重新设定（或受到扰动）后经过一定的过渡过程能够达到新的平衡状态，则为稳定的调节过程；若被控量反复震荡，甚至振幅越来越大，则为不稳定调节过程，不稳定调节过程是有害而不能采用的. 准确

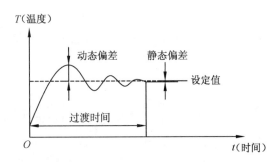

图 12-2　PID 调节系统过渡过程

性可用被控量的动态偏差和静态偏差来衡量，二者越小，准确性越高. 快速性可用过渡时间表示，过渡时间越短越好. 实际控制系统中，上述三方面指标常常是互相制约、互相矛盾的，应结合具体要求综合考虑.

由图 12-2 可见，系统在达到设定值后一般并不能立即稳定在设定值，而是超过设定值后经一定的过渡过程才重新稳定，产生超调的原因可从系统热惯性、传感器滞后和调节器特性等方面予以说明. 系统在升温过程中，加热器温度总是高于被控对象温度，在达到设定值后，即使减小或切断加热功率，加热器存储的热量在一段时间内仍然会使系统升温，降温有类似的反向过程，这称之为系统的热惯性. 传感器滞后是指由于传感器本身热传导特性或由于传感器安装位置的原因，使传感器测量到的温度比系统实际的温度在时间上滞后，系统达到设定值后调节器无法立即做出反应，产生超调. 对于实际的控制系统，必须依据系统特性合理设定 PID 参数，才能取得好的控制效果.

由式(12-10)可见，比例调节项输出与偏差成正比，它能迅速对偏差做出反应，并减小偏差，但它不能消除静态偏差. 这是因为任何高于室温的稳态都需要一定的输入功率维持，而比例调节项只有偏差存在时才输出调节量. 增加比例调节系数 K_P 可减小静态偏差，但在系统有热惯性和传感器滞后时，会使超调加大.

积分调节项输出与偏差对时间的积分成正比，只要系统存在偏差，积分调节作用就不断积累，输出调节量以消除偏差. 积分调节作用缓慢，在时间上总是滞后于偏差信号的变化. 增加积分作用（减小 T_I）可加快消除静态偏差，但会使系统超调加大，增加动态偏差，积分作用太强甚至会使系统出现不稳定状态.

微分调节项输出与偏差对时间的变化率成正比,它阻碍温度的变化,能减少超调量,克服震荡.在系统受到扰动时,它能迅速做出反应,减小调整时间,提高系统的稳定性.

三、实验仪器及介绍

变温黏度测量仪、ZKY-PID 开放式 PID 温控实验仪、停表、螺旋测微器、钢球若干.

(一) 落球法变温黏度测定仪

变温黏度仪的外形如图 12-3 所示.待测液体装在细长的样品管中,能使液体温度较快地与加热水温达到平衡,样品管壁上有刻度线,便于测量小球下落的距离.样品管外的加热水套连接到温控仪,通过热循环水加热样品.底座下有调节螺钉,用于调节样品管的铅直.

(二) 开放式 PID 温控实验仪

温控实验仪包含水箱、水泵、加热器、控制及显示电路等部分.

温控实验仪内置微处理器,带有液晶显示屏,具有操作菜单化,能根据实验对象选择 PID 参数以达到最佳控制,能显示温控过程的温度变化曲线和功率变化曲线以及温度和功率的实时值,能存储温度及功率变化曲线,控制精度高等特点,仪器面板如图 12-4 所示.

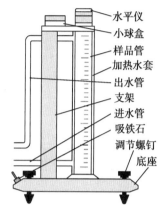

图 12-3 变温黏度仪

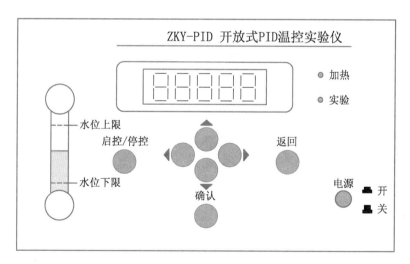

图 12-4 开放式 PID 温控实验仪面板

开机后,水泵开始运转,显示屏显示操作菜单,可选择工作方式,输入序号及室温,设定温度及 PID 参数.使用◀、▶键选择项目和▲、▼键设置参数,按确认键进入下一屏,按返回键返回上一屏.

进入测量界面后,屏幕上方的数据栏从左至右依次显示序号、设定温度、初始温度、当前温度、当前功率、调节时间等参数.图形区以横坐标代表时间、纵坐标代表温度(以及功率),并可用▲、▼键改变温度坐标值.仪器每隔 15s 采集 1 次温度及加热功率值,并将采得的数据标示在图上.当温度达到设定值并保持两分钟,温度波动小于 0.1℃时,仪器自动判定达到平衡,并在图形区右边显示过渡时间 $t(s)$、动态偏差 σ、静态偏差 e.一次实验完成退出时,仪器自动将屏幕按设定的序号存储(共可存储 10 幅),以供必要时查看、分析和比较.

(三) 停表

PC396 电子停表具有多种功能.按功能转换键,待显示屏上方出现符号"———————"且第 1 和第 6、第 7 短横线闪烁时,即进入停表功能.此时按"开始/停止"键可开始或停止计时,多次按"开始/停止"键可以累计计时.一次测量完成后,按"暂停/回零"键使数字回零,准备进行下一次测量.

四、实验内容

(一) 检查仪器后面的水位管,将水箱中的水加到适当值

平常加水从仪器顶部的注水孔注入.若水箱排空后第一次加水,应该用软管从出水孔将水经水泵加入水箱,以便排出水泵内的空气,避免水泵空转(无循环水流出)或发出嗡嗡声.

(二) 设定 PID 参数

若对 PID 调节原理及方法感兴趣,可在不同的升温区段有意改变 PID 参数组合,观察参数改变对调节过程的影响,探索最佳控制参数.

若只是把温控仪作为实验工具使用,则保持仪器设定的初始值,也能达到较好的控制效果.

(三) 测定小球的直径

由式(12-6)和式(12-4)可见,当液体黏度及小球密度一定时,雷诺数 $Re \propto d^3$.在测量蓖麻油的黏度时建议采用直径 1~2mm 的小球,这样可不考虑雷诺修正或只考虑一级雷诺修正.

用螺旋测微器测定小球的直径 d,将数据记入表 12-1 中.

表 12-1 小球的直径

次数	1	2	3	4	5	6	7	8	平均值
$d/(10^{-3}\text{m})$									

(四) 测定小球在液体中的下落速度并计算黏度

温控仪温度达到设定值后再等约 10min,使样品管中的待测液体温度与加热水温完全一致,才能测液体的黏度.

用镊子夹住小球沿样品管中心轻轻放入液体,观察小球是否一直沿中心下落,若样品管倾斜,应调节其铅直.测量过程中,尽量避免对液体的扰动.

用停表测量小球落经一段距离的时间 t,并计算小球的速度 v_0,用式(12-4)或式(12-8)计算黏度 η,记入表 12-2 中.

表 12-2 中,列出了部分温度下黏度的标准值,可将这些温度下黏度的测量值与标准值比较,并计算相对误差.

将表 12-2 中 η 的测量值在坐标纸上作图,标明黏度随温度的变化关系.

实验全部完成后,用磁铁将小球吸引至样品管口,用镊子夹入蓖麻油中保存,以备下次实验使用.

表 12-2 小球的下落速度等

$\rho = 7.8 \times 10^3 \text{ kg/m}^3, \rho_0 = 0.95 \times 10^3 \text{ kg/m}^3, D = 2.0 \times 10^{-2} \text{ m}$

温度/℃	时间/s						速度/(m/s)	η/(Pa·s) 测量值	*η/(Pa·s) 标准值
	1	2	3	4	5	平均值			
10									2.420
15									
20									0.986
25									
30									0.451
35									
40									0.231
45									
50									
55									

* 摘自 CRC Handbook of Chemistry and Physics.

附录 小球在达到平衡速度之前所经路程 L 的推导

由牛顿运动定律及黏滞阻力的表达式,可列出小球在达到平衡速度之前的运动方程:

$$\frac{1}{6}\pi d^3 \rho \frac{dv}{dt} = \frac{1}{6}\pi d^3 (\rho - \rho_0) g - 3\pi \eta d v, \tag{12-11}$$

整理后,得

$$\frac{dv}{dt} + \frac{18\eta}{d^2 \rho} v = \left(1 - \frac{\rho_0}{\rho}\right) g. \tag{12-12}$$

这是一个一阶线性微分方程,其通解为

$$v = \left(1 - \frac{\rho_0}{\rho}\right) g \cdot \frac{d^2 \rho}{18\eta} + C e^{-\frac{18\eta}{d^2 \rho} t}. \tag{12-13}$$

设小球以零初速放入液体中,代入初始条件($t=0, v=0$),定出常数 C 并整理后,得

$$v = \frac{d^2 g}{18\eta} (\rho - \rho_0) \cdot (1 - e^{-\frac{18\eta}{d^2 \rho} t}). \tag{12-14}$$

随着时间的增大,式(12-14)中的负指数项迅速趋近于 0,由此得平衡速度

$$v_0 = \frac{d^2 g}{18\eta} (\rho - \rho_0). \tag{12-15}$$

式(12-15)与式(12-3)是等价的,平衡速度与黏度成反比.设从速度为 0 到速度达到平衡

速度的 99.9% 这段时间为平衡时间 t_0，即令

$$e^{-\frac{18\eta}{d^2\rho}t_0} = 0.001. \qquad (12\text{-}16)$$

由式(12-16)可计算平衡时间.

若钢球直径为 10^{-3}m，代入钢球的密度 ρ、蓖麻油的密度 ρ_0 及 40℃时蓖麻油的黏度 $\eta = 0.231$Pa·s，可得此时的平衡速度约为 $v_0 = 0.016$m/s，平衡时间约为 $t_0 = 0.013$s.

平衡距离 L 小于平衡速度与平衡时间的乘积，在我们的实验条件下，误差小于 1mm，基本上可认为小球进入液体后达到了平衡速度.

实验 13 用双臂电桥测低电阻

用惠斯登电桥测中值电阻时，桥臂上的导线电阻和接点处的接触电阻大约为 0.001Ω，这些附加电阻与桥臂电阻相比小很多，因此可忽略其影响. 但用它测 1Ω 以下的低电阻时，这些附加电阻对测量结果的影响就不可忽略不计了. 在惠斯登电桥基础上加以改进而成的双臂电桥（又称开尔文电桥）有效地消除了附加电阻的影响，可用于测量 $10^{-6} \sim 10$Ω 的电阻（如金属的电阻、电机和变压器绕组的电阻、电键的接触电阻及各类低电阻等）.

一、实验目的

1. 了解双臂电桥测低电阻的原理和方法.
2. 掌握用双臂电桥测低电阻的方法.

二、实验原理

（一）电阻的四端接法

电阻的四端接法如图 13-1 所示，图中 C_1、C_2 称为电流端，通常接电源回路，从而将这两端的附加电阻折合到电源回路的电阻中；P_1、P_2 称为电压端，通常接高电阻回路或电流为零的补偿回路，从而使这两端的附加电阻对测量的影响大为减小.

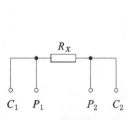

图 13-1 电阻的四端接法

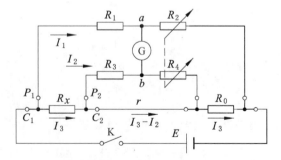

图 13-2 双臂电桥原理

（二）双臂电桥的工作原理

双臂电桥的基本电路如图 13-2 所示. 图中 E 为电源；G 为检流计；R_0 为标准低电阻，作为电桥的比较臂；R_x 是被测低电阻，r 是 R_x 和 R_0 之间连接粗导线的电阻. R_x 和 R_0 均

采用四端接线方式. R_1、R_2、R_3 和 R_4 为电桥的四只比率臂电阻,与惠斯登电桥相比,多了一组桥臂 R_3 和 R_4,由于有两组桥臂,所以称为双臂电桥.

适当调节电阻 R_1、R_2、R_3、R_4 和 R_0 的值,使流过检流计的电流为零,电桥达到平衡,a、b 两点电位相等. 根据基尔霍夫定律,有

$$I_1 R_1 = I_3 R_x + I_2 R_3,$$
$$I_1 R_2 = I_2 R_4 + I_3 R_0,$$
$$I_2 (R_3 + R_4) = (I_3 - I_2) r.$$

联立求解,得

$$R_x = \frac{R_1}{R_2} R_0 + \frac{r R_4}{R_3 + R_4 + r}\left(\frac{R_1}{R_2} - \frac{R_3}{R_4}\right). \tag{13-1}$$

双臂电桥在结构设计上尽量做到 $\frac{R_1}{R_2} = \frac{R_3}{R_4}$(同轴调节),并且尽量减少电阻 r(R_x 和 R_0 之间用短而粗的导线连接),因此可得

$$R_x = \frac{R_1}{R_2} R_0. \tag{13-2}$$

这样,电阻 R_x 和 R_0 的电压端附加电阻由于和高阻值臂串联,其影响减少了;两个外侧电流端附加电阻串联在电源回路中,其影响可忽略不计;两个内侧电流端的附加电阻和小电阻 r 相串联,相当于增大了式(13-1)中的 r,其影响通常也可忽略不计. 于是只要将被测低电阻按四端接法接入双臂电桥进行测量,就可像惠斯登电桥那样用式(13-2)来计算 R_x 了.

三、实验仪器及介绍

SB-82 型板式双臂电桥、QJ44 型直流双臂电桥、滑动变阻器(两只)、YB1713 型双路直流电源、AC15/5 型直流复射式检流计、电流表、单刀双掷开关(三只).

(一) 板式双臂电桥

图 13-3 是 SB-82 型板式双臂电桥电路图,其中 R_n 是一根标准电阻棒,旁边附有刻度尺,当 M 在上面滑动时,N、M 间的阻值 R_0(R_n 的一部分)可由刻度尺直接读出. 待测电阻 R_x 用弹簧片夹紧在 P_1、P_2 之间,检流计可以分别接在三对不同倍率的接线柱上,以改变

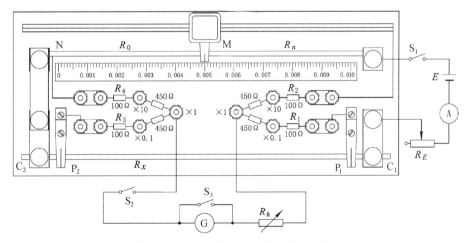

图 13-3 SB-82 型板式双臂电桥电路图

电桥的量程.当接到"0.1"接线柱上时,$R_1=R_3=100\Omega$,$R_2=R_4=100\Omega+450\Omega+450\Omega=1000\Omega$,所以$C=\dfrac{R_1}{R_2}=\dfrac{R_3}{R_4}=0.1$.同理,其他两对接线柱分别对应于$C=\dfrac{R_1}{R_2}=\dfrac{R_3}{R_4}$的值为1和10.测量时,应根据待测电阻的大小合理选择倍率C值,使在标尺允许的范围内,N、M间的阻值R_0有尽可能大的读数.移动M使电桥平衡,则有

$$R_x = C \cdot R_0. \tag{13-3}$$

(二) QJ44型直流双臂电桥

图 13-4 是 QJ44 型直流双臂电桥面板图.测量范围为 $10\mu\Omega \sim 11\Omega$,共分五个量程.比例臂($\dfrac{R_1}{R_2}=\dfrac{R_3}{R_4}$)由七对低温度系数的锰铜丝线绕阻构成.五挡比例臂分别为 0.01、0.1、1、10、100,由面板上的"倍率"旋钮控制.电桥平衡指零仪由集成放大器(放大系数约为数百倍)驱动量程为 $25\mu A$ 的检流计组成,转动面板上"调零"和"灵敏度"旋钮,可以分别调节检流计的零点和指零仪的灵敏度.主要技术指标如表 13-1 所示.

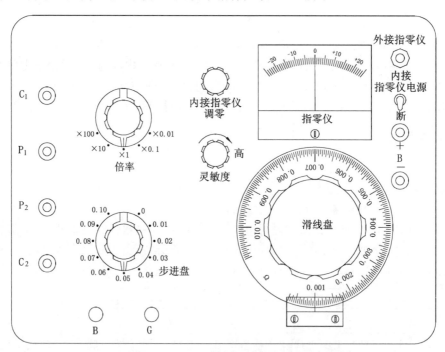

图 13-4 QJ44 型直流双臂电桥面板图

表 13-1 主要技术指标

倍率	有效量程	分辨率	等级指数 a	基准值 R_N
×100	1~11Ω	5mΩ	0.2	10Ω
×10	0.1~1.1Ω	500μΩ	0.2	1Ω
×1	0.01~0.11Ω	50μΩ	0.2	0.1Ω
×0.1	0.001~0.011Ω	5μΩ	0.5	0.01Ω
×0.01	0.0001~0.0011Ω	0.5μΩ	1	0.001Ω

在环境温度为(20 ± 15)℃,相对湿度小于80%等条件下,电桥各量限的允许误差限为

$$\Delta = a\% \left(\frac{R_N}{10} + R_x\right). \quad (13\text{-}4)$$

式中,a为电桥等级指数,R_N为基准值,R_x为测量值(标度盘示值与倍率的乘积).

使用方法:

(1) 在仪器背部抽去电池盒盖,按极性装入1.5V 1号干电池6节及6F22型9V叠型电池1节. 如果使用外接电源,则在外接电源接线柱"B"按极性接入1.5~2V直流电源,此时内接1.5V电池务必取出.

(2) 以四端形式接入被测电阻R_x.

(3) 接通内附指零仪电源开关,预热5min左右,调节"调零"电位器使指针指零.

(4) 估计被测电阻的大小,选择适当的倍率,在指零仪灵敏度最小的情况下,先按"G",再按"B",调节步进盘和滑线盘使指零仪指零,然后增加"灵敏度",进一步调节上述两盘,使指零仪精确指零,测量结果为倍率×(步进盘示值+滑线盘示值),即

$$R_x = C \cdot R_0. \quad (13\text{-}5)$$

注意:

(1) 由于被测电阻较小,所以电桥工作电流较大,测量中应尽量少按"B"按钮,以减少电池的消耗,同时可减少工作电流,避免被测对象发热而引起阻值变化.

(2) 对于呈感性的被测对象,为防止工作电源突然接入电桥电路,引起被测对象电压突变使指零仪受到电冲击,测试时应先按"B"再按"G",先放"G"再放"B"按钮.

(3) 测小于0.001Ω(×0.1、×0.01倍率)的电阻时,连接接线柱"P_2"的导线电阻应小于0.01Ω,否则会产生较大误差.

(4) 电桥使用完毕,应将"B"和"G"按钮复位,"内接指零仪电源"开关置"断"位置.

四、实验内容

(一) 用板式双臂电桥测金属棒的电阻率

1. 将待测金属棒表面擦净,紧夹在接线柱C_1、C_2之间,弹簧片P_1、P_2紧压在上面.

2. 按图13-3连接线路. 估计待测金属棒(P_1、P_2之间)的阻值,选择适当的倍率,将直流复射式检流计接在相应倍率的两接线柱之间.

3. 合上S_1接通电源,并调节限流电阻R_E,使电流在0.5A左右,合上S_2,调节滑动接触片M使检流计指零(即电桥平衡).

4. 逐步增大电流到2A(不允许超过2.5A),同时调节接触片M使检流计重新指零(即电桥平衡),将刻度尺示值即R_0的值记录下来后,断开S_2,切断电源. 由式$R_x = C \cdot R_0$,求得R_x的值.

5. 用米尺测出P_1、P_2之间的距离L,用螺旋测微器测出待测金属棒的直径d(在不同的位置测6次取平均,记录于表13-2中),由$\rho_x = \dfrac{\pi d^2 R_x}{4L}$求出金属棒的电阻率.

注意：

（1）由于电流较大，要求通电时间尽可能短，一方面减轻电源的负担，另一方面避免金属棒和导线发热．

（2）本实验用的检流计是直流复射式检流计，灵敏度较高，操作时必须注意保护．

（二）用箱式双臂电桥测快速熔断器的阻值

按照 QJ44 型直流双臂电桥的使用方法测出快速熔断器的阻值．

五、实验数据及处理

（一）用板式双臂电桥测金属棒的电阻率

1. 金属棒电阻的测量．

倍率：$C=$ _____．

刻度尺示值：$R_0=($_____$\pm 0.0005)\Omega$　　$(P=0.68)$．

金属棒电阻：$R_x=CR_0=($_____$\pm$_____$)\Omega$　　$(P=0.68)$．

2. 金属棒长度的测量．

$$L=(\underline{\qquad}\pm 0.5)\text{mm} \quad (P=0.68).$$

3. 金属棒直径的测量．

表 13-2　金属棒的直径　　　　　　　　　　　　　单位：mm

测量次数 n	1	2	3	4	5	6	平均值
测量值 d'							
修正值 d							

螺旋测微器零点读数：$d_0=$ _____ mm．

修正值　$d=d'-d_0=$ _____ mm．

A 类不确定度：$u_{\bar{d}A}=S_{\bar{x}}=\sqrt{\dfrac{\sum_{i=1}^{6}(x_i-\bar{x})^2}{6\times(6-1)}}=$ _____ mm．

B 类不确定度：$u_{\bar{d}B}=\dfrac{\Delta}{\sqrt{3}}=$ _____ mm．

（Δ 为螺旋测微器的示值误差限，$\Delta=0.004$mm）

总不确定度：$u_{\bar{d}}=\sqrt{u_{\bar{d}A}^2+u_{\bar{d}B}^2}=$ _____ mm．

直径测量结果：$d=\bar{d}\pm u_{\bar{d}}=($_____$\pm$_____$)$mm　　$(P=0.68)$．

4. 金属棒电阻率的计算．

$$\bar{\rho}_x=\dfrac{\pi\bar{d}^2 R_x}{4L}=\underline{\qquad}\ \Omega\cdot\text{m}.$$

相对不确定度：$u_r=\sqrt{2\left(\dfrac{u_{\bar{d}}}{\bar{d}}\right)^2+\left(\dfrac{u_L}{L}\right)^2+\left(\dfrac{u_{R_x}}{R_x}\right)^2}=$ _____．

不确定度：$u_{\rho_x} = u_r \cdot \bar{\rho}_x =$ _____ Ω·m．

测量结果：$\rho_x = \bar{\rho}_x \pm u_{\rho_x} =$ (_____ ± _____)Ω·m　　($P=0.68$)．

(二) 用箱式双臂电桥测快速熔断器的阻值

倍率：$C=$ _____ ．

电桥等级指数：$a=$ _____ ．

步进盘示值＋滑线盘示值：$R_0=$ _____ Ω．

快速熔断器的阻值：$R_x = CR_0 =$ _____ Ω．

不确定度：$u_B = \Delta = a\% \left(\dfrac{R_N}{10} + R_x\right) =$ _____ Ω．

测量结果：$R_x =$ (_____ ± _____)Ω　　($P=0.68$)．

六、思考题

1. 双臂电桥与惠斯登电桥有哪些异同点？
2. 双臂电桥是如何消除导线电阻与接触电阻的影响的？
3. 用双臂电阻测低电阻时，被测电阻以四端形式接入，测量结果是 C_1、C_2、P_1、P_2 哪两个端钮间的电阻值？

实验 14　用冲击电流计测电容及高电阻

工业上常用兆欧计测高电阻，但要求电阻耐高压（达数千伏），且测量精度很低．多用表不能用于准确测量高电阻．便携式惠斯登电桥，由于受本身绝缘性能和灵敏度的限制，测量上限仅 10^6 Ω 左右．测高电阻是冲击电流计的重要用途之一，可测高达 $10^8 \sim 10^{13}$ Ω 的电阻．此外，用冲击电流计测电容也是一种测量电容的基本方法．

一、实验目的

1. 掌握冲击电流计的使用方法．
2. 学会用比较法测电容，用电容器漏电法测高电阻．

二、实验原理

冲击电流计是电磁测量中的基本精密仪器之一．它不仅可以直接测量短时间内脉冲电流所迁移的电荷量即脉冲电量，而且可以间接测量与电荷量有关的物理量，如电容、高电阻、电感量及直流磁场的磁感应强度．

（一）比较法测电容

比较法测电容的电路如图 14-1 所示，图中 BG 为冲击电流计，其内阻为 $R_内$．

将 S_2 合向 a 端，S_3 合向标准电容 C_0，电源对标准电容器充电，充电电荷量为 $C_0 U$；将 S_2 合向 b 端时，由于电容器放

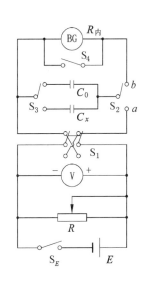

图 14-1　比较法测电容电路图

电,冲击电流计显示出放电电荷量 Q_0. 此时

$$Q_0 = C_0 U. \tag{14-1}$$

然后将 S_3 合向待测电容 C_x 一边,重复上述步骤,由于电压保持不变,所以

$$Q_x = C_x U. \tag{14-2}$$

于是由式(14-1)、式(14-2)可得

$$C_x = \frac{Q_x}{Q_0} C_0. \tag{14-3}$$

可见这种测量方法是在保持充电电压不变的条件下,利用冲击电流计测得两电容的放电电荷量,并由已知标准电容求得被测电容 C_x.

(二) 高电阻的测量

高电阻是指 $10^6 \Omega$ 以上的电阻,非金属材料和有些金属膜的电阻一般都在这个范围内,由于惠斯登电桥灵敏度有限,因此对于高电阻不宜也不能作精确测量.但是用电容器漏电法能比较精确地测量高电阻.

测量电路如图 14-2 所示.将被测电阻 R_x 和已知电容 C_0 并联,先将电容器 C_0 充电,此时电容器所储电荷量为 $Q_0 = C_0 U$,然后将充放电开关 S_2 放在中间位置,使其既不与 a 接触也不与 b 接触,电容器上的电荷量将通过高电阻 R_x 泄漏(故称此法为电容器漏电法),放电电流(即泄漏电流)为 $i = -\dfrac{dQ}{dt}$(负号表示随着放电时间的增加,电容器极板上的电荷量或电压将随之减少).

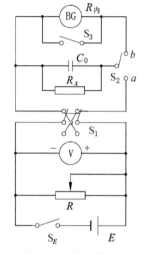

图 14-2 冲击法测高电阻电路图

在 $R_x C_0$ 串联电路中,根据基尔霍夫定律,有

$$iR_x + U = 0,$$

而 $U = \dfrac{Q}{C_0}$. 又

$$i = \frac{dQ}{dt},$$

因此 $R_x \dfrac{dQ}{dt} + \dfrac{Q}{C_0} = 0$,即 $\dfrac{dQ}{Q} = -\dfrac{dt}{R_x C_0}$.

将上式积分,并应用初始条件 $t=0$ 时,$Q = Q_0$,可得

$$Q = Q_0 e^{-\frac{t}{C_0 R_x}}. \tag{14-4}$$

两边取对数,得

$$\lg Q = \lg Q_0 - \frac{t}{R_x C_0} \lg e,$$

$$\lg Q = -\frac{t}{2.30 R_x C_0} + \lg Q_0. \tag{14-5}$$

式中,Q_0、Q 分别为 $t=0$ 和 $t=t$ 时冲击电流计所显示的电荷量.取 $y = \lg Q$, $x = t$, $a =$

$\lg Q_0$，$b=-\dfrac{1}{2.30R_xC_0}$，则上式为一直线方程 $y=a+bx$. 可见，$\lg Q$ 与漏电时间 t 存在线性关系，利用图解法或线性回归法求出斜率 b，则未知电阻

$$R_x=-\dfrac{1}{2.30bC_0}. \tag{14-6}$$

三、实验仪器

DM-Q2 型冲击电流计、标准电容箱、待测电容、待测高电阻、电压表、直流电源、滑动变阻器、秒表等.

四、实验内容

（一） 冲击电流计的调节

1. 接通电源开关，数码管亮，预热 10min.

2. 揿动"量程选择"，选择合适的量程.

3. 将"调零"开关拨向"调零"，旋动"调零"旋钮，使其显示"ＯＯＯ".

4. 将"调零"开关拨向"测量"，仪器即处于待测状态.

5. 当输入一短时间脉冲电流时，仪器自动消除前面的数据而将该次测量数据显示在屏上.

6. 若显示为"±1"，则表明仪器过载，应更换大挡量程重新调零测量. 或者减小电路中的电压及电流，使实验正常进行.

7. 当冲击电流较小，显示约在±100 以内时，误差较大，这时应更换小挡量程重新调零测量.

（二） 比较法测电容器的电容量

按图 14-1 接好线路，将 S_3 与 C_x 相连，调节滑动变阻器 R，适当改变输出电压，以使电容器放电时冲击电流计有较大的显示，将 S_2 合向 a 端，对电容器充电，然后将 S_2 合向 b 端，电容器对冲击电流计放电，测得 Q_x. 再将 S_3 与 C_0 相连（注意：R 和 U 保持不变），调节标准电容箱，选择合适的 C_0 值，尽量使 Q_x 与 Q_0 之比接近于 1，则待测电容值为

$$C_x=\dfrac{Q_x}{Q_0}C_0.$$

按上述原理测未知电容 C_x 和 C_0 的串联值、并联值.

（三） 冲击法测量高电阻

按图 14-2 接好线路，将 S_2 接到 a 端，对 C_0 充电，然后将充电开关与 a 端断开并保持在中央位置，同时开始计时，t 秒后 S_2 与 b 端相接，测得 Q，这样得到 (Q,t) 的一组数据. 选择 n 个不同的 t 值，得到 n 组不同的值，利用图解法或线性回归法求出 R_x 的阻值.

注意：电容器上的电荷可通过各种途径泄漏，在测高电阻时成为突出的问题. 人体电阻几十千欧，是一个主要的漏电路径. 实验时，手不要触及电容及电阻的引线.

五、思考题

1. 在测 C_x 的过程中主要误差来源是什么？C_0 应该取什么值较为合适？
2. 为什么要用冲击法测高电阻？而不用伏安法、电位差计法测高电阻？

实验 15 自组电位差计测电动势

电位差计是一种精密测量电位差（电压）的仪器. 与电桥一样, 它也属于比较测量仪器, 将未知电压与电位差计上的已知电压相比较. 其最突出的优点是测量时不改变被测量的原有工作状态, 其准确度可达 0.001% 或更高. 不仅可以精密测量电动势、电压、电流和电阻, 还可以用来校准精密电表和直流电桥等直读式仪表, 在非电学量（如温度、压力、位移和速度等）的电测法中也占有重要地位.

一、实验目的

1. 掌握电位差计的工作原理和结构特点.
2. 学会用自组电位差计测干电池的电动势.

二、实验原理

（一）补偿原理

图 15-1 中, E_x 是待测电动势, E_0 是一可精确调节其大小的已知电动势. 当调节 E_0 的大小使检流计指零时, 电路中电流为零, 必然有 $E_x = E_0$. 这时我们称电路达到补偿（E_0 补偿了 E_x）. 用这种方法测量电动势或电位差称为补偿法. 由此原理构成的仪器称为电位差计.

图 15-1 补偿原理

（二）电位差计的工作原理

实际的电位差计工作原理如图 15-2 所示. 电路可分为三个回路：① 工作电流调节回路, 由电源 E、电阻 R_1、R_2、R_3 组成；② 工作电流校准回路, 由标准电池 E_N、检流计、调定电阻 R_N（R_2 的一部分）、开关 S 组成；③ 测量回路, 由待测电源 E_x、检流计、测量电阻 R_x（R_3 的一部分）、开关 S 组成.

使用时, 首先要利用标准电池 E_N 进行校准, 使工作电流 I 达到事先规定的值（即标准电流 I_0）, 然后才能测量未知电动势.

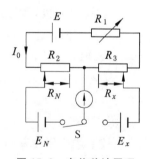

图 15-2 电位差计原理

(1) "校准". 进行校准时, 将开关 S 合向标准电池 E_N 一侧, 取调定电阻 R_N 为某一预定值（E_N/I_0）, 调节 R_1 使检流计指零, 这时工作电流 I 在 R_N 上的电压降恰好与标准电池的电动势处于补偿状态, 即 $IR_N = E_N$, 于是有 $I = \dfrac{E_N}{R_N} = I_0$. 此时回路中的工作电流就是标准电流.

(2) "测量". 测量时, 将开关 S 合向未知电动势电源 E_x 一侧, 保持工作电流不变（即保持电阻 R_1 的大小不变）, 调节 R_x, 使检流计重新指零, 则有

$$E_x' = I_0 R_x = \frac{E_N}{R_N} R_x. \tag{15-1}$$

由于标准电流 I_0 的值事先已作规定,因此可以在电阻 R_x 的位置上直接标出与 $I_0 R_x$ 对应的电动势(电压)值,这样就可以直接在电位差计上读出电动势(电压).

(三) 电位差计的灵敏度、灵敏阈及误差限

由于电位差计校准回路和测量回路元件参数不尽相同,因而在"校准"和测量时的灵敏度也不相同,它们都会影响测量的准确度.

1. "校准"时的灵敏度 S_N. 当与标准电动势 E_N 相平衡的补偿电压 $U_N = I_0 R_N$ 偏离平衡 ΔU_N 时,检流计偏离平衡 Δd 分度,则

$$S_N = \frac{\Delta d}{\Delta U_N}. \tag{15-2}$$

2. 测量时的灵敏度 S_x. 当与待测电动势 E_x 相平衡的补偿电压 $U_x = I_0 R_x$ 偏离平衡 ΔU_x 时,检流计偏离平衡 Δd 分度,则

$$S_x = \frac{\Delta d}{\Delta U_x}. \tag{15-3}$$

3. 灵敏阈及误差限. 由于检流计偏离平衡位置 0.2 分度之内人眼无法分辨,故定义检流计偏离平衡位置 0.2 分度时所对应的补偿电压的偏移量 δU_N 或 δU_x 为电位差计的校准灵敏阈或测量灵敏阈,它们分别为

$$\delta U_N = \frac{0.2}{\Delta d} \Delta U_N = \frac{0.2}{S_N}, \tag{15-4}$$

$$\delta U_x = \frac{0.2}{\Delta d} \Delta U_x = \frac{0.2}{S_x}. \tag{15-5}$$

它们所决定的误差限为

$$\Delta_S = \sqrt{\delta U_N^2 + \delta U_x^2} = \sqrt{\left(\frac{0.2}{S_N}\right)^2 + \left(\frac{0.2}{S_x}\right)^2}. \tag{15-6}$$

对于成品电位差计,总是选择检流计,使引入的误差小于总误差的 $\frac{1}{5} \sim \frac{1}{3}$,而将灵敏度引入的误差忽略.考虑到其他因素,成品电位差计的误差公式为

$$|\Delta U_x| \leqslant a\% U_x + b\Delta U. \tag{15-7}$$

其中,a 为电位差计等级指数;U_x 为测量盘示值,即测量值;ΔU 为最小测量盘分度值;b 为附加误差项系数,对便携式电位差计,$b=1$.

三、实验仪器及介绍

ZX21 型电阻箱(三只)、待测电池盒、AC5/2 型直流指针式检流计、滑动变阻器、单刀双掷开关、双刀双掷开关、YB1713 型双路直流电源、BC3 型饱和标准电池.

(一) YB1713 型双路直流电源

YB1713 型双路直流电源(图 15-3)是实验室通用电源,具有恒压、恒流工作功能(CV/CC),且这两种模式可随负载变化而自动进行转换.另外,YB1713 具有串联主从工作功能.左边的一路是主路,右边的一路是从路.在跟踪状态下,从路的输出电压随主路

而变化,这对于需要对称且可调双极电源的场合特别适用.YB1713 每一路均可输出 0~32V、0~2A 直流电源.全部输出功率大于 124W.

电源按钮"POWER"按下,电源接通,松开按钮电源断开.电压调节钮"VOLTAGE"可调节输出电压的大小.电流调节钮"CURRENT"可调节输出电流的大小."C.V."指示灯亮表示仪器处于恒压工作状态."C.C."指示灯亮表示仪器处于恒流工作状态."MASTER"表示主路,仪器左边一路;"SLAVE"表示从路,仪器右边一路."跟踪/独立"(TRACK/INDEP)选择按钮按下,仪器处于跟踪(TRACK)状态,从路的输出电压随主路而变化;松开,仪器处于独立(INDEP)状态,从路的输出电压不随主路而独立变化."电压/电流"(V/A)选择按钮按下,电表指示输出电流的大小;松开,电表指示输出电压的大小.接线柱"+"表示正极,"-"表示负极."GND"表示接地.注意:正负极间不允许短路.

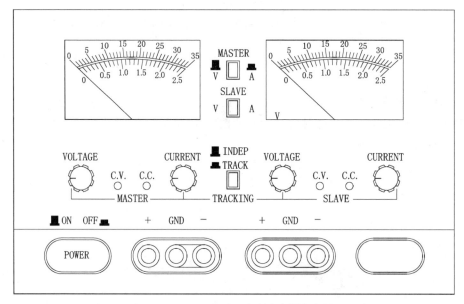

图 15-3　YB1713 型双路直流电源面板图

在电位差计实验中,只需按下电源按钮"POWER"接通电源,调节电压调节钮"VOLTAGE",使之输出 3V 电压即可.

(二)　标准电池

标准电池是一种用来作标准电动势的原电池.标准电池的正极是汞,上面覆盖有硫酸亚汞固体作为去极化剂;负极为镉汞齐,电解液为硫酸镉溶液.各种化学物质密封在玻璃管内,两电极用铂导线引出,然后装入金属筒内.

根据硫酸镉电解液饱和程度不同,标准电池分为饱和型和不饱和型两种.饱和型标准电池当温度恒定时,其电动势稳定;在不同温度(0℃~40℃)时,其电动势按下述公式换算:

$$E_s(t) = E_s(20) - 39.9 \times 10^{-6}(t-20) - 0.954 \times 10^{-6}(t-20)^2 + 0.009 \times 10^{-6}(t-20)^3.$$

式中,$E_s(20)$ 是 20℃时标准电池的电动势,其值根据所用标准电池的型号确定.

不饱和型标准电池其电动势长期稳定性较差,但几乎不随温度变化,在 0℃～50℃ 范围内电动势不必作温度修正,可取其 20℃ 时的值.

标准电池按其年稳定度分等级.例如,BC3 型饱和标准电池,等级指数 0.005,其电动势年变化量不超过 ±50μV.

在普通物理实验中,一般取标准电池电动势为 1.018V,可不作温度修正,也可不考虑其误差,因温度修正值和误差限都远小于 10^{-3} V.

注意:
(1) 使用标准电池时应远离热源,避免太阳光直射.
(2) 标准电池正负极不能接错;通入或取自标准电池的电流不得超过 1μA;不允许用电压表测量其电动势;不允许用多用表或电桥测量其内阻;不允许将两电极短路连接.
(3) 要防止其振动、倾斜或倒置.

ZX21 型电阻箱、AC5/2 型直流指针检流计的使用方法见实验 9.

四、实验内容

(一) 实验电路介绍

实验电路如图 15-4 所示.图中 R_1、R_2、R_3 为 ZX21 型电阻箱;E_x 为待测干电池;E_N 为饱和标准电池;E 为 YB1713 型双路直流电源;检流计为 AC5/2 型,按键 S_3 即为检流计上的"电计"按钮;滑动变阻器 r 作为检流计的保护电阻;S_1 为单刀开关;S_2 为双刀双掷开关.

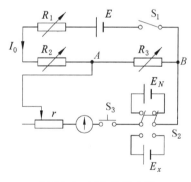

图 15-4 测电动势电路

用自组电位差计测干电池电动势时,标准电流 I_0 规定为 1mA,电源电压 E 取 3V,电阻 R_2、R_3 之和规定为 2000Ω,标准电池电动势 E_N 为 1.018V.

(二) 正确连接线路

1. 将实验仪器按照实验电路摆好位置.
2. 接工作电流调节回路.从电源 E 的正极出发,接电阻箱 R_1、R_2、R_3 及开关 S_1,再回到电源 E 的负极.
3. 接校准和测量回路.从电阻箱 R_2、R_3 之间的 A 点出发,接滑动变阻器 r、检流计、开关 S_3、开关 S_2 左边中间的接线柱,再从 S_2 右边中间的接线柱出发,接 R_3、S_1 之间的 B 点,S_2 上面两个接线柱接标准电池 E_N,下面两个接线柱接待测干电池 E_x.注意电压极性是否正确.

线路连接好后,仔细检查一遍,再请指导教师复查后,方可通电.

(三) 校准

根据工作电流回路的全电路欧姆定律,得出 $R_1 \approx 1000$Ω;根据 $I_0 R_3 = E_N$,得出 $R_3 = 1018$Ω,$R_2 = (2000 - 1018)$Ω $= 982$Ω.

1. 调电源电压为 3V,R_1 预置为 1000Ω,R_2、R_3 分别取 982Ω 和 1018Ω,滑动变阻器 r

取最大值. 合上 S_1 接通电源, 将 S_2 打向标准电池 E_N, 按下"电计"(S_3)按钮, 调 R_1 使检流计指零, 调节过程中逐渐减小滑动变阻器 r 的值, 直至 r 为零, 再细调 R_1 使检流计指零, 此时工作电流回路中的电流一定为标准电流 I_0.

2. 测定校准灵敏阈 δU_N. 电位差计平衡后, 改变 R_3 的值, 使检流计指针偏转 2 个分度, 将 R_3 的改变量 ΔR_3 记录在表 15-1 中.

（四）测量

测量时, 电源电压和 R_1 的值都不允许改变. 由于待测干电池的电动势 E_x 约为 1.5V, 故可将 R_3 的值预置为 1500Ω, R_2 的值预置为 500Ω.

1. 将 R_3 的值预置为 1500Ω, R_2 的值预置为 500Ω, 滑动变阻器 r 取最大值. 合上 S_1 接通电源, 将 S_2 打向待测干电池, 按下"电计"(S_3)按钮, 调 R_2、R_3 使检流计指零, 调节过程中逐渐减小滑动变阻器 r 的值, 直至 r 为零, 再细调 R_2、R_3 使检流计指零. 此时, $E_x = I_0 R_3$, 将 R_3 的值记录在表 15-2 中.

> **注意**: 调节时, R_2 和 R_3 应同时改变, 一只电阻值增大, 另一只电阻值必须减小, 两者之和必须保持 2000Ω 不变.

2. 测定测量灵敏阈 δU_x. 电位差计平衡后, 改变 R_3 的值, 使检流计指针偏转 2 个分度, 将 R_3 的改变量 ΔR_3 记录在表 15-2 中.

实验结束, 断开电源, 松开检流计"电计"(S_3)按钮.

五、实验数据及处理

表 15-1 校准

E_N/V	$R_N(R_3)$/Ω	$R_N'(R_3)$/Ω	$\Delta R_N(\Delta R_3)$/Ω	Δd/DIV	δU_N/V	S_N/(DIV/V)
1.018	1018			2		

表 15-2 测量

E_x/V	$R_x(R_3)$/Ω	$R_x'(R_3)$/Ω	$\Delta R_x(\Delta R_3)$/Ω	Δd/DIV	δU_x/V	S_x/(DIV/V)
				2		

由式(15-1), 得

$$E_x = \frac{E_N}{R_N} R_x = \underline{\qquad} \text{ V}.$$

校准和测量灵敏阈分别为

$$\delta U_N = \frac{0.2}{\Delta d} \Delta U_N = \frac{0.2}{\Delta d} \cdot \frac{E_N}{R_N} \cdot \Delta R_N = \underline{\qquad} \text{ V},$$

$$\delta U_x = \frac{0.2}{\Delta d} \Delta U_x = \frac{0.2}{\Delta d} \cdot \frac{E_N}{R_N} \cdot \Delta R_x = \underline{\qquad} \text{ V}.$$

由灵敏阈决定的误差限为

$$\Delta_S = \sqrt{\delta U_N^2 + \delta U_x^2} = \underline{\qquad} \text{ V}.$$

由灵敏阈和灵敏度的关系式(15-4)、式(15-5), 得

$$S_N = \frac{\Delta d}{\Delta U_N} = \frac{0.2}{\delta U_N} = \underline{\qquad} \text{ mm/V},$$

$$S_x = \frac{\Delta d}{\Delta U_x} = \frac{0.2}{\delta U_x} = \underline{\qquad} \text{ mm/V}.$$

由电阻箱的误差公式,得

$$\Delta_{R_x} = R_x a\% + 0.005m = \underline{\qquad} \Omega,$$

$$\Delta_{R_N} = R_N a\% + 0.005m = \underline{\qquad} \Omega.$$

其中,a 为电阻箱的等级指数,等于 0.1;m 为所使用的步进盘的个数,$m=6$.

由标准电池的误差公式,得

$$\Delta_{E_N} = E_N a\% = \underline{\qquad} \text{V}.$$

其中,a 为标准电池的等级指数,等于 0.005.

由式(15-1),得测量不确定度为

$$\Delta_{E_x} = E_x \cdot \sqrt{\left(\frac{\Delta_{R_x}}{R_x}\right)^2 + \left(\frac{\Delta_{R_N}}{R_N}\right)^2 + \left(\frac{\Delta_{E_N}}{E_N}\right)^2} = \underline{\qquad} \text{V}.$$

测量不确定度为

$$u = \sqrt{\Delta_{E_x}^2 + \Delta_S^2} = \underline{\qquad} \Omega.$$

测量结果为

$$E_x = (\underline{\qquad} \pm \underline{\qquad})\text{V} \quad (P \approx 0.95),$$

$$U_r = \frac{u}{E_x} \times 100\% = \underline{\qquad}.$$

六、思考题

1. 给你一只已知阻值的标准电阻,你能否用电位差计测量一只未知电阻? 试画出电路图,并简述其原理.

2. 若自组电位差计已调节接近平衡,工作电源突然断路,会出现什么问题? 如何处置?

3. 估算你自组的电位差计的量程. 若待测电压 U_x 超过了它的量程,会发生什么现象?

实验 16 温差电偶的定标和测温

电位差计配用温差电偶测温是电位差计的典型应用之一,也是把非电学量转换成电学量(温差电动势)测量的一个实例. 温差电偶温度计优点很多,它不仅结构简单、制作方便,而且测温范围广(−200℃～2000℃),灵敏度准确度高(可达 10^{-3}℃以下),热容量小,响应快,可用于微区测温,并广泛用于实时测温和监控系统.

一、实验目的

1. 掌握温差电偶测温原理和定标方法.

2. 学会用箱式电位差计测量微小电动势.

二、实验原理

（一）温差电偶测温原理

实验原理

把两种不同的金属或不同组分的合金两端彼此焊接（或熔接）成一闭合回路,如图 16-1 所示.若两接点保持在不同的温度 t 和 t_0,则回路中产生温差电动势.温差电动势的大小除了和组成电偶的材料有关外,唯一取决于两接点的温度差 $t-t_0$.一般来说,温差电动势和温差的关系相当复杂,第一级近似式是

图 16-1 温差电偶

$$E=c(t-t_0). \tag{16-1}$$

式中,t 是热端温度,t_0 是冷端温度,c 称为温差系数（或电偶常数）.温差系数代表温差 1℃时的电动势,其大小取决于组成电偶的材料.

（二）温差电偶测温

温差电偶可以用来测量温度.测量时,使电偶的冷端接点温度保持恒定（通常保持在冰点）,热端接点与待测物体相接触,再用电位差计测出电偶回路的电动势（图 16-2）.只要该电偶的电动势与温差间的关系事先标定好,就可以求出待测温度.测量时,电偶回路实际上接入了第三种金属（电位差计的电阻丝）,但可以证

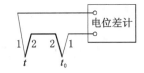

图 16-2 温差电偶测温

明,只要第三种金属与电偶两个接点的温度相当,电偶回路中的电动势不会因接入第三种金属而有所改变.

（三）温差电偶的定标

用实验方法测量温差电动势与温差间的关系曲线,称为温差电偶的定标.定标方法有以下两种：

1. 定点法.利用已知的几个固定点温度,如水的沸点、水的三相点、氮的三相点、某些纯金属的凝固点等,测出温差电偶在这些已知温度下对应的电动势,从而得出 E-Δt 关系曲线.

2. 比较法.利用一标准组分的电偶与未知电偶测量同一温度,由于标准电偶的数据已知,从而也可得出未知电偶的 E-Δt 关系曲线.

三、实验仪器及介绍

FZ-WL 型温控加热炉、TE-1 型温差电偶装置、UJ36a 型直流电位差计、保温杯.

实验仪器

（一）UJ36a 型直流电位差计

UJ36a 型直流电位差计如图 16-3 所示.

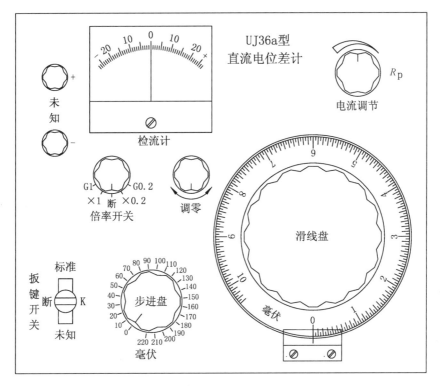

图 16-3　UJ36a 型直流电位差计

1. 电位差计基本技术参数如表 16-1 所示.

表 16-1　电位差计基本技术参数

倍率	测量范围/mV	最小分度值/μV	工作电流/mA	基本误差的允许极限
×1	0~230	50	5	$E_{\lim} \leqslant \pm(0.1\%U_x + 23 \times 10^{-6})$V
×0.2	0~46	10	1	$E_{\lim} \leqslant \pm(0.1\%U_x + 4.6 \times 10^{-6})$V

2. 使用方法.

(1) 将被测电压(或电动势)按极性分别接到"未知"的正、负两接线柱上.

(2) 将"倍率开关"置于"×1"或"×0.2"位置,调节"调零"旋钮,使检流计指针指零.

(3) 调节工作电流.左手将"扳键开关"K 扳向"标准"位置,右手调节"电流调节"电位器,使检流计指针指零,调节过程中,左手不要松开.

(4) 测量.将"扳键开关"K 扳向"未知"位置,调节步进盘和滑线盘使检流计指针指零,两盘读数之和乘以所选倍率为测量值.

测量完毕,"倍率开关"置于"断"位置,"扳键开关"K 扳向"断"位置.

（二）FZ-WL 型温控加热炉

FZ-WL 型温控加热炉（图 16-4）采用电加热管加热，装有数显恒温装置，在常温至 100℃ 范围内温度可随意调节，误差为 ±1℃。

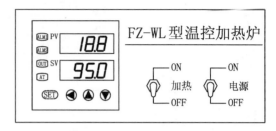

图 16-4　FZ-WL 型温控加热炉

使用方法：

1. 设定温控器控温温度。先将温控加热炉上的"加热"开关拨至"OFF"位置，再将"电源"开关拨至"ON"位置，此时加热炉不加热。

按设定键 SET（约 1s），设定值显示窗口（SV 窗口）中末尾数字闪烁，用数字递增键 ▲、递减键 ▼ 和位移位键 ◀（有的温控器没有位移位键）将 SV 窗中的值设为所需的值，然后再按一下设定键 SET 确认即可。

2. 加热及测量。控温温度设定好了后，再将"加热"开关拨至"ON"位置，加热炉开始加热，温度开始上升。采样值显示窗口（PV 窗口）显示加热炉炉内温度，当温度达到设定值后，加热器停止工作。当温度降到设定值以下时，加热器重新开始工作，这样炉内温度保持恒定。

3. 使用完毕，将温控加热炉上的"加热"开关、"电源"开关拨至"OFF"位置，断开温控加热炉的电源。

四、实验内容

1. 正确连接线路。

将温差电偶的一端（热端）放入温控加热炉上方铝圆柱体的小孔中，另一端（冷端）放进保温杯中。温差电偶的正极（红色接线柱）接电位差计的正极接线柱，负极（黑色接线柱）接电位差计的负极接线柱。

实验操作

2. 用水银温度计测量保温杯中的水温，即热电偶冷端温度。

3. 按电位差计的使用方法，将电位差计调整到待测状态。

注意：电位差计未调整到测量状态时，加热炉不允许通电加热。

4. 接通加热炉电源，将控温温度设定为 95℃。温度设定好后，将加热开关拨至"ON"位置，加热炉开始加热。PV 窗口显示加热炉的炉温，即热电偶热端温度 t。

5. 随着温度的上升，温差电动势逐渐增大，检流计指针向"－"方向偏转，顺时针方向不断缓慢地调节"滑线盘"，使检流计指针始终处于零位，温度达到测温点后，将"滑线盘"指示的读数乘以倍率后记录在表 16-2 中（因温差电动势较小，电位差计的"步进盘"保持在"0"位置不动）。

6. 测量完毕，将温控加热炉上的"加热"开关、"电源"开关拨至"OFF"位置，断开温控加热炉的电源。再将电位差计上的"扳键开关"K 扳向"断"位置，"倍率开关"打至"断"位置。

五、实验数据及处理

根据表 16-2 中的数据,在直角坐标纸上作 E-t 图,若图线是直线,则在直线上任取相距较远的两点(不用实测点),将这两点坐标标在图上,并根据这两点的坐标求出直线的斜率,进而得出温差系数.

表 16-2　实验数据　　　　　冷端温度 $t_0 = $ _____ ℃

热端温度 t/℃	30.0	40.0	50.0	60.0	70.0	80.0	90.0
温差电动势/mV							

六、思考题

1. 试证明温差电偶和第三种金属的两个接点温度相同时,回路的电动势不因加接第三种金属而有所改变.
2. 实验时温度和电动势连续地改变,应如何操作和读数才能使测量数据校准?

实验 17　弦振动共振波形及波的传播速度的测量

本实验研究波在弦上传播和驻波形成的条件,以及通过改变弦长、张力、线密度、驱动频率等状况对波形的影响,进而测定波速.

一、实验目的

1. 了解波在弦上传播及驻波的形成条件.
2. 测量拉紧的弦不同弦长的共振频率.
3. 测量弦线的线密度.
4. 测量弦振动时波的传播速度.

二、实验原理

正弦波沿着拉紧的弦传播,可用等式 $y_1 = y_m \sin 2\pi \left(\dfrac{x}{\lambda} - ft \right)$ 来描述. 如果弦的一端被固定,那么当波到达端点时会反射回来,反射波可表示为 $y_2 = y_m \sin 2\pi \left(\dfrac{x}{\lambda} + ft \right)$,在保证这些波的振幅不超过弦所能承受的最大振幅时,两束波叠加后的波动方程为

$$y = y_1 + y_2 = y_m \sin 2\pi \left(\dfrac{x}{\lambda} - ft \right) + y_m \sin 2\pi \left(\dfrac{x}{\lambda} + ft \right). \tag{17-1}$$

利用三角公式,可求得

$$y = 2 y_m \sin\left(\dfrac{2\pi x}{\lambda} \right) \cos(2\pi ft). \tag{17-2}$$

式(17-2)的特点为:当时间固定为 t_0 时,弦的形状是振幅为 $2 y_m \cos(2\pi f t_0)$ 的正弦

波形;在位置固定为 x_0 时,弦做简谐运动,振幅为 $2y_m\sin\left(2\pi\dfrac{x_0}{\lambda}\right)$. 因此,当 $x_0=\dfrac{\lambda}{4},\dfrac{3\lambda}{4}$, $\dfrac{5\lambda}{4},\cdots$ 时,振幅达到最大;当 $x_0=\dfrac{\lambda}{2},\lambda,\dfrac{3\lambda}{2},\cdots$ 时,振幅为零. 这种波形叫作驻波.

以上分析时假设驻波是由原波和反射波叠加而成的,实际上弦的两端都是被固定的,在驱动线圈的激励下,弦线受到一个交变磁场力的作用,会产生振动,形成横波. 当波传到一端时都会发生反射,一般来说,不是所有增加的反射都是同相的,而且振幅都很小. 当均匀弦线的两个固定端之间的距离等于弦线中横波的半波长的整数倍时,反射波就会同相,产生振幅很大的驻波,弦线会形成稳定的振动. 当弦线的振动为一个波腹时,该驻波为基波,基波对应的驻波频率为基频,也称共振频率. 当弦线的振动为两个波腹时,该驻波为二次谐波,对应的驻波频率为基频的两倍. 一般情况下,基波的振动幅度比谐波的振动幅度大.

另外,从弦线上观察的频率(或从示波器上观察的波形)一般是驱动频率的两倍,这是因为驱动的磁场力在一个周期内两次作用于弦线的缘故. 当然,通过仔细调节,弦线的驻波频率等于驱动频率或者其他倍数也是可能的,这时的振幅会小些.

下面就共振频率与弦长、张力、弦密度之间的关系进行分析.

只有当弦线的两个固定端的距离等于弦线中横波对应的半波长的整数倍时,才能形成驻波,即有

$$L=n\dfrac{\lambda}{2} \text{ 或 } \lambda=\dfrac{2L}{n}. \tag{17-3}$$

式中,L 为弦长,λ 为驻波的波长,n 为波腹数.

根据波动理论,假设弦柔性很好,波在弦上的传播速度 v 取决于两个物理量,一个是弦线的线密度 μ,另一个是弦线的张力 T,其关系式为

$$v=\sqrt{\dfrac{T}{\mu}}. \tag{17-4}$$

线密度 μ 的单位是 kg/m,即单位长度的弦线质量;张力 T 的单位是 N 或 kg·m/s².

根据 $v=f\lambda$,式(17-4)变成

$$v=f\lambda=\sqrt{\dfrac{T}{\mu}}. \tag{17-5}$$

如果线密度 μ 已知,就可求得频率为

$$f=\sqrt{\dfrac{T}{\mu}}\dfrac{1}{\lambda}. \tag{17-6}$$

将式(17-3)代入上式,有

$$f=\dfrac{n}{2L}\sqrt{\dfrac{T}{\mu}}. \tag{17-7}$$

如果频率 f 已知,也可求得线密度 μ 为

$$\mu=\dfrac{Tn^2}{4L^2f^2}. \tag{17-8}$$

三、实验仪器

FB301 型弦振动研究实验仪、FB303 型弦振动实验信号源、双踪示波器各一台. 实验仪器结构如图 17-1 所示.

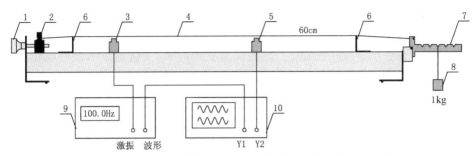

1—调节螺杆；2—圆柱形螺母；3—驱动传感器；4—弦；5—接收传感器；
6—支撑板；7—拉力杆；8—悬挂物块；9—信号源；10—示波器

图 17-1 实验仪器结构

四、实验内容

（一）实验准备

1. 选择一条弦,将弦的带有铜圈的一端固定在拉力杆的 U 型槽中,把另一端固定到调节螺杆上圆柱形螺母上端的小螺钉上.

2. 把两块支撑板放在弦下相距为 L 的两点上（它们决定弦的长度）.

3. 挂上物块（0.55kg 或 1.05kg）到实验所需的拉紧度的拉力杆上,然后旋动调节螺杆,使拉力杆水平（这样才能从挂的物块质量精确地确定弦的张力）,见图 17-2. 如果所挂重物 M 在拉力杆的挂钩槽 1 处,弦的张力等于 $1Mg$,g 为重力加速度（9.8m/s^2）；如果挂在图 17-2 沟槽 2 处,弦张力为 $2Mg$,$\cdots$.

注意：由于物块挂的位置不同,弦线的伸长也不同,故需重新调节拉力杆的水平.

4. 按图 17-1 连接好导线.

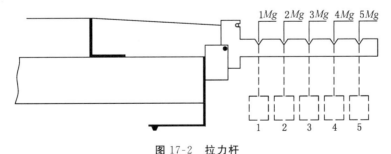

图 17-2 拉力杆

（二）实验内容

为了避免接收传感器和驱动传感器之间的电磁干扰,在实验过程中要保证两者之间的距离至少有 10cm.

1. 放置两个支撑板使之相距 60cm，装上一根弦。在拉力杆上挂上质量为 1kg 的黄铜块（加上挂钩的质量后共为 1.05kg），旋动调节螺杆，使拉力杆处于水平状态。驱动传感器放在离支撑板大约 5～10cm 处，接收传感器放在弦的中心位置。将弦的张力和线密度记录下来。

2. 调节信号发生器，产生正弦波，同时调节示波器为 5mV/cm。

3. 慢慢升高信号发生器的频率，观察示波器接收到的波形振幅的改变。频率调节过程不能太快，因为弦线形成驻波需要一定的能量积累时间，太快则来不及形成驻波。如果观察不到波形，则调大信号源的输出幅度；如果弦线的振幅太大，造成弦线敲击传感器，则应减小信号源输出幅度。一般信号源输出为 2～3V（峰—峰值）时，就可以观察到明显的驻波波形，观察弦线，应当有明显的振幅。当弦振动最大时，示波器接收到的波形幅度最大，说明弦线达到了共振，这时的驻波频率就是共振频率。记下示波器上波形的周期，即可得到共振频率。

注意：一般弦的振动频率不等于信号源的驱动频率，而是整数倍的关系。

4. 记录弦线的波腹、波节的位置，如果弦线只有一个波腹，这时的共振频率为基频，且波节就是弦线的两个固定端（两个支撑板处）。

5. 增加输出频率，连续找出几个共振频率（3～5 个），当驻波的频率较高，弦线上形成几个波腹、波节时，弦线的振幅会较小，肉眼可能不易观察到。这时先把接收传感器移向右边支撑板，再逐步向左移动，同时观察示波器，找出并记下波腹和波节的个数及每个波腹和波节的位置。一般情况下，这些波节应该是均匀分布的。

6. 根据所得数据，算出共振波的波长（两个相邻波节的距离等于半波长）。

7. 移动支撑板，改变弦的长度。根据以上步骤重复做五次，记录下不同的弦长和共振频率，并记录于表 17-1 中。两个支撑板的距离不要太小，因为当弦长较小、张力较大时，需要较大的驱动信号幅度。

8. 放置两个支撑板使之相距 60cm（或自定），并保持不变。改变弦的张力（也称拉紧度），弦的张力由重物所挂的位置决定（如图 17-2 所示，这些位置的张力成 1、2、3、4、5 的倍数关系），测量不同拉紧度下驻波的共振频率（基频），观察共振波的波形（幅度和频率）是否与弦的张力有关。

9. 使弦处于第三挡拉紧度，即物块挂于 $3Mg$ 处，放置两个支撑板使之相距 60cm（上述条件也可自选一合适的范围）。保持上述条件不变，换不同的弦，改变弦的线密度（共有 3 根线密度不同的弦线），根据步骤 3、4 测量一组数据并记录于表 17-2 中。观察共振频率是否与弦的线密度有关，共振波的波形是否与弦的线密度有关。

五、实验数据及处理

(一) 张力相同、弦长不同时弦的共振波频率

表 17-1 实验数据

弦的线密度 μ_0 _____,物块悬挂的位置_____,张力_____($kg \cdot m/s^2$)

弦长/cm	共振频率/Hz	波腹位置/cm	波节位置/cm	波腹数	波长/cm

作弦长与共振频率的关系图.

(二) 弦长相同、张力不同时弦的共振频率

这里的共振频率应为基频,如果误记为倍频,则会得出错误的结果.

表 17-2 实验数据

弦长/cm	悬挂位置	张力/($kg \cdot m/s^2$)	共振频率/Hz

作张力与共振频率的关系图.

(三) 弦线的线密度的测定

求得 f 后,则可求得线密度

$$\mu = \frac{Tn^2}{4L^2 f^2}.$$

式中,L 为弦长,f 为驻波共振频率,n 为波腹数,T 为张力.

(四) 波的传播速度的测定

根据 $v=\sqrt{\dfrac{T}{\mu}}$ 计算出波速,将这一波速与由 $v=f\lambda$(f 是共振频率、λ 是波长)计算出的波速做比较.作张力与波速的关系图.

六、注意事项

1. 弦上观察到的频率可能不等于驱动频率,一般是驱动频率的 2 倍,因为驱动器的电磁面在一个周期内两次作用于弦,在理论上,使弦的静止波等于驱动频率或是驱动频率的整数倍都是可能的.

2. 如果驱动传感器与接收传感器靠得太近,将会产生干扰,通过观察示波器中的接收波形可以检验干扰的存在.当它们靠得太近时,波形会改变.为了得到较好的测量结果,两传感器的距离应大于 10cm.

3. 在最初的波形中,偶然会看到高低频率的波形叠置在一起,这种复合静止波的形成是可能的.例如,弦振动可以是驱动频率,也可以是它的两倍,因而形成两个波节.

4. 取放悬挂的重物时动作应轻,以免弦线崩断,导致重物坠落而发生事故.

七、思考题

1. 通过实验,说明弦线的共振频率、波速与哪些条件有关?
2. 由公式求得弦的线密度 μ,与静态线密度 μ_0 比较,分析有何差异?原因又是什么?
3. 求出波速 v 与张力 T 的函数关系.
4. 如果弦线弯曲或者不是均匀的,对共振频率和驻波有何影响?

实验 18　示波器的使用

示波器是阴极射线示波器的简称,它是常用的电子仪器之一.它可以将电压随时间变化的规律显示在荧光屏上,以便于研究.因此,一切可以转化为电压的电学量(如电流、电功率、阻抗等)和非电学量(如温度、位移、压力、光强、磁场、频率等)以及它们随时间的变化过程都可用示波器观察.由于电子射线惯性小,又能在荧光屏上显示出可见的图像,所以示波器特别适用于观察测量瞬时变化的过程,是一种用途广泛的测量工具.

一、实验目的

1. 了解示波器的结构、工作原理及其作用.

2. 掌握示波器及信号发生器的使用方法.

二、电子示波器原理

电子示波器有多种型号,但其最基本的组成大致相同. 一般包括如图 18-1 所示的四部分:示波管[也叫阴极射线管(cathode ray tube),简写为 CRT]、同步扫描装置、X 轴和 Y 轴放大器以及工作电源.

实验原理

(一) 示波管的构造

示波管是密封高真空玻壳管,其内部结构如图 18-2 所示,它主要由电子枪、偏转系统和荧光屏三部分组成.

1. 电子枪. 电子枪由灯丝 F、阴极 K、控制栅极 G、第一阳极 A_1、第二阳极 A_2 五部分组成. 灯丝通以 6.3V 交流电后加热阴极. 阴极是一个表面涂有氧化物的金属圆筒,受热后发射电子. 控制栅极电位低于阴极,只有动能大的电子才能穿过其顶端的小孔发射出来. 调节示波器面板上的"辉度"旋钮,即可调节栅极电位,从而改变电子流的强弱. 阳极电位比阴极电位高得多,电子流被加速形成的射线,打在荧光屏上形成亮斑. 若阴极、第一阳极、第二阳极电位调节适当,这一部分的电场分布将迫使电子束会聚,在屏上聚焦成一个很小的亮点. 所以第一阳极也叫聚焦极. 第二阳极电位更高,又称加速极. 面板上的"聚焦"旋钮用来调节第一阳极电位,使聚焦良好. 有的示波器还有"辅助聚焦"旋钮,实际上就是调节第二阳极电位的.

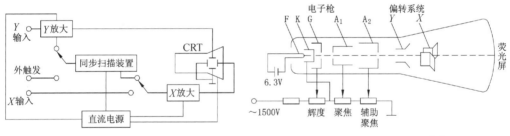

图 18-1 电子示波器的组成　　　　图 18-2 示波管的构造

2. 偏转系统. 它由法线互相垂直的两对金属板组成,即 X 偏转板和 Y 偏转板. 在偏转板上施加电压,电子通过偏转板时,在电场力作用下发生偏转,从而改变亮点在屏上的位置,其偏转量的大小正比于偏转电压.

3. 荧光屏. 其上涂有荧光物质,电子打上去即发光,形成亮斑. 荧光物质不同,发光过程延续(余辉)时间不同. 屏前有坐标片,其标尺可用于多项测量.

(二) 波形的显示

如果在 Y 偏转板上加一正弦电压信号 u_y,则电子束在屏上形成的亮点将随 u_y 的变化在垂直方向上来回振动,结果在屏上看到的是一条竖直亮线,如图 18-3(a)所示.

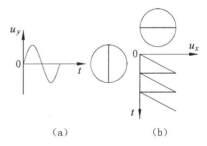

图 18-3 屏上竖直线和水平线的形成

欲使 u_y 的波形在屏上显示出来,必须同时在 x 轴上加一扫描电压 u_x,使屏上的图像沿水平方向展开. u_x 的特点是随时间线性地增加到最大值,然后突然减为最小,其随时间的变化曲线如图 18-3(b)所示的锯齿状. 若只有锯齿波加在 X 偏转板上,则屏上只显示一条水平亮线.

如果 y 轴上加正弦波电压的同时,在 x 轴上加锯齿波电压 u_x,电子的运动就是两个互相垂直的运动的合成. 当锯齿波周期和正弦波周期相同时,屏上即能显示一条完整的正弦曲线波形,如图 18-4 所示. 图中是假定正弦波刚要开始一个新的周期时,恰好锯齿波也刚开始扫描(否则正弦波的起点将有所不同). 加在 X 偏转板上的锯齿波信号叫作扫描信号.

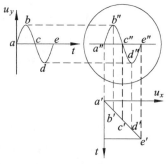

图 18-4　正弦波的形成

如果在 Y 偏转板上加所要观察的周期性电压波形,又在 X 偏转板上加扫描电压,则亮点在荧光屏上将同时参与两种位移,显示出随 y 轴信号周期性变化的波形. 如果 y 轴信号的周期与扫描信号的周期完全一样(或者后者是前者的整数倍),当 y 轴完成了一个(或数个)周期的运动时,x 轴的扫描信号也正好回到左端起始扫描位置. 这样,屏上的图形将通过一次次的扫描得到同步再现,从而形成稳定的显示曲线.

显然,如果两者不能实现严格的同步,就无法观察到稳定的图形. 这个矛盾可以通过同步触发的办法来解决,只有当 x 轴信号(或者与 y 轴信号严格同步的其他信号)达到某一确定的状态(极性和幅度),才触发 x 轴开始扫描,这样扫描信号就可以和 y 轴周期信号严格同步了. 启动 x 轴扫描的信号称为触发信号.

三、实验仪器

本实验所用仪器为 YB43020B 型双踪示波器、YB1639 型函数信号发生器.

实验仪器

(一) YB43020B 型双踪示波器

YB43020B 型双踪示波器可同时对两路信号进行观测. 面板(图 18-5)上可操纵的旋钮和按键开关较多,下面分别作简单介绍."电源"开关,按入此开关指示灯亮,示波器预热一段时间后即可工作."辉度"旋钮,光迹亮度调节旋钮,顺时针旋转光迹增亮,反之减弱.

> **注意**:辉度应调节适度,如亮点长时间停留在荧光屏上一点不动时,应将亮度减弱或使之消失,以延长示波器的寿命.

"聚焦"旋钮,用于电子束的聚焦调整,使图像清晰."水平位移"和"垂直位移"旋钮,使波形左右或上下移动,处于屏幕合适位置."校准信号"端口输出幅度为 500mV、频率为 1kHz 的方波,用以校准 y 轴偏转因数和扫描时间因数.

信号输入应从面板下部"CH1(X)"或"CH2(Y)"通道插座接入,通道的选择方式由中上左部的开关"垂直方式"决定:按下"CH1"仅显示通道"CH1(X)"输入的信号;按下

"CH2"仅显示通道"CH2（Y）"输入的信号；"CH1""CH2"两键都按下，可同时显示两个通道的信号.

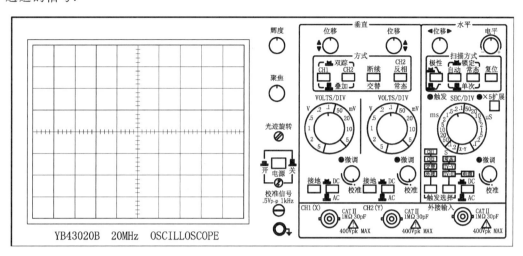

图 18-5　YB43020B 型双踪示波器面板图

输入信号的耦合方式由"交流/直流"（AC/DC）按钮控制，按入为交流耦合，信号经电容输入，其直流成分被阻断；伸出为直流耦合，信号的所有成分都被显示.另有一"接地"（GND）按钮，按入时示波器内部输入端接地（输入信号不接地），荧光屏上出现接地电频，可作测量基准或寻迹用.

信号显示的大小即灵敏度调整由两路"伏特/格"（VOLTS/DIV）开关控制，共 10 挡，应根据信号大小正确选择.例如，选 2V/DIV 挡，荧光屏 y 轴每格刻度代表 2V 电压，屏幕显示的动态范围是 16V（2V×8）."伏特/格"开关右下方有一"微调"旋钮（VARIABLE），它可使灵敏度在相应挡位选择的步距内作连续调节，但这时"伏特/格"开关标示的电压值便不准确了.如果要用开关上的标定值来进行幅度测量，应将微调旋钮逆时针旋转到底，可听到"啪"的声响，表示开关关闭（微调开关关闭时，不允许继续逆时针旋转，否则会损坏有关旋钮）.

为了在示波器上观察到稳定的图像信号，需要把输入 y 轴的信号沿 x 轴展开，并且以某种方式重复进行，这就要正确选择扫描速度和触发方式.通常待测信号的 x 轴扫描信号是由示波器内部产生的锯齿波来提供的，它由时基扫描开关"秒/格"（SEC/DIV）来控制，共 20 挡（"$X-Y$"挡位除外）.例如，选 $5\mu s$/DIV 挡，示波器屏幕的 x 轴可以获得 $50\mu s$（$5\mu s \times 10$）的扫描长度."秒/格"开关右下方也附有一"微调"旋钮，它是用作扫描连续微调的，其作用和使用方法可参照"伏特/格"开关上的"微调"旋钮来理解.

"扫描方式"分三挡："自动""常态""复位".为使用方便，实验时一般都是按下"自动"键.

为使被测的周期信号每次扫描形成的踪迹完全相同，从而形成稳定的图像，必须使扫描信号的每一次启动都与被测信号同步.通常，扫描是用触发信号来启动的，因此严格控制触发信号的产生时间是准确启动扫描的关键.与此有关的控制按键包括：

"触发选择"（TRIGGER SOURCE）控制触发信号的产生，分为"CH1""CH2""交替"

"电源"和"外接". 前三者为内触发,"电源"触发信号来自市电,一般图形不稳定,选择外触发方式时,触发信号应从面板右下角的"外接输入"插座输入.

> **特别注意**:在观察"CH1(X)"通道信号时,触发选择"CH1";在观察"CH2(Y)"通道信号时,触发选择"CH2".

触发极性由"极性"按键控制,该按键处于推入状态为正触发(触发信号在上升沿产生),处于伸出状态为负触发(下降沿触发).

电平由"电平"旋钮控制,旋转该旋钮可以改变产生触发信号的电平(电压大小),顺时针旋转触发电平增加."电平"旋钮必须置于触发范围(旋钮中央位置双侧的某个范围)内才可获得触发.

扫描信号也可由外界提供,这时"秒/格"(SEC/PIV)开关应置于"X-Y"挡位(时基扫描信号不再使用),此时由通道 1 插座输入的信号作为扫描信号即所谓"CH1 OR X". 这种方式常被用来观察李萨如图形,在声速测量实验中用到.

(二) YB1639 型函数信号发生器

YB1639 型数字式函数信号发生器能产生 0.3Hz~3MHz 的多种波形的电振荡信号(也可用作频率测量),其面板如图 18-6 所示. 下面介绍与本实验有关的功能开关及其使用方法.

通电和输出信号的幅度调整:"电源"开关按下,显示屏上亮点产生,表示电源接通,预热几分钟后即可使用."幅度"旋钮调节输出信号的幅度,顺时针转动,幅度增大,最大输出电压为 $20V_{P-P'}$ 如需小信号,可将"衰减"按键按下.

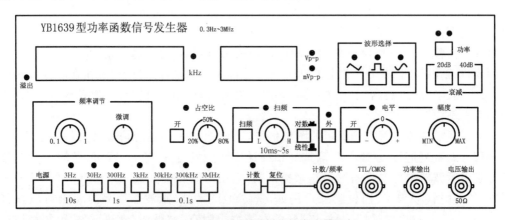

图 18-6 YB1639 型函数信号发生器面板

波形选择:面板上方有三个波形选择键可以得到三角波、方波、正弦波信号输出. 例如,选用正弦波,将标有"~"的键按下,正弦信号可由"电压输出"插孔输出.

频率的选择和调节:选择"频率范围/选通时间"的适当按键(共七挡)按下,再配合"频率调节"调节旋钮,可获得 0.3Hz~3MHz 频率连续可调信号. 显示屏显示信号频率数字的单位是 kHz.

有一些其他的功能开关,由于与本实验关系不大,这里就不再介绍. 使用中不要随意改变其正确状态,以免影响系统工作甚至造成仪器故障和损坏.

四、实验内容

1. 熟悉示波器面板上各开关、旋钮和按键的作用.接通电源后,找到扫描线.调节各旋钮、开关,观察扫描线有何变化.当把"秒/格"(SEC/DIV)置于"X-Y"位置时,扫描线消失,为什么?

2. 示波器自校.

将示波器附件探头(探极)分别接到"校准信号"端口和"CH1"或"CH2"输入端.

实验操作

示波器面板上各按键和旋钮调节如下:按照信号输入的端口按下相应的 CH1(CH2)键,"触发选择"选中相应的 CH1(CH2),"扫描方式"选择"自动","伏特/格"(VOLTS/DIV)置于 0.1V/DIV,"秒/格"(SEC/DIV)置于"0.2ms/DIV","水平位移"和"垂直位移"旋钮居中,荧光屏上将出现如图18-7所示的图形.

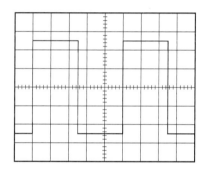 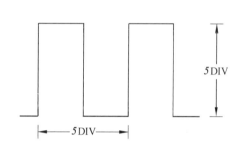

图 18-7 校正方波

由图可见,其"峰—峰"电压值、周期、频率分别为

$$V_{P-P'} = 5\text{DIV} \times 0.1\text{V/DIV} = 0.5\text{V} = 500\text{mV},$$

$$T = 5\text{DIV} \times 0.2\text{ms/DIV} = 1\text{ms},$$

$$f = \frac{1}{T} = 1000\text{Hz} = 1\text{kHz}.$$

实验数据记于表18-1中.

3. 测量函数信号发生器输出的方波、三角波、正弦波的 $V_{P-P'}$、T 及 f.

接通函数信号发生器的电源并将信号输入示波器的信号输入端,调节输出信号的频率及幅值,调节示波器面板上的"伏特/格"(VOLTS/DIV)及"秒/格"(SEC/DIV),使波形显示在荧光屏中央,与示波器自校方式一样分别计算出相应信号的 $V_{P-P'}$、T 及 f 并记于表18-2中.

五、实验数据及处理

（一）方波自校

表 18-1　实验数据

波　　形		方　　波
格值计算	秒/格（SEC/DIV）	
	伏特/格（VOLTS/DIV）	
	水平方向（一个周期）	
	竖直方向	
	周期 T/ms	
	频率 f/Hz	
	峰—峰值 $V_{P-P'}$/V	

（二）信号测量

表 18-2　实验数据

波　　形		方　　波	正弦波	三角波
格值计算	秒/格/（SEC/DIV）			
	伏特/格/（VOLTS/DIV）			
	水平方向（一个周期）			
	竖直方向			
	周期 T/ms			
	频率 f/Hz			
	峰—峰值 $V_{P-P'}$/V			

六、思考题

1. 用示波器观察周期为 0.2ms 的正弦信号，欲使屏上显示 3 个完整而稳定的正弦波，扫描电压的周期应为多少毫秒？

2. 当示波器的输入端加上正弦电压后，若示波器荧光屏上只看到一条垂直亮线，可能是由什么问题导致的？若只看到一条水平亮线，又是由什么问题导致的？

实验 19　声速测量

声在现代科技中泛指机械振动的传播。它的传播速度与介质性质和温度等因素有关，而与振源振动频率无关。例如，在气体和液体中传播的声波在频率 2000MHz 以内未发现其传播速度有可观测的变化。实验室测声速的比较简便的方法是根据波速、频率与波长的关系 $c=f\lambda$，测得声波的波长 λ 和频率 f，取其乘积。由于超声波波长短，传播方向性好，所以在此波段测声速十分方便。

一、实验目的

1. 进一步掌握示波器、信号发生器的使用方法.
2. 学会用驻波法及相位比较法测量声速.
3. 巩固用逐差法处理数据.

二、实验原理

(一) 压电陶瓷超声换能器

压电陶瓷超声换能器是发生和接收超声波的器件.其核心部分是压电陶瓷片,用多晶体结构的压电材料(如锆钛酸铅)在一定温度下经极化处理制成.压电陶瓷片两端受到应力 T 的作用与两端面间产生的电场强度 E 之间有简单的线性关系 $E=\sigma T$,这就是压电效应;反之,当在压电陶瓷片两端加一电场 E 时,压电陶瓷片产生的伸缩形变 S 与电场 E 也有线

实验原理

性关系 $S=dE$,即逆压电效应.比例系数 σ,d 都称为压电应变常量,与材料性质有关.因此,当正弦交流信号加在压电陶瓷片两端面时,陶瓷片因厚度的伸缩,而成为声波的波源;反之,也可以使声压变化转变为电压的变化,即用压电陶瓷片作为声频信号的接收器.

(二) 驻波法测量声速

如图 19-1 所示,把信号发生器产生的交变电信号加在相对固定的换能器上,使其因逆压电效应成为超声波发射源,发出一束平面波,在空气中传播到另一只换能器.如发射面和接收面相互平行,就使一部分超声波被接收面反射回去.在一定条件下入射波与反射波发生干涉形成驻波,接收面处为介质位移的波节、声压的波腹.改变接收面与发射面之间的距离 l,在一系列特定的距离上,传播媒质中出现稳定的驻波现象.对应的 l_n 等于半波长的整数倍,即

$$l_n = n\frac{\lambda}{2} \quad (n=1,2,3,\cdots). \tag{19-1}$$

图 19-2 以介质的位移表明了这种现象.

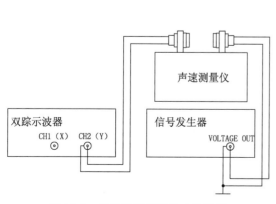

图 19-1 驻波法测量声速实验装置

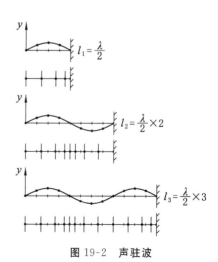

图 19-2 声驻波

超声换能接收器接收到的声波转换成电信号经放大器放大后输入示波器. 移动接收器(改变 l)的过程中, 示波器显示的波形会有周期性的变化. 每出现一个极大值, l 改变 $\frac{\lambda}{2}$, 由此测得的波长值 λ 与信号源显示的频率值 f 相乘, 即得声速:

$$c = \lambda f. \tag{19-2}$$

(三) 相位比较法测量声速

发射波通过空气介质传播到接收器, 在同一时刻, 发射面与接收面两处振动的相位差

$$\varphi = \frac{2\pi l}{\lambda}. \tag{19-3}$$

可以看出, 当 $l = n\lambda (n=1,2,3,\cdots)$ 时, $\varphi = 2n\pi$, 发射面与接收面声振动相位相同; 而当 $l = (n-\frac{1}{2})\lambda$ 时, $\varphi = (2n-1)\pi$, 两面处相位相反. 如图 19-3 所示, 将仪器连接, 就能在荧光屏上观察到两个频率相同、方向垂直的振动合成的图形, 即李萨如图形(图 19-4). 若把接收器从某一个同相位置调到下一个同相位置, 该换能器移动的距离就是一个波长 λ. 随着接收器的移动, 示波器上两信号同相的图形会周期性地出现.

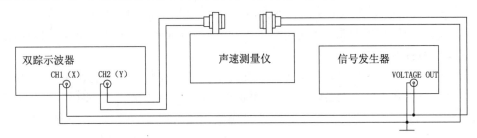

图 19-3 相位法测量声速实验装置

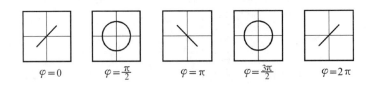

图 19-4 相互垂直的振动合成

(四) 理想气体中的声速值

声波在理想气体中的传播可认为是绝热过程, 声速可表示为

$$c = \sqrt{\frac{\gamma R T}{M}}. \tag{19-4}$$

式中, $\gamma = \frac{c_p}{c_V}$; $R = 8.314 \text{J}/(\text{mol}\cdot\text{K})$, 为摩尔气体常量; M 是气体的摩尔质量; T 是气体的绝对温度. 若按摄氏温度 t 计算, 则

$$T = T_0 + t \quad (T_0 = 273.15\text{K}).$$

代入式(19-4), 得

$$c = \sqrt{\frac{\gamma R}{M}(T_0+t)} = \sqrt{\frac{\gamma R T_0}{M}} \cdot \sqrt{1+\frac{t}{T_0}} = c_0 \sqrt{1+\frac{t}{T_0}}. \tag{19-5}$$

如把干燥空气看作理想气体,则 0℃时的声速 $c_0 = 331.45 \text{m/s}$. 若同时考虑大气压和空气中水蒸气的影响,声速可表示为

$$c = 331.45 \sqrt{\left(1+\frac{t}{T_0}\right)\left(1+\frac{0.3192 p_w}{p}\right)} \text{m/s}. \tag{19-6}$$

式中,p 为大气压;p_w 是水蒸气的分压,它等于温度为 t 时水的饱和蒸气压乘以当时的相对湿度.

三、实验仪器及介绍

YB4324 型双踪示波器、YB1639 型函数信号发生器、SW 型声速测量仪.

实验仪器

声速测量仪的结构如图 19-5 所示,它包含两只压电陶瓷超声换能器,其中一只相对固定,另一只可通过旋转鼓轮而移动.一般情况下,交变电信号总是加在相对固定的陶瓷片两端面间,使其产生振动成为声源;可移动压电陶瓷片总是作为声波接收器而产生微弱的电信号,电信号输入示波器可进行观测.

双踪示波器及信号发生器的使用介绍参见实验 18.

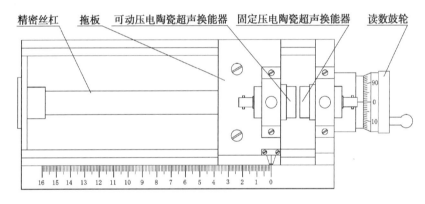

图 19-5　SW 型声速测量仪

四、实验内容

(一) 驻波法测量声速

1. 旋转鼓轮使两超声换能器靠近,并将两端面调节成平行.
2. 按图 19-1 所示连接线路,经检查无误后接通电源预热.
3. 调节函数信号发生器,使之输出频率为 40kHz 的交流信号,移动超声换能接收器,观察接收端的输出显示,根据输出信号的大小调节示波器,使正弦波形有适当的幅度.

实验操作

4. 使两超声换能器靠近,然后逐渐拉开,在测得一个声压极大值后,连续移动接收端的位置,测量相继出现的 16 个极大值所对应的接收面的位置 L_i(测量时顺着一个方向移动,中途不得倒旋),并记录于表 19-1 中.

（二）相位比较法测量声速

1. 按图 19-3 所示连接好线路，调节示波器 y 轴的灵敏度，获得较满意的李萨如图形.

2. 使两换能器端面靠近，再逐渐拉开. 从相位差 $\varphi=0$ 开始读取超声波接收换能器端面的位置，以后相位差每增加 π（移动半个波长）读取一次位置数，共测得 16 个数据，并记录于表 19-2 中.

五、实验数据及处理

（一）驻波法测声速

表 19-1　实验数据　　　　　　　　$f=$ _____ kHz

序号	1	2	3	4	5	6	7	8
L_i/mm								
序号	9	10	11	12	13	14	15	16
L_i/mm								
δL_i/mm								

$$\delta L_i = L_{i+8} - L_i.$$

声速及其不确定度的计算.

1. δL 的计算：

$$\overline{\delta L} = \frac{1}{8}\sum_{i=1}^{8}\delta L_i = \underline{\qquad} \text{ mm}.$$

其 A 类不确定度为

$$u_{\overline{\delta L}A} = S_{\overline{\delta L}} = \sqrt{\frac{\sum_{i=1}^{8}(\delta L_i - \overline{\delta L})^2}{8\times(8-1)}} = \underline{\qquad} \text{ mm}.$$

B 类不确定度为

$$u_{\overline{\delta L}B} = \frac{\Delta}{\sqrt{3}} = \frac{0.004}{\sqrt{3}} \text{ mm} = \underline{\qquad} \text{ mm}.$$

总不确定度为

$$u_{\overline{\delta L}} = \sqrt{u_{\overline{\delta L}A}{}^2 + u_{\overline{\delta L}B}{}^2} = \underline{\qquad} \text{ mm},$$
$$\delta L = \overline{\delta L} \pm u_{\overline{\delta L}} = \underline{\qquad} \text{ mm}.$$

2. 波长的计算：

$$\overline{\lambda} = \frac{1}{4}\overline{\delta L} = \underline{\qquad} \text{ mm},$$
$$u_{\overline{\lambda}} = \frac{1}{4}u_{\overline{\delta L}} = \underline{\qquad} \text{ mm},$$
$$\lambda = \overline{\lambda} \pm u_{\overline{\lambda}} = \underline{\qquad} \text{ mm}.$$

3. 声速的计算：

$$\bar{c} = \bar{\lambda}f = \underline{\qquad} \text{ m/s.}$$

相对不确定度为

$$U_r = \sqrt{\left(\frac{u_{\bar{\lambda}}}{\bar{\lambda}}\right)^2 + \left(\frac{u_f}{f}\right)^2} = \underline{\qquad},$$

$$(u_f = 0.1 \text{kHz})$$

总不确定度为

$$u_c = \bar{c}U_r = \bar{c}\sqrt{\left(\frac{u_{\bar{\lambda}}}{\bar{\lambda}}\right)^2 + \left(\frac{u_f}{f}\right)^2} = \underline{\qquad} \text{ m/s.}$$

$$c = \bar{c} \pm u_c = \underline{\qquad} \text{ m/s} \quad (P=0.68).$$

（二）相位法测声速

表 19-2　实验数据　　　　　　　$f = \underline{\qquad}$ kHz

序号	1	2	3	4	5	6	7	8
L_i/mm								
序号	9	10	11	12	13	14	15	16
L_i/mm								
$\delta L_i = L_{i+8} - L_i$/mm								

声速的计算方法参照驻波法声速计算方法.

六、思考题

1. 用驻波法测量声速,接收器在移动中,当示波器显示波形极大和极小时,接收器所在位置的介质质点振动位移和声压各处于什么状态?

2. 当接收器移至示波器显示波形极小的位置时,接收器端面处于声压波的波节位置,但是此时示波器显示并不为零,为什么?

实验 20　铁磁材料磁滞回线的测定（智能法）

铁磁材料放在磁场中会被磁化,当磁场撤掉以后,铁磁材料会带有一定的磁性,这种能保持磁化状态的性质称为磁滞.磁化曲线和磁滞回线是描写和检验铁磁材料动态特性的重要手段,通过分析磁滞回线,可将铁磁材料分为硬磁、软磁两大类.硬磁材料(如铸钢)的磁滞回线宽,剩磁和矫顽力较大(达 120～20000A/m 甚至更高),所以磁化后,其磁感应强度能长久保持,适宜做永久磁铁.软磁材料(如矽钢片)的磁滞回线较窄,矫顽力一般小于120A/m,但它的磁导率、饱和磁感应强度大,容易磁化和去磁,故常用于制造电机、变压器和电磁铁.铁磁材料的磁化曲线和磁滞回线是铁磁材料的重要特性,是设计电磁设备或仪表的依据之一.

用示波器法测量铁磁材料的动态磁特性,具有直观、方便和迅速等优点,能在交变磁场下观察和定量测绘铁磁材料的磁化曲线和磁滞回线.磁学量的测量一般比较困难,所以通常通过一定的物理规律,把磁学量转换为易于测量的电学量.转换测量法是物理实验中的基本方法之一.

一、实验目的

1. 掌握磁滞、磁化曲线和磁滞回线的概念,加深对铁磁材料的主要物理量,如矫顽力、剩磁、磁导率和磁滞损耗的理解.
2. 用示波器观察磁化曲线和磁滞回线.
3. 学习使用磁滞回线测试仪,测定样品基本磁化曲线,测绘样品的磁滞回线.
4. 测定样品的矫顽力、剩磁、磁滞损耗等物理量.

二、实验原理

如果在磁场中放入铁磁材料,磁场将增强几百倍,甚至上千倍,铁磁材料内部的磁感应强度 B 与磁场强度 H 有如下关系:

$$B=\mu H.$$

其中,铁磁材料的磁导率 μ 不是常数,μ 随 H 的变化而变化,即 $\mu=f(H)$,为非线性函数,所以 B 与 H 也是非线性关系,如图 20-1 所示.

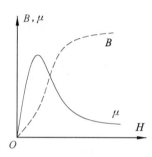

图 20-1 磁化曲线和 μ-H 曲线

(一) 铁磁材料的磁滞性质

铁磁材料除了具有很高的磁导率外,另外一个重要的特点就是磁滞.当铁磁材料磁化时,磁感应强度 B 不仅与磁场强度 H 有关,而且取决于磁化的历史情况,如图 20-2 所示.曲线 OA 表示铁磁材料从没有磁性开始磁化,B 随 H 的增加而增加,这条曲线称为磁化曲线.当 H 增加到某一值 H_s 时,B 几乎不再增加,说明磁化已达饱和.铁磁材料磁化后,若使 H 减小,B 将不沿原磁化曲线返回,而是沿另一条曲线 $A \rightarrow C' \rightarrow A'$ 下降.当 H 从 $-H_s$ 增加到 $+H_s$ 时,B 将沿 $A' \rightarrow C \rightarrow A$ 到达 A.图 20-2 所示 B 的变化落后于 H 的变化,这种现象称为磁滞现象,所形成的闭合曲线称为磁滞回线.其中 $H=0$ 时,$|B|=B_r$ 称为剩余磁感应强度(剩磁).要使磁感应强度 B 为 0,就必须加一个反向磁场 $-H_C$,H_C 称为矫顽力.各种铁磁材料有不同的磁滞回线,硬磁材料有大的剩磁、矫顽力和较宽的磁滞回线,软磁材料有小的剩磁、矫顽力和较窄的磁滞回线.

由于铁磁材料的磁滞特性,磁性材料所处的某一状态必然和它的历史有关,为了使铁磁材料的这种特性能重复出现,即所测得的基本磁化曲线都是由原始状态($H=0$,$B=0$)开始,在测量前必须进行退磁,以消除样品中的剩余磁性.

(二) 示波器测量磁滞回线的原理

图 20-3 所示为示波器测动态磁滞回线的原

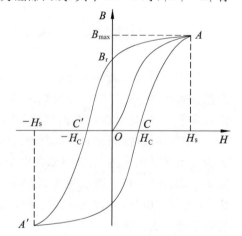

图 20-2 B-H 磁滞回线曲线

理图，将样品制成闭合形状，然后均匀地绕以磁化线圈 N 及副线圈 n，交流电压 U 加在磁化线圈上，R_1 为取样电阻，其两端的电压 U_1 加到示波器的 x 轴输入端上．副线圈 n 与电阻 R_2 和电容 C_2 串联成一回路，电容 C_2 两端电压 U_{C_2} 加到示波器的 y 轴输入端上．

若样品的周长为 L，磁化线圈的匝数为 N，磁化电流为 I_1，根据安培环路定理和欧姆定理，$HL=NI_1$，$U_1=R_1I_1$，所以

$$U_1=\frac{R_1L}{N}H. \tag{20-1}$$

由于式中 R_1、L 和 N 都是已知数，因此，该式清楚地表明，示波器荧光屏上电子束水平偏转的大小 U_1 与样品中磁场强度 H 成正比．

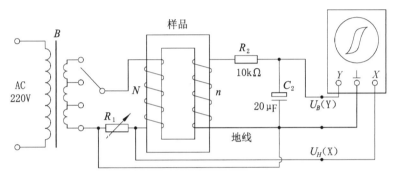

图 20-3　用示波器测动态磁滞回线原理图

设样品截面积为 S，根据法拉第电磁感应定律，在匝数为 n 的副线圈中感应电动势为

$$E_2=-n\frac{\mathrm{d}\Phi}{\mathrm{d}t}=-nS\frac{\mathrm{d}B}{\mathrm{d}t}. \tag{20-2}$$

此外，在副线圈回路中电流为 I_2，而且电容 C_2 上的电荷量为 q 时，又有

$$E_2=R_2I_2+\frac{q}{C_2}. \tag{20-3}$$

考虑到 n 较小，因而自感电动势可以忽略不计，同时 R_2 和 C_2 都较大，使 $\frac{q}{C_2}\ll R_2I_2$，这样式（20-3）可以近似地改写为

$$E_2=R_2I_2. \tag{20-4}$$

将关系式 $I_2=\frac{\mathrm{d}q}{\mathrm{d}t}=C_2\frac{\mathrm{d}U_{C_2}}{\mathrm{d}t}$ 代入式（20-4），得

$$E_2=R_2C_2\frac{\mathrm{d}U_{C_2}}{\mathrm{d}t}. \tag{20-5}$$

将式（20-5）与式（20-2）比较，去掉负号，有

$$nS\frac{\mathrm{d}B}{\mathrm{d}t}=R_2C_2\frac{\mathrm{d}U_{C_2}}{\mathrm{d}t},$$

两边对时间积分，整理后可得

$$U_{C_2}=\frac{nS}{R_2C_2}B. \tag{20-6}$$

由于式中 n、S、R_2 和 C_2 均为已知数,因此该式清楚地表明,示波器荧光屏上电子束竖直方向偏转大小 U_{C_2} 与样品中磁感应强度 B 成正比.

综上所述,将 U_1 和 U_{C_2} 分别加到示波器 x 轴输入端和 y 轴输入端中,便可观察到磁滞回线;若将 U_1 和 U_{C_2} 加到磁滞回线测试仪中,便可测定样品的饱和磁感应强度 B_{max}、剩磁 B_r、矫顽力 H_C、磁滞损耗 $[BH]$ 和磁导率 μ 等参数.

三、实验仪器

KH-MHC 型磁滞回线实验仪和测试仪、YB4324 型示波器.

四、实验内容

(一) 电路连接

选样品 1,按图 20-4 实验线路连接电路,调节 $R_1 = 2.5\Omega$,"U 选择"置于"0"位,U_H 和 U_B(即 U_1 和 U_{C_2})分别接示波器的"X 输入"和"Y 输入",插孔为公共接地端.

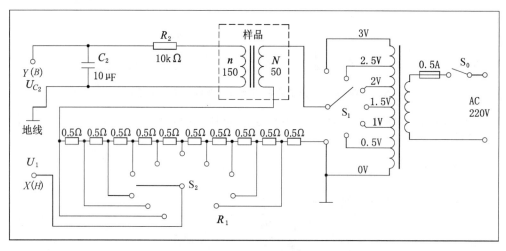

图 20-4　实验线路

(二) 样品退磁

开启实验仪电源,对样品进行退磁,即顺时针方向转动"U 选择"旋钮,调节 U 从 0V 增加到 3V,然后逆时针从 3V 降到 0V,以便消除剩磁,确保样品处于磁中性状态,即 $H=0,B=0$,如图 20-5 所示.

(三) 观察磁滞回线

把磁滞回线实验仪上的 X 和 Y 输出信号分别接到示波器"X 输入"和"Y 输入"端上,开启示波器电源.调节 $U=2.2V$,再分别调节示波器上的有关旋钮,使荧光屏上出现图形大小合适的磁滞回线(若图形顶部出现编织状的小环,此时可

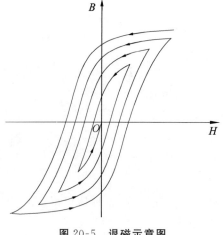

图 20-5　退磁示意图

将低电压 U 予以消除).

(四) 观察基本磁化曲线

按步骤(二)对样品进行退磁,从 $U=0$ 开始,逐渐提高电压,在荧光屏上看到面积由小到大的一组磁滞回线簇,这些磁滞回线顶点的连接线就是样品的基本磁化曲线.

(五) 测绘 μ-H 曲线

接通实验仪和测试仪之间连线,开启测试仪电源.

按 RESET 键,显示器显示 $P\wedge 8P\wedge 8$,然后按照下面程序操作.

1. 按功能键,显示器左显示 $N=50$ 匝,右显示 $L=60$mm.
2. 按功能键,显示器左显示 $n=150$ 匝,右显示 $S=80$mm^2.
3. 按功能键,显示器左显示 $R_1=2.5\Omega$,右显示 H.3B.3(H 的单位为 10^3A/m,B 的单位为 10T).
4. 按功能键,显示器左显示 $R_2=10$kΩ,右显示 $C_2=20\mu$F.
5. 按功能键,显示器左显示 U_{H_C},右显示 U_{B_C}.
6. 按确认键,改变实验仪上 U 的电压值 0.5~3.0V,显示器左显示 H_m 值,右显示 B_m 值,分别记录在实验数据表 20-1 中,实验后计算 $\mu=B/H$,并在毫米方格纸上描绘出来.

(六) 测绘磁滞回线 B-H 曲线

紧接步骤(五)的操作程序.

1. 按功能键,显示器左显示 n(磁滞回线周期采样总点数),右显示 f(测试信号频率).

按确认键,显示器左显示 317(或 318),右显示 50.0(或 49.9).

2. 按功能键,显示器左显示 H.B,右显示 test.

按确认键,显示器显示……(测定仪对磁滞回线进行自动采样),稍等片刻后,右显示器显示 GOOD,若显示 BAD,则按功能键,程序返回到数据采样状态,重新采样.

3. 按功能键两次,显示器左显示 H.SHOW,右显示 B.SHOW.

按确认键,显示器显示采样点的序号.

按确认键,显示器左显示对应 H 值,右显示对应 B 值.

不断按确认键,即不断出现采样点序号和对应的 H、B 值,记录在表 20-2 中,直到采样结束为止.

(七) 测定样品磁滞回线中各物理量

调节实验仪 $U=3.0$V,$R_1=2.5\Omega$,然后紧接步骤(六)对测定仪进行操作.

1. 按功能键,显示器左显示 H_C,右显示 B_r.

按确认键,显示器左显示 H_C 值,右显示 B_r 值.

2. 按功能键,显示器左显示 $A=$(磁滞回线面积),右显示 H.B.

按确认键,显示器左显示 [HB] 值,右显示面积数(单位 10^4J/m^3).

3. 按功能键,显示器左显示 H_m(最大值),右显示 B_m(最大值).

按确认键,显示器左显示 H_m 数值,右显示 B_m 数值.

把 H_C、B_C、[HB]、H_m、B_m 等物理量记录在实验报告中.

以上测定仪的操作中若显示器显示 COU 字符,则表示须继续按功能键.

五、实验数据及处理

（一）基本磁化曲线与 μ-B 曲线

$N=50$ 匝，$n=50$ 匝，$L=60$ mm，$S=80$ mm^2.

表 20-1 实验数据（一）

U/V	0.5	1.0	1.2	1.5	1.8	2.0	2.2	2.5	2.8	3.0
$H/(10^3 \text{A/m})$										
$B/(10^1 \text{T})$										
$\mu/(\text{N/A}^2)$										

（二）测定样品的各项物理量

$H_\text{C} =$ _____ $\times 10^3$ A/m， $B_\text{r} =$ _____ $\times 10^1$ T；

$H_\text{m} =$ _____ $\times 10^3$ A/m， $B_\text{m} =$ _____ $\times 10^1$ T；

$[HB] =$ _____ $\times 10^3$ J/m^3.

（三）磁滞回线（B-H）曲线

表 20-2 实验数据（二）

N_0	1	2	3	4	5	…	70
$H/(10^3 \text{A/m})$							
$B/(10^1 \text{T})$							

实验 21　铁磁材料磁滞回线的测定（示波器法）

用直流电流对被测铁磁材料样品反复地磁化，逐点测出 B 与 H 的对应关系，这样得到的 B-H 曲线称为静态磁滞回线.本实验用交流电流对材料样品进行磁化，测得的 B-H 曲线称为动态磁滞回线.可以证明：磁滞回线所包围的面积等于使单位体积磁性材料反复磁化一周时所需的功，并且因功转化为热而表现为损耗.测量静态磁滞回线时，材料中只有磁滞损耗；而测量动态磁滞回线时，材料中不仅有磁滞损耗，还有涡流损耗.因此，同一材料的动态磁滞回线的面积要比静态磁滞回线的面积稍大一些.此外，单位时间内的涡流损耗与交变电磁场的频率有关，因此测量中使用的交流电的频率不同时，测出的 B-H 曲线也会有所不同.本实验介绍利用示波器的显示来测量磁性材料动态磁滞回线的方法.

一、实验目的

1. 了解用示波器测量动态磁滞回线的原理和方法.
2. 根据磁滞回线确定磁性材料的饱和磁感应强度 B_max、剩磁 B_r 和矫顽力 H_C 的数值.

3. 进一步学习示波器的使用方法.

二、实验原理

有关磁性材料的磁化曲线和磁滞回线的介绍参见实验 20 或物理教科书的有关章节;示波器的原理参见实验 18.这里不再重述.

利用示波器测量动态磁滞回线的原理电路如图 21-1 所示.将样品制成闭合的矩形或环形,其上均匀地绕以磁化线圈 N_1 及副线圈 N_2.交流电压 u 加在磁化线圈上,线路中串联了一取样电阻 R_1.将 R_1 两端的电压 u_1 加到示波器的 X 输入端上.副线圈 N_2 与电阻 R_2 和电容 C 串联成一回路.电容 C 两端的电压 u_C 加到示波器的 Y 输入端上.下面我们来说明为什么这样的电路能够显示和测量磁滞回线.

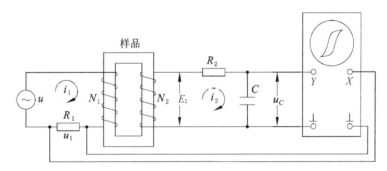

图 21-1 用示波器测量动态磁滞回线的原理图

(一) u_1(X 输入)与磁场强度 H 成正比

设矩形样品的平均周长为 l,磁化线圈的匝数为 N_1,磁化电流为 i_1(注意这是交流电的瞬时值),根据安培环路定律,有 $Hl=N_1i_1$,即 $i_1=Hl/N_1$.而 $u_1=R_1i_1$,所以可得

$$u_1=\frac{R_1 l}{N_1}H. \tag{21-1}$$

式中,R_1、l 和 N_1 皆为常数,可见 u_1 与 H 成正比.它表明示波器荧光屏上电子束水平偏转的大小与样品中的磁场强度成正比.

(二) u_C(Y 输入)在一定条件下与磁感应强度 B 成正比

设样品的截面积为 S,根据电磁感应定律,在匝数为 N_2 的副线圈中感应电动势应为

$$E_2=-N_2 S\frac{\mathrm{d}B}{\mathrm{d}t}. \tag{21-2}$$

若副边回路中的电流为 i_2 且电容 C 上的电荷量为 q,则应有

$$E_2=R_2 i_2+\frac{q}{C}. \tag{21-3}$$

在上式中已考虑到副线圈匝数 N_2 较小,因而自感电动势可忽略不计.在选定线路参数时,有意将 R_2 与 C 都选得足够大,使电容 C 上的电压降 $u_C=\frac{q}{C}$ 比起电阻上的电压降 $R_2 i_2$ 来说小到可以忽略不计.于是式(21-3)可以近似地改写成以下等式:

$$E_2=R_2 i_2. \tag{21-4}$$

将关系式 $i_2 = \dfrac{\mathrm{d}q}{\mathrm{d}t} = C\dfrac{\mathrm{d}u_C}{\mathrm{d}t}$ 代入式(21-4),得

$$E_2 = R_2 C \frac{\mathrm{d}u_C}{\mathrm{d}t}. \tag{21-5}$$

将上式与式(21-2)比较,不考虑其负号(在交流电中负号相当于相位差为 $\pm\pi$)时应有

$$N_2 S \frac{\mathrm{d}B}{\mathrm{d}t} = R_2 C \frac{\mathrm{d}u_C}{\mathrm{d}t}.$$

将等式两边对时间积分时,由于 B 和 u_C 都是交变的,积分常数为 0. 整理后得

$$u_C = \frac{N_2 S}{R_2 C} B. \tag{21-6}$$

式中,N_2、S、R_2 和 C 皆为常数,可见 u_C 与 B 成正比. 也就是示波器荧光屏上竖直方向偏转的大小与磁感应强度成正比.

至此,我们可以看出,在磁化电流变化的一周期内,示波器的光点将描绘出一条完整的磁滞回线. 以后每个周期都重复此过程,结果在示波器的荧光屏上看到一稳定的磁滞回线图形.

实际测量线路如图 21-2 所示. 为了使 R_1 上的电压降 u_1 与流过的电流 i_1 二者的瞬时值成正比(相位相同),R_1 必须是无感或电感极小的电阻. 其次为了操作安全和调节方便,在线路中采用了一个可调隔离变压器 T,以避免后面的电路元件与 220V 市电直接相连. 调压变压器,用来调节输入电压以控制磁化电流 i_1 的大小.

前面已说明了示波器荧光屏上可以显示出待测材料动态磁滞回线的原理,但在实验中,还须确定示波器荧光屏上 x 轴(即 H 轴)的每一小格实际代表多少安/米,y 轴(即 B 轴)的每一小格实际代表多少特斯拉,这就是所谓的标定问题.

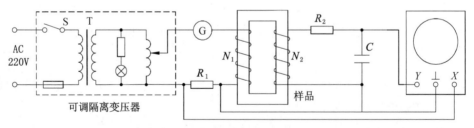

图 21-2 测量动态磁滞回线的实际电路

(三) x 轴(H 轴)的标定

由式(21-1)可知,只要用实验方法测出光点沿 x 轴的偏转大小与电压 u_1 的关系,即可确定 H. 为此,采用如图 21-3 所示的线路,其中交流电流表 G 用于测量 i_{10}. 普通的交流电流表一般指示正弦形电流的有效值,因而 G 的指示是 i_{10} 的有效值 I_{10}. 调节 i_{10} 使荧光屏上呈现长度为 L_x 小格的水平线,它对应于 u_1 的峰—峰值,即 u_1 有效值的 $2\sqrt{2}$ 倍,所以 L_x 代表 $2\sqrt{2}R_1 I_{10}$. 这样每小格所代表的 u_1 的有效值为 $2\sqrt{2}R_1 I_{10}/L_x$,利用式(21-1)可知沿 x 轴光点每偏转 1 小格所代表的磁场强度 H 值为

$$H_0 = \frac{2\sqrt{2} N_1 I_{10}}{l L_x} \text{安} \cdot \text{米}^{-1} \cdot \text{小格}^{-1}. \tag{21-7}$$

由于被测样品是铁磁性材料，它的 B 与 H 的关系是非线性的，电路中电流的波形会发生畸变，成为非正弦形的，结果电流表指示的也不再是正弦交变电流的有效值. 因此，做标定用的线路中应将被测样品去掉.

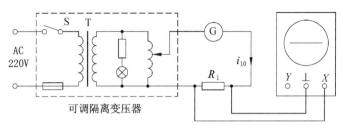

图 21-3　标定 H 的线路图

（四） y 轴（B 轴）的标定

采用如图 21-4 所示的线路. 图中 M 是一个互感量为 M 的标准互感器，流经互感器原边的瞬时电流为 i_{M0}，则互感器副边中的感应电动势 E_M 为

$$E_M = -M \frac{\mathrm{d}i_{M0}}{\mathrm{d}t}.$$

类似于式(21-5)，可得

$$M \frac{\mathrm{d}i_{M0}}{\mathrm{d}t} = R_2 C \frac{\mathrm{d}u_C}{\mathrm{d}t},$$

两边积分，经整理后可得

$$u_C = \frac{M i_{M_0}}{R_2 C}. \tag{21-8}$$

电流表 G 测出的是 i_{M0} 的有效值 I_{M0}，即 u_C 的有效值为 $U_C = \frac{MI_{M0}}{R_2 C}$，因此 u_C 的峰—峰值为 $\frac{2\sqrt{2}MI_{M0}}{R_2 C}$. 如果此时荧光屏上对应于 u_C 峰—峰值的竖直线总长为 L_y 小格，根据式 (21-6)，可得沿 y 轴光点每偏转 1 小格所代表的磁感应强度 B 值为

$$B_0 = \frac{2\sqrt{2}MI_{M0}}{N_2 S L_y} \text{特/小格}. \tag{21-9}$$

实验中，不要使电流 I_{M0} 超过互感器所允许的额定电流值.

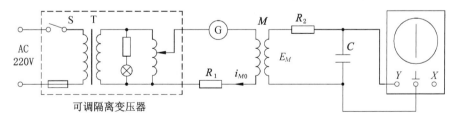

图 21-4　标定 B 的线路图

三、实验仪器

CZ-2 型磁滞回线装置、可调隔离变压器、YB4324 型示波器、交流电压表、交流电流

表、标准互感器.

四、实验内容

1. 显示和观察动态磁滞回线.

(1) 按图 21-2 所示线路接线,电流表 G 置 500mA 量程.线路接好后请教师检查.

(2) 将示波器光点调至荧光屏中心,逐渐增大磁化电流,使磁滞回线上的 B 值能达到饱和.调节示波器上有关旋钮,使荧光屏上得到典型的美观的磁滞回线图形.记下此时的磁化电流 I 的大小.

2. 测量动态磁滞回线.

(1) 先退磁.请考虑为什么要退磁?如何进行?

(2) 将电流调至 I,以小格为单位测若干组 B、H 的坐标值.特别注意回线顶点、剩磁与矫顽力三个点的读数.此后,示波器的 V/DIV 与 s/DIV 绝对不要再改变,以便进行 H、B 的标定.

3. 标定 H 与 B,分别按图 21-3 和图 21-4 进行.

4. 测磁化曲线,即测量大小不同的各个磁滞回线顶点的连线(选做).

五、实验数据及处理

1. 事先拟好记录数据的表格.其中,$N_1=1200$ 匝,$N_2=120$ 匝,$S=0.832\times10^{-3}$ m^2,$l=0.264$m,$M=0.1$H,$R_1=12\Omega$,$R_2=16$kΩ,$C=10\times10^{-6}$F.以小格为单位以及分别以 T 和 A/m 为单位标定 B 和 H 值.表中还应包含标定时测得的 I_{10}、L_x、I_{M0} 和 L_y 值以及对应的 H_0 和 B_0 值.

2. 作动态磁滞回线图,纵横两坐标轴分别以 T 和 A/m 为单位.从曲线上定出 B_{max}、B_r 及 H_c 值.

3. 若做实验内容 4,画出磁化曲线.

六、思考题

1. 在全部完成 B-H 曲线的测量之前,为什么不能变动示波器面板上的 VOLTS/DIV 和 SEC/DIV 旋钮.

2. 如果不用电流表 G,而给你一只交流电压表,设 R_1、R_2、C 及其他常数皆已知,是否可以进行 H 和 B 的标定?如果可以,应如何进行?简述实验方案.

实验 22 霍尔效应及其应用

霍尔效应是磁电效应的一种.在匀强磁场中放一金属薄板,使板面与磁场方向垂直,在金属薄板中沿着与磁场垂直的方向通电流时,金属薄板的两侧间会出现电位差.这一现象是霍尔(A. H. Hall,1855—1938)于 1879 年发现的.后来发现半导体、导电体等也有这种效应,而半导体的霍尔效应比金属强得多.半导体霍尔元件在磁测量中应用广泛,现在通用的特拉斯计(高斯计),其探头就是霍尔元件.流体中的霍尔效应是研究"磁流体发电"的理论基础. 霍尔效应还可以用来测量强电流、压力、转速、半导体材料参数等,在自动控制等技术中的应用也越来越广泛.

一、实验目的

1. 了解产生霍尔效应的机理.
2. 学会用作图法求霍尔灵敏度.
3. 确定霍尔元件的导电类型、载流子浓度以及迁移率.

二、实验原理

(一) 理想霍尔效应

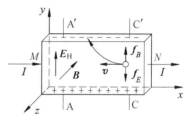

图 22-1 霍尔效应原理

设霍尔元件是由均匀的 n 型(即参加导电的载流子是电子)半导体材料硅片制成的,其宽为 b,厚为 d. 如图 22-1 所示,将霍尔元件置于均匀的磁感应强度为 B 的磁场中,磁场沿负 z 轴方向. 如果沿 x 轴正方向通以电流 I,那么以速度 v 沿 x 轴负方向运动的电子(带电荷量 $-e$)就受到洛伦兹力 f_B 的作用,即

$$f_B = evB, \tag{22-1}$$

f_B 的方向指向正 y 轴. 于是,电子向上漂移并聚积在上侧面,下侧面剩余正电荷,形成一个上负下正的电场 E_H,上下两平面间具有电位差 V_H(上述过程在短暂的 $10^{-13} \sim 10^{-11}$ s 内就能完成), E_H 称为霍尔电场, V_H 称为霍尔电压. 当上下两平面聚积的电荷产生的电场 E_H 对电子的静电作用力 f_E(指向负 y 轴)与洛伦兹力 f_B(指向正 y 轴)相等时,电子就能无偏离地从右向左通过霍尔元件. 此时有

$$f_E = f_B, \tag{22-2}$$

即

$$eE_H = evB,$$

得

$$E_H = vB. \tag{22-3}$$

这样霍尔电压

$$V_H = V_{A'} - V_A = -E_H b = -bvB. \tag{22-4}$$

根据金属导电的经典电子理论,电流 I 为

$$I = nevbd. \tag{22-5}$$

式中, n 为自由电子的浓度(单位体积内的自由电子数).

由式(22-4)和式(22-5)可得

$$V_H = -\frac{IB}{ned} = R_H \frac{IB}{d} = K_H IB. \tag{22-6}$$

上式称为霍尔效应公式. 式中, $R_H = -\frac{1}{ne}$ 称为霍尔系数,它仅与材料性质有关,表示材料的霍尔效应的大小; $K_H = -\frac{1}{end}$ 称为霍尔灵敏度,它表示每单位电流和每单位磁感应强度时输出霍尔电压的大小,单位为毫伏/(毫安·特拉斯),记为 mV/(mA·T).

如果霍尔元件是由 p 型(即参加导电的载流子是空穴)半导体材料制成的,则霍尔系

数 $R_H = \dfrac{1}{pe}$，霍尔灵敏度 $K_H = \dfrac{1}{ped}$，其中 p 为空穴的浓度.

式(22-6)是一个近似公式.若考虑电子速度的统计分布和非低温条件下的晶格散射,则式(22-6)应改写为

$$V_H = -\frac{3\pi}{8}\frac{IB}{ned} = R_H \frac{IB}{d} = K_H IB. \tag{22-7}$$

（二）霍尔效应的副效应

公式(22-6)是在理想情况下得到的.实际测得的并不只有 V_H，还包含四种副效应产生的附加电压.这四种副效应是：

1. 厄廷好森效应.

实际上电子迁移的速度有大有小,它们受到的洛伦兹力也各不相同.速度大于 v 的电子大部分漂移至上侧面,速度小于 v 的电子大部分漂移至下侧面,只有速度等于 v 的电子才能无偏离地从右向左通过霍尔元件.由于速度大的电子能量较高,速度小的电子能量较低,故上下两侧面形成温差,产生温差电动势 V_E，这就是厄廷好森效应.可以证明 $V_E \propto IB$. V_E 的正负与 I 和 B 的方向有关.

2. 能斯特效应.

由于工作电流引线的焊接点 M、N 的接触电阻不可能完全相同,通电流后发热程度也不可能完全相同,故两焊接点的温度存在温度差,于是引起热扩散电流,电子从温度高的一端扩散到温度低的一端.扩散电子受磁场的作用而偏转,如同霍尔效应一样,在两侧面产生电势差 V_N，这就是能斯特效应. V_N 的正负仅与 B 的方向有关.

3. 里纪—勒迪克效应.

由于上述热扩散电子的迁移速度各不相同,与厄廷好森效应原理相同,电子会在两侧面产生温差电动势 V_R. V_R 的正负仅与 B 的方向有关.

4. 不等势电压降.

由于制造上的困难及材料的不均匀性,测量霍尔电压的两电极 A、A′ 不可能在同一等势面上.因而只要有电流,即使没有磁场,两电极间也会出现电压降 V_0. V_0 的正负仅与 I 的方向有关.

（三）副效应引起的系统误差的消除

如上所述,在磁场和电流确定的条件下,实际测得的电压不仅包含霍尔电压 V_H，还包含四种副效应产生的附加电压 V_E、V_N、V_R 和 V_0.这四种附加电压除 V_E 外,其他可采取改变磁场和电流的方向来消除.例如：

当 B 为正，I 为正时，测得电压：

$$V_1 = V_H + V_E + V_N + V_R + V_0;$$

当 B 为正，I 为负时，测得电压：

$$V_2 = -V_H - V_E + V_N + V_R - V_0;$$

当 B 为负，I 为负时，测得电压：

$$V_3 = V_H + V_E - V_N - V_R - V_0;$$

当 B 为负，I 为正时，测得电压：

$$V_4 = -V_H - V_E - V_N - V_R + V_0.$$

由上面四式可得

$$V_H = \frac{1}{4}(V_1 - V_2 + V_3 - V_4) - V_E.$$

由于 V_E 的方向始终与 V_H 的方向一致,在实验中无法消去,但 V_E 的值一般较小,在误差范围内可以略去,所以有

$$V_H = \frac{1}{4}(V_1 - V_2 + V_3 - V_4). \tag{22-8}$$

(四) 确定霍尔元件的导电类型、载流子浓度以及迁移率

1. 由 K_H 的符号(或 V_H 的正负)可确定霍尔元件的导电类型. 按图 22-1 所示的 I 和 B 的方向,若测得 $V_H < 0$,即 A' 的电位低于 A 的电位,则 K_H 为负,霍尔元件为 n 型半导体;反之,则为 p 型半导体.

2. 由式(22-6)得

$$n = \frac{1}{ed|K_H|}. \tag{22-9}$$

只要测出 K_H,即可求得载流子浓度 n.

3. 结合电导率 σ 的测量,求载流子的迁移率 μ.

电导率 σ 可以通过图 22-1 所示的 A、C 电极进行测量. 设 A、C 电极间的距离为 l. 在零磁场下,若测得 A、C 电极间的电位差为 V_σ(即 V_{AC}),则可由下式求得电导率 σ:

$$\sigma = \frac{Il}{bdV_\sigma}. \tag{22-10}$$

电导率 σ 与载流子的浓度 n 及迁移率 μ 之间有如下关系:

$$\sigma = ne\mu. \tag{22-11}$$

即 $\mu = \frac{\sigma}{ne}$,只要测出电导率 σ,即可求得载流子的迁移率 μ.

三、实验仪器及介绍

TH-H 型霍尔效应实验仪、TH H 型霍尔效应测试仪.

(一) 霍尔效应实验仪

如图 22-2 所示,S 为霍尔元件,其宽 $b = 4.0$ mm,厚 $d = 0.50$ mm,M、N 为工作电流电极,A、A′电极用于测量霍尔电压 V_H,A、C 电极用于测量电导率 σ,其间距 $l = 4.0$ mm,NC 为空脚.

实验仪器

a 为电磁铁线圈的引线头,实物用星号标示. 线圈绕向为顺时针方向. 根据线圈绕向及励磁电流流向,可确定磁场的方向,磁场的大小与励磁电流的关系由厂家给定并标明在线圈包上.

K_1 为工作电流换向开关,向下闭合工作电流为正,向上闭合工作电流为负. K_2 为测量转换开关,向上闭合测量霍尔电压 V_H,向下闭合测量电压 V_{AC}(即 V_σ). K_3 为励磁电流换向开关,向上闭合磁场为正,向下闭合磁场为负. 开关左边的接线柱规定为正,右边的接线柱规定为负.

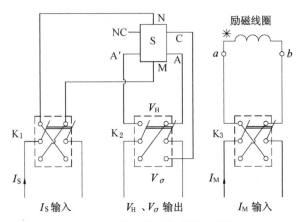

图 22-2　霍尔效应实验仪示意图

（二）霍尔效应测试仪

如图 22-3 所示，"I_S 输出"为工作电流源，可通过"I_S 调节"钮调节其大小，调节范围为 0～10mA."I_M 输出"为励磁电流源，可通过"I_M 调节"钮调节其大小，调节范围为 0～1A. 将"测量选择"键按下，直流数字电流表显示励磁电流 I_M 的值；松开，则显示工作电流的值. 将"功能切换"钮拨向 V_H，直流数字电压表显示霍尔电压 V_H 的值；拨向 V_σ，则显示电压 V_σ 的值. 电压表零位可通过调零电位器进行调整. 电源开关在仪器的背面.

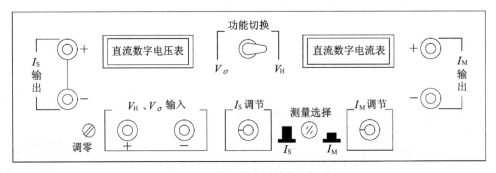

图 22-3　霍尔效应测试仪面板图

注意：仪器开机、关机前应将 I_M、I_S 调节钮逆时针方向旋到底.

四、实验内容

（一）正确连接线路

要求红色导线接正极，黑色导线接负极."I_S 输出"接"I_S 输入"，"V_H、V_σ 输出"接"V_H、V_σ 输入"，"I_M 输出"接"I_M 输入". 开关 K_1、K_2、K_3 左边的接线柱规定为正极，右边的为负极，导线均接在开关中间的接线柱上.

实验操作

注意：决不允许将"I_M 输出"接到"I_S 输入"或"V_H、V_σ 输出"处，否则，一旦通电，霍尔元件即遭损坏.

（二）测量霍尔电压 V_H

将实验仪的 K_2 合向"V_H"，测试仪的"功能切换"钮拨向"V_H"。

1. 保持 I_M 值不变（取 $I_M = 0.600$A），改变 I_S 的大小，将霍尔电压 V_H 记入表 22-1 中.
2. 保持 I_S 值不变（取 $I_S = 3.00$mA），改变 I_M 的大小，将霍尔电压 V_H 记入表 22-2 中.
测量时 K_1，K_3 按要求进行换向.

（三）测量电导率 σ

将实验仪的 K_1 向下合上，K_2 合向"V_σ"，K_3 断开，测试仪的"功能切换"钮拨向"V_σ"，将"I_M 调节"钮逆时针方向旋到底，取 $I_S = 2.00$mA，测量 V_σ（即 V_{AC}）.

五、实验数据及处理

1. 根据表 22-1 中的数据，在毫米方格纸上作 V_H-I_S 曲线，若图线是直线，则在直线上任取两点（距离较远），根据这两点的坐标（在图上标出）求出直线的斜率为

$$k = \frac{V_{H_2} - V_{H_1}}{I_{S_2} - I_{S_1}} = \underline{\qquad} \text{mV/mA}.$$

磁感应强度 B 与励磁电流 I_M 的比例系数（厂家给定）为

$$C = \underline{\qquad} (1T = 10\text{kGs}).$$

因而 $\qquad B = CI_M = \underline{\qquad}.$

由直线的斜率求出霍尔灵敏度 K_H 的大小：

$$K_H = \frac{k}{B} = \underline{\qquad} \text{mV/(mA·T)}.$$

表 22-1　实验数据（一）　　　　　　　　　　　$I_M = 0.600$A

I_S/mA	V_1/mV $+B, +I_S$	V_2/mV $+B, -I_S$	V_3/mV $-B, -I_S$	V_4/mV $-B, +I_S$	$V_H = \dfrac{V_1 - V_2 + V_3 - V_4}{4}$
1.00					
1.50					
2.00					
2.50					
3.00					
3.50					

2. 根据表 22-2 中的数据，在毫米方格纸上作 V_H-I_M 曲线，若图线是直线，则在直线上任取两点（距离较远），根据这两点的坐标（在图上标出）求出直线的斜率：

$$k = \frac{V_{H_2} - V_{H_1}}{I_{M_2} - I_{M_1}} = \underline{\qquad} \text{mV/mA}.$$

由直线的斜率求出霍尔灵敏度 K_H 的大小：

$$K_H = \frac{k}{CI_S} = \underline{\qquad} \text{mV/(mA·T)} \quad (C \text{ 值标在霍尔效应实验仪线圈上}).$$

表 22-2　实验数据(二)　　　　　　　　　　　　$I_S = 3.00\text{mA}$

I_M/A	V_1/mV	V_2/mV	V_3/mV	V_4/mV	$V_H = \dfrac{V_1 - V_2 + V_3 - V_4}{4}$
	$+B, +I_S$	$+B, -I_S$	$-B, -I_S$	$-B, +I_S$	
0.100					
0.200					
0.300					
0.400					
0.500					
0.600					

3. 确定霍尔元件的导电类型,并求出载流子浓度 n 以及迁移率 μ.

霍尔元件的导电类型为_____.

载流子浓度　　　　　　　$n = \dfrac{1}{ed|K_H|}$.

电导率　　　　　　　　　$\sigma = \dfrac{Il}{bdV_\sigma}$.

迁移率　　　　　　　　　$\mu = \dfrac{\sigma}{ne}$.

六、思考题

1. 如果磁场 **B** 与霍尔片不完全垂直,实验所得结果比实际值大还是小,为什么?
2. 根据霍尔灵敏度与载流子浓度的关系,试回答,金属为何不宜制作霍尔元件.

第4章 综合性提高实验

实验 23 光伏效应实验

随着全球对能源需求的日益增长,人类面临着两大难题:一是地球上储量有限的燃料资源而引发的能源危机;二是以煤等化石燃料大量燃烧所排放的 CO_2 和 SO_2 气体,导致环境污染和温室效应,使人类的生存环境不断恶化. 加速发展清洁可再生的太阳能,降低温室气体排放量,已成为全球的共识. 许多国家把光伏发电作为优先发展项目,美国、希腊等国均已建成多座兆瓦级阳光电站,并启动了"屋顶光伏"计划,即以家庭为单位安装阳光电源,我国将在 2020 年前建成五座兆瓦级阳光电站. 专家们早在 10 多年前就预言:光伏是 21 世纪高新技术发展的前沿之一,预测在 21 世纪中叶,光伏发电将成为重要的发电技术之一. 作为阳光电站的基石——太阳能电池,目前占主流的还是硅系列(单晶、多晶和非晶)太阳能电池. 此外,多元化合物太阳能电池,如砷化镓(耐高温)、铜铟硒(成本低、性能稳定,与非晶硅薄膜结合组成叠层太阳能电池,以提高太阳能利用率)以及钾氟化合物太阳能电池(高效)等,近年来发展也较迅速,预示着光伏发电的前景可谓春色满园.

本实验以单晶硅光电池为例,通过实验让学生了解太阳能光伏电池的机理,学习和掌握测量短路电流的方法和技巧,以及光电转换的基本参数测量.

一、实验目的

1. 初步了解太阳能电池机理.
2. 测量太阳能电池开路电动势、短路电流、内阻和光强之间的关系.
3. 在恒定光照下测量光电流、输出功率与负载之间的关系.

二、实验原理

在 p 型半导体上扩散一薄层施主杂质而形成的 p-n 结(图 23-1),由于光照,在 A、B 电极之间出现一定的电动势. 在有外电路时,只要光照不停止,就会源源不断地输出电流,这种现象称为光伏效应,利用它制成的元器件称为光电池. 光伏效应最重大的应用是可以将阳光直接转换成电能,这是当今世界众多国家致力研究和开拓应用的课题.

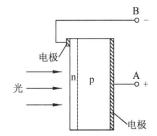

图 23-1 光伏效应结构示意图
(太阳能电池模型)

从光伏效应的机理可知（见附录），太阳能电池输出的电流 I_L 是光生电流 I_P 和在光生电压 V_P 作用下产生的 p-n 结正向电流 I_F 之差，即 $I_L = I_P - I_F$。根据 p-n 结的电流和电压关系：

$$I_F = I_S(e^{\frac{qV_P}{kT}} - 1),$$

式中，V_P 是光生电压，I_S 为反向饱和电流，所以输出电流为

$$I_L = I_P - I_S(e^{\frac{qV_P}{kT}} - 1). \tag{23-1}$$

此即光电流表达式，通常 $I_P \gg I_S$，上式括号内的"1"可忽略。

对于太阳能电池有外加偏压时，式(23-1)应改写为

$$I_L' = I_L + I = I_L + I_S(e^{\frac{qV}{kT}} - 1). \tag{23-2}$$

式中，$I_S(e^{\frac{qV}{kT}} - 1)$ 就是 p-n 结在外加偏压 V 作用下的电流。图 23-2 中的(a)、(b)两条曲线分别表示无光照时和有光照时太阳能电池的 I-V 特性。由此可见，太阳能电池的伏安特性曲线相当于把 p-n 结的伏安特性曲线向下平移，它在横轴与纵轴的截距分别给出了其开路电动势 V_{OC} 和短路电流 I_{SC}。

实验表明：在 $V=0$ 情况下，当太阳能电池外接负载电阻 R_L 时，其输出电压和电流均随 R_L 变化而变化。只有当 R_L 取某一定值时，输出功率才能达到最大

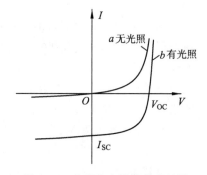

图 23-2 太阳能电池的伏安特性

值 P_m，即所谓最佳匹配阻值 $R_L = R_{LB}$，而 R_{LB} 则取决于太阳能电池的内阻 $R_i = \dfrac{V_{OC}}{I_{SC}}$。由于 V_{OC} 和 I_{SC} 均随光照强度的增加而增加，所不同的是 V_{OC} 与光强的对数成正比，I_{SC} 与光强（在弱光下）成正比，如图 23-3 所示，所以 R_i 亦随光强变化而变化。V_{OC}、I_{SC} 和 R_i 都是光电池的重要参数，最大输出功率 P_m 与 V_{OC} 和 I_{SC} 乘积之比值

$$FF = \frac{P_m}{V_{OC} I_{SC}}, \tag{23-3}$$

FF 是表征太阳能电池性能优劣的指标，称为填充因子。

太阳能电池的等效电路如图 23-4 所示，在一定负载电阻 R_L 范围内可以近似地视为由一个电流源 I_{PS} 与内阻 R_i 并联，再和一个很小的电极电阻 R_S 串联的组合。

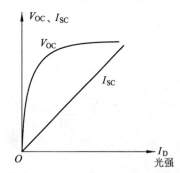

图 23-3 开路电动势、短路电流
　　　与光强关系曲线

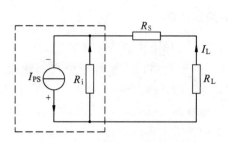

图 23-4 太阳能电池等效电路

三、实验仪器

TK-PV1 型光伏效应实验仪.

四、实验内容

1. 光强的调节和表示.

本实验所用光源为 LED(发光二极管),根据 LED 的输出功率与驱动电流呈线性关系,利用改变 LED 的静态工作电流确定光强的相对值 I_D. 本仪器设定 LED 的静态工作电流调节范围为 $0\sim20\text{mA}$,对应显示器上的数值为 $0\sim2000$(也可用"归一"法表示光强,即设 J_m 为最大光强,J 为任意光强,则 $\dfrac{J}{J_m}$ 为无量纲的相对光强).

I_D 的大小通过粗调和细调旋钮来调节. 细调旋钮只在 I_D 输出较大时起作用,如 I_D 显示为 1900 时,最后一位"0"可能会跳动,这时可通过调节细调旋钮使其稳定.

2. 标尺的设定.

为了调节光源与光电池的间距和试样表面光照的均匀度,设置了水平及垂直方向的移动标尺. 选择三色发光管中任意一种颜色光进行调试,接通 LED 驱动电源,调节 I_D 指示为 1000 左右,将功能切换开关置于 V_{OC} 挡. 将水平标尺调到 10mm 左右;再调节垂直标尺,使开路电压 V_{OC} 达到最大值,并保持该状态直至该颜色光源的所有实验完毕为止. 由于三色 LED 的发光中心不在同一点,所以对不同颜色光源,都应按照上述方法重新调节垂直标尺.

3. 测量开路电动势 V_{OC} 与光强 I_D 的关系.

测量线路如图 23-5 所示. 将功能切换开关置于 V_{OC} 挡,然后将面板上 V_{OC}(毫伏表)正、负输入端与 PV 装置的光电池正、负输出端对应连接. 按实验所需光源颜色,接通 LED 驱动电源,调节标尺找到实验最佳工作状态.

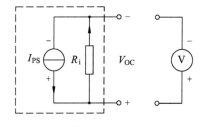

图 23-5 测量开路电压 V_{OC} 线路图

调节 $I_D=0$(即将粗调和细调旋钮旋至最小),此时由于 PV 装置不完全密封(如导线的入口处),有光线漏进装置中,使得 V_{OC} 显示不为 0,实验时应将此数值记录下来,并在数据的后继处理时将其减去.

调节 I_D,测量不同光强下光电池的开路电动势 V_{OC},所测数据记录于表 23-1 中,绘制 V_{OC}-I_D 曲线.

表 23-1 测开路电动势

I_D	V_{OC}/mV			I_D	V_{OC}/mV		
	R	G	B		R	G	B
0				20			
5				30			
10				50			

续表

I_D	V_{OC}/mV			I_D	V_{OC}/mV		
	R	G	B		R	G	B
100				600			
150				700			
200				800			
250				1000			
300				1200			
350				1400			
400				1600			
500				1800			

4. 测量短路电流 I_{SC} 与光强 I_D 的关系.

测量线路如图 23-6 所示. 将功能切换开关置于 I_{SC} 挡(注意, 在开启"DC 0~1V 电源"前, 请先将 I_0 旋钮旋转到最小处, 以防止在瞬间接通时 U_S 处于较大值, 损坏太阳能电池), 调节"DC 0~1V 电源"U_S 输出, 使微安表读数 I_0 为 10.00~18.00μA(建议取 10.00μA).

在某一光强 I_D 下, 改变可调电阻 R, 使流过检流计的电流 I_g 为零. 此时 A、B 两点之间和 A、C 两点之间的电压应相等, 即 $V_{AB}=V_{AC}$. 因而 $IR=I_0 r_0$, 即短路电流

$$I_{SC}=I=\frac{I_0 r_0}{R}. \tag{23-4}$$

式中, r_0 为微安计内阻(10kΩ).

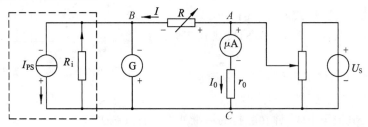

图 23-6 测量短路电流 I_{SC} 线路图

调节 I_D, 测量不同光强下光电池的短路电流 I_{SC}, 并记录于表 23-2 中, 绘制 I_{SC}-I_D 曲线.

表 23-2 测短路电流

I_D	R		G		B	
	$R/kΩ$	$I_{SC}/μA$	$R/kΩ$	$I_{SC}/μA$	$R/kΩ$	$I_{SC}/μA$
100						
150						

续表

I_D	R		G		B	
	$R/\text{k}\Omega$	$I_{SC}/\mu\text{A}$	$R/\text{k}\Omega$	$I_{SC}/\mu\text{A}$	$R/\text{k}\Omega$	$I_{SC}/\mu\text{A}$
200						
300						
400						
500						
600						
700						
800						
1000						
1200						
1400						
1600						

5. 按式(23-5)计算出光电池的内阻 R_i，自拟表格记录数据，绘制 $R_i\text{-}I_D$ 曲线.

$$R_i = \frac{V_{OC}}{I_{SC}}. \tag{23-5}$$

6. 测量输出功率 P 与负载电阻 R_L 的关系.

选择三色 LED 中任意一种光源进行实验.

测量线路如图 23-7 所示. 其中，R^* 为实验仪上标示的 I_L 取样电阻($10\text{k}\Omega$)，R 为电阻箱，负载电阻 $R_L = R^* + R$. 本实验中须将仪器面板上的 R^*（正、负记号端）与 I_L（微安表）正、负端并联，同时将功能切换开关置于 I_L 挡.

光电池在恒定光照下(取 I_D 约为 1000)，改变 R 的大小，测量流过不同负载电阻 R_L 的电流 I_L，并计算输出电压 $V_L = I_L R_L$，所得数据记录于表 23-3 中，绘制 $V_L\text{-}I_L$ 曲线(图 23-8).

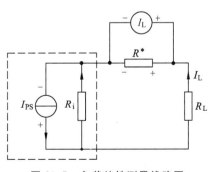

图 23-7 负载特性测量线路图

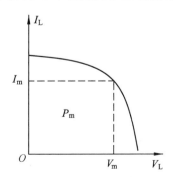

图 23-8 光电流与负载电阻两端电压关系曲线

表 23-3　恒定光照下流过不同负载电阻的电流

$(R^*+R_L)/k\Omega$	$I_L/\mu A$	$I_D=$ $V_L=I_L(R^*+R_L)/mV$	$P/(10^{-9}W)=V_L I_L$
10			
15			
20			
30			
40			
50			
60			
70			
80			
90			
100			
150			
200			
250			
300			
400			
500			
600			
700			
800			
900			
1000			

计算不同负载电阻下输出功率 P，即 $P=V_L I_L$，绘出 P-R_L 曲线，确定最大输出功率 P_m 时的负载电阻 R_{LB} 及填充因子 $FF=\dfrac{P_m}{V_{OC}I_{SC}}$。

五、思考题

1. 开路电压 V_{OC}、短路电流 I_{SC} 如何随光强而变化？为什么开路电压 V_{OC}（硅）的最大值不超过 0.6V？你能设想如何实现高电压大电流的阳光发电方案吗？

2. 测量 I_{SC} 时，若 I_g 不为零，如何根据 I_g 的正、负号，确定增减 R 的阻值（如 I_g 为负是增大 R 还是减小 R）？

3. 为什么图 23-2 中曲线 b 相对于曲线 a 是向下平移而不是向上平移？分析当光电池作为光控器件使用时,应如何选择偏压方向？

4. 试就本实验测定 I_{sc} 的方法与由图 23-2 伏安特性曲线确定 I_{sc} 的方法进行讨论.

附　录

一、光伏效应机理

图 23-9、图 23-10 分别表示在无光照时（即热平衡时）和有光照时 p-n 结空间电荷层模型和相应的能带示意图.

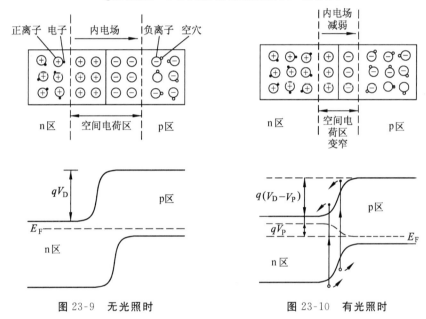

图 23-9　无光照时　　　　图 23-10　有光照时

如图 23-9 所示,在 n 型扩散层足够薄的条件下,光线可以透过 n 层进入空间电荷区,只要光子的能量大于材料的禁带宽度,就能够将满带的电子激发到导带,产生光生电子-空穴对（图 23-10）,在 p-n 结内电场（从 n 区指向 p 区）作用下电子进入 n 区,空穴进入 p 区,形成自 n 区向 p 区的光生电流 I_P. 与此同时,光生电子-空穴对因中和掉部分空间电荷使空间电荷区变窄,势垒降低,其作用就等效于在 p-n 结上加一正向电压,产生从 p 区流向 n 区的正向电流 I_F. 光生电流 I_P 和光生正向电流 I_F 均通过 p-n 结,但方向相反.

在开路情况下势垒必然降低到使 I_F 和 I_P 相等,从而使通过 p-n 结的光电流为零. p-n 结两端建立起稳定的电势差 V_P（p 区相对于 n 区为正）,这就是光生电动势,其值等于势垒下降高度. 当 p-n 结接上外电路时,通过负载的电流即为正文所述 $I_L = I_P - I_F$.

注：对于光子在 n 型扩散层和 p 型半导体内激发光生电子-空穴对的情形（图 23-11）,同学们可自行分析. 但应该注意以下两点：

(1) 形成光生电流 I_P 只来自非平衡少数载流子的贡献,即 p 区中的电子和 n 区中的空穴.

(2) 能带弯曲部分对 n 区和 p 区的电子而言均为势垒,即起阻挡层的作用.

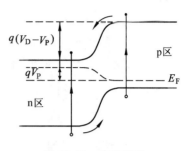

图 23-11 有光照时

二、TK-PV1 型光伏效应实验仪实验说明书

TK-PV1 型光伏效应实验仪以单晶硅光电池为例,通过实验让学生了解太阳能光伏电池的机理,学习和掌握测量开路电压及短路电流的方法和技巧,以及光电转换的基本参数测量.

本实验内容丰富,构思新颖,方法独特,性能稳定,而且适用面广(光电池涉及固体物理学、光学、电子学、化学、材料学等),是目前高校值得推广的教学产品.

(一) 实验仪器简介

本实验效果图如图 23-12 所示,该实验仪分为五部分:

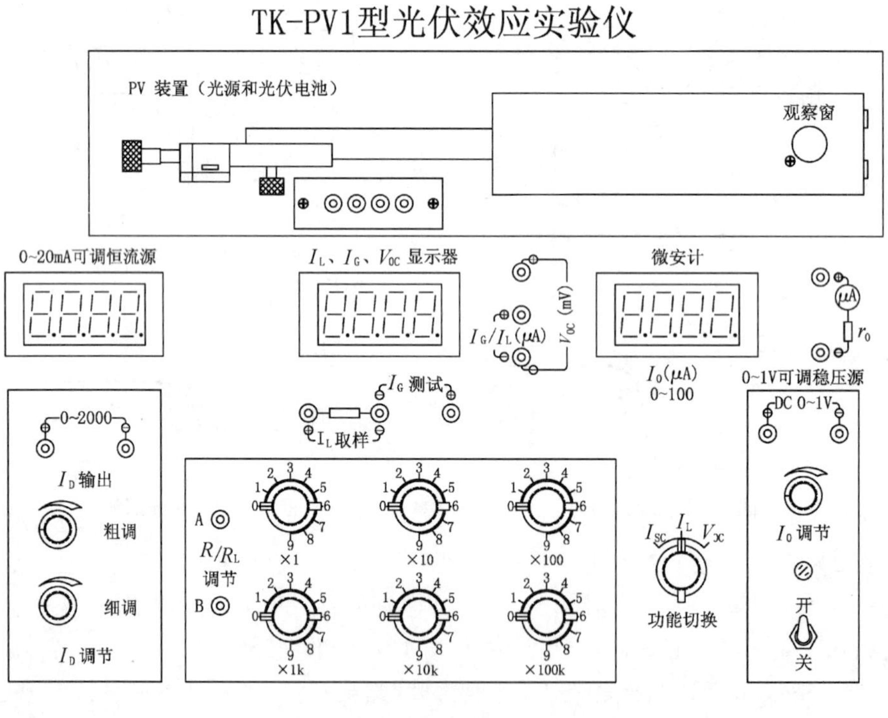

图 23-12 实验仪

1. PV 装置.

PV 装置是一个内设光源和待测试样的暗箱(图 23-13).试样装在右侧箱壁,设有红、黑两个接线孔.红色对应于光生电压正极.光源装在一圆管的前端,并固定在左右、上下可调的标尺上,以调节光源与试样的距离和试样表面光照度.箱顶部设有观察窗,便于检查光源工作正常与否,逆时针水平旋动观察手柄为开启.注意:操作时只许轻轻水平拨动手柄,严禁朝下按压手柄.

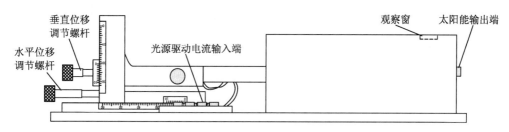

图 23-13 PV 装置

LED 的电源输入端设有多个驱动插孔,其中黑色为电源公共端,其他红、绿、蓝接口分别对应 R、G、B 光.

2. LED 驱动电流源.

LED 驱动电流源提供 LED 驱动电流 I_D,由 I_D 调节和显示两部分组成,位于实验箱的左边.I_D 的调节通过"粗调"和"细调"旋钮来实现."细调"旋钮只在 I_D 输出较高时起作用(如 I_D 显示为 1900 时,最后一位"0"可能会跳动,这时可通过调节"细调"旋钮使其稳定).I_D 输出的红、黑两插孔分别与 PV 装置的光源驱动输入端对应连接.仪器设定 LED 的工作电流调节范围为 0~20mA,对应显示器上的数值为 0~2000.

3. "功能切换"开关.

"功能切换"开关位于实验箱的右边,分别有 I_{SC}、I_L、V_{OC} 三挡.I_0(微安表)只在测量 I_{SC} 时开启,当测量 I_L 和 V_{OC} 时 I_0(微安表)将被自动关闭.

4. DC 0~1V 稳压源.

DC 0~1V 可调电压源位于实验箱的最右边,在测量 I_{SC} 时作为外加电源.当 I_{SC} 测量结束时关闭该电源的输出.

5. 电阻箱.

电阻箱位于实验箱的中部,其量程为 999.999kΩ.在测量 I_{SC} 时该电阻箱作为平衡电阻 R 使用,在测量光电池输出性能实验时作为可调的外接负载 R_L 使用.

(二) 性能指标

1. 0~20mA 可调恒流源.

输出电流:0~20mA,连续可调,调节精度可达 0.01mA.

电流稳定度:优于 10^{-3}(交流输入电压变化±10%).

负载稳定度:优于 10^{-3}(负载由额定值变为零).

电流指示:$3\frac{1}{2}$ 位 LED 显示,精度不低于 0.5%.

2. I_L、I_G、V_{OC} 显示器.

用 $3\frac{1}{2}$ 位 LED 显示,精度不低于 0.5%.

I_L 为负载电流,测量范围:0~19.99μA.

I_G 为流过检流计的电流,测量短路电流用.

V_{OC} 为开路电动势,测量范围:0~1999mV.

3. 0~1V 直流可调稳压源.

输出电压：0～1V，连续可调，调节精度可达 1mV．
电压稳定度：优于 10^{-3}（交流输入电压变化±10％）．
负载稳定度：优于 10^{-3}（交流输入电压变化±10％）．

4．数字微安计用于测 I_0．
调节范围：0～100.0μA，精度可达 0.1μA．
电流指示：$3\frac{1}{2}$ 位 LED 显示，精度不低于 0.5％．

5．电阻箱．
调节范围为 0～999.999kΩ．

（三）使用说明

1．标尺调节方法．

选择三色发光管中任意一种颜色进行调试，接通 LED 驱动电源，调节 I_D 指示为 1000 左右．将"功能切换"开关置于 V_{OC} 挡，将水平标尺调到 10mm 左右；再调垂直标尺，使开路电压 V_{OC} 达到最大值，并保持该状态直至该颜色光源的所有实验完毕为止．由于三色 LED 的发光中心不在同一点，所以对不同颜色光源，都应按照上述方法重新调试垂直标尺．

2．I_D 输出"粗调""细调"旋钮．

I_D 的调节通过"粗调"和"细调"旋钮来实现．"细调"旋钮只在 I_D 输出较高时起作用（如 I_D 显示为 1900 时，最后一位"0"可能会跳动，这时可通过调节"细调"旋钮使其稳定）．

3．数字微安计（I_0）．

"功能切换"开关置 I_{SC} 挡，数字微安计（I_0）处于工作状态；当"功能切换"开关在 V_{OC} 和 I_L 挡时，微安计不工作，显示器熄灭．

4．本实验提供的连接线为直插式带弹簧片导线，在接线或拆线时应持"手枪头"进行操作，特别在拆线时，严禁直接拉扯导线，否则导线易遭损坏．

实验 24　光电效应测普朗克常量

光电效应是指一定频率的光照射在金属表面时会有电子从金属表面逸出的现象．光电效应实验对于认识光的本质及早期量子论的发展，具有里程碑式的意义．

一、实验目的

1．了解光电效应的规律，加深对光的量子性的理解．
2．测量普朗克常量 h．

二、实验原理

光电效应的实验原理图如图 24-1 所示．入射光照射到光电管阴极 K 上，产生的光电子在电场的作用下向阳极 A 迁移构成光电流，改变外加电压 U_{AK}，测量出光电流 I 的大小，即可得出光电管

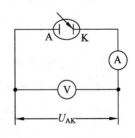

图 24-1　实验原理图

的伏安特性曲线.

光电效应的基本实验事实如下:

1. 对应于某一频率,光电效应的 I-U_{AK} 关系如图 24-2 所示.从图中可见,对一定的频率,有一电压 U_0,当 $U_{AK} \leqslant U_0$ 时,电流 I 为零,U_0 被称为截止电压.

2. 当 $U_{AK} \geqslant U_0$ 时,I 迅速增加,然后趋于饱和,饱和光电流 I_M 的大小与入射光的强度 P 成正比.

3. 对于不同频率的光,其截止电压的值不同,如图 24-3 所示.

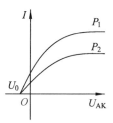 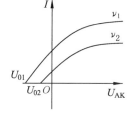 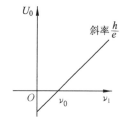

图 24-2　同一频率不同光强时光电管的伏安特性曲线　　图 24-3　不同频率时光电管的伏安特性曲线　　图 24-4　截止电压 U 与入射光频率 ν 的关系图

4. 作截止电压 U_0 与频率 ν 的关系图,如图 24-4 所示.U_0 与 ν 成正比关系,当入射光频率低于某极限值 ν_0(ν_0 随不同金属而异)时,不论光的强度如何,照射时间多长,都没有光电流产生.

5. 光电效应是瞬间效应.即使入射光的强度非常微弱,只要频率大于 ν_0,在开始照射后立即有光电子产生,所经过的时间至多为 10^{-9} s 的数量级.

实际中,反向电流并不为零.图 24-2、图 24-3 中从零开始,是因为反向电流极小,仅为 $10^{-13} \sim 10^{-14}$ 数量级,所以在坐标上反映不出来.

按照爱因斯坦的光量子理论,光能并不像电磁波理论所想象的那样,分布在波阵面上,而是集中在被称为光子的微粒上,但这种微粒仍然保持着频率(或波长)的概念,频率为 ν 的光子具有能量 $E=h\nu$,h 为普朗克常量.当光子照射到金属表面上时,一次性被金属中的电子全部吸收,而无需积累能量的时间.电子把这能量的一部分用来克服金属表面对它的吸引力,余下的就变为电子离开金属表面后的动能,按照能量守恒原理,爱因斯坦提出了著名的光电效应方程:

$$h\nu = \frac{1}{2}mv_0^2 + A. \tag{24-1}$$

式中,A 为金属的逸出功,$\frac{1}{2}mv_0^2$ 为光电子获得的初始动能.

由式(24-1)可见,入射到金属表面的光频率越高,逸出的电子动能越大,所以即使阳极电位比阴极电位低时也会有电子落入阳极形成光电流,直至阳极电位低于截止电压,光电流才为零,此时有关系

$$eU_0 = \frac{1}{2}mv_0^2. \tag{24-2}$$

阳极电位高于截止电压后,随着阳极电位的升高,阳极对阴极发射的电子的收集作

用越强,光电流随之上升;当阳极电压高到一定程度,已把阴极发射的光电子几乎全收集到阳极,再增加 U_{AK} 时,I 不再变化,光电流出现饱和,饱和光电流 I_M 的大小与入射光的强度 P 成正比.

光子的能量 $h\nu_0<A$ 时,电子不能脱离金属,因而没有光电流产生.产生光电效应的最低频率(截止频率)是 $\nu_0=\dfrac{A}{h}$.

将式(24-2)代入式(24-1),可得

$$eU_0=h\nu-A. \qquad (24\text{-}3)$$

此式表明截止电压 U_0 是频率 ν 的线性函数,直线斜率 $k=\dfrac{h}{e}$,只要用实验方法得出不同的频率对应的截止电压,求出直线斜率,就可算出普朗克常量 h.

爱因斯坦的光量子理论成功地解释了光电效应规律.

三、实验仪器

ZKY-GD-2 型智能光电效应(普朗克常量)实验仪.

仪器由汞灯及电源、滤色片、光阑、光电管、实验仪等构成,仪器结构如图 24-5 所示,实验仪的调节面板如图 24-6 所示.实验仪有手动和自动两种工作模式,具有数据自动采集和存储,实时显示采集数据,动态显示采集曲线(连接普通示波器,可同时显示 5 个存储区中存储的曲线)以及采集完成后查询数据功能.

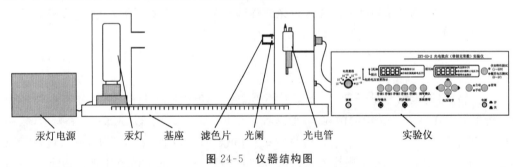

图 24-5 仪器结构图

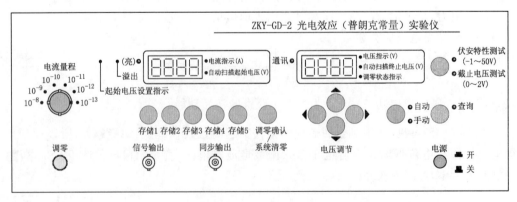

图 24-6 光电效应(普朗克常数)实验仪前面板图

四、实验内容

（一）测普朗克常量 h

1. 准备工作.

（1）将汞灯及光电管暗盒用遮光盖盖上，接通实验仪及汞灯电源，预热 20min.

（2）调整光电管与汞灯距离为 40cm 并保持不变.

（3）用专用连接线将光电管暗盒电压输入端与实验仪电压输出端（后面板）连接起来（红—红、蓝—蓝）.

（4）将光电管暗盒电流输出端 K 与实验仪微电流输入端断开（断开实验仪一端），"电流量程"选择开关置于 10^{-13}A 挡位，进行测试前调零. 实验仪在开机或改变电流量程后，都会自动进入调零状态. 旋转"调零"旋钮使电流指示为"＋""－"零转换点处. **注：调零时，将光电管暗盒电流输出端 K 与实验仪微电流输入端断开，且必须是断开实验仪一端.**

（5）用高频匹配电缆（短 Q9 线，长 500mm）将电流输入连接起来，按"调零确认/系统清零"键，系统进入测试状态.

（6）若要动态显示采集曲线，需将实验仪的"信号输出"端口接至示波器的"Y"输入端，"同步输出"端口接至示波器的"外触发"输入端. 示波器"触发源"开关拨至"外"，"Y 衰减"旋钮旋至约"1V/格"，"扫描时间"旋钮旋至约"20 微秒/格". 示波器将用轮流扫描的方式显示 5 个存储区中存储的曲线，横轴代表电压 U_{AK}，纵轴代表电流 I.

理论上，测出各频率的光照射下阴极电流为零时对应的 U_{AK}，其绝对值即该频率的截止电压，然而实际上由于光电管的阳极反向电流、暗电流、本底电流及极间接触电位差的影响，实测电流并非阴极电流，实测电流为零时对应的 U_{AK} 也并非截止电压.

光电管制作过程中阳极往往被污染，沾上少许阴极材料，入射光照射阳极或入射光从阴极反射到阳极之后都会造成阳极光电子发射，U_{AK} 为负值时，阳极发射的电子向阴极迁移构成了阳极反向电流.

暗电流和本底电流是热激发产生的光电流与杂散光照射光电管产生的光电流，在光电管制作或测量过程中可以采取适当措施以减小它们的影响.

极间接触电位差与入射光频率无关，只影响 U_0 的准确性，不影响 U_0-ν 直线的斜率，对测定 h 无大影响.

由于实验仪器的电流放大器灵敏度高，稳定性好，因此光电管阳极反向电流、暗电流水平也较低. 在测量各谱线的截止电压 U_0 时，可采用零电流法，即直接将各谱线照射下测得的电流为零时对应的电压 U_{AK} 的绝对值作为截止电压 U_0. 此法的前提是阳极反向电流、暗电流和本底电流都很小，用零电流法测得的截止电压与真实值相差较小，且各谱线的截止电压都相差 ΔU，对 U_0-ν 直线的斜率无大影响，因此对 h 的测量不会产生大的影响.

测量截止电压时，"伏安特性测试/截止电压测试"状态键应为"截止电压测试"状态. "电流量程"开关应处于 10^{-13}A 挡.

2. 手动测量.

(1) 按"手动/自动"键将仪器切换到"手动"模式.

(2) 打开光电管遮光盖,将直径为 4mm 的光阑及 365.0nm 的滤色片安装在光电管暗盒光输入口上,打开汞灯遮光盖(注:先安装光阑及滤色片,后打开汞灯遮光盖).此时电压表显示 U_{AK} 的值,单位为伏,电流表显示与 U_{AK} 对应的电流值 I,单位为所选择的"电流量程"单位.

(3) 用电压调节键▲/▼、◀/▶调节 U_{AK} 的值,◀/▶键用于选择调节位,▲/▼键用于调节电压值的大小.

从低到高调节电压(绝对值减小),观察电流值的变化,寻找电流为零时(电流指示为"+""-"零转换点处)对应的 U_{AK},以其绝对值作为该波长对应的 U_0 值,并将数据记录于表 24-1 中.为尽快找到 U_0 值,调节时应从高位到低位,先确定高位的值,再顺次往低位调节.

(4) 依次换上 404.7nm、435.8nm、546.1nm、577.0nm 的滤色片,重复以上测量步骤,直到测试结束.**注:更换滤色片时应盖上汞灯遮光盖**.

3. 自动测量.

(1) 按"手动/自动"键将仪器切换到"自动"模式.此时电流表左边的指示灯闪烁,表示系统处于自动测量扫描范围设置状态,用电压调节键设置扫描起始和终止电压.**注:显示区左边设置起始电压,显示区右边设置终止电压**.

对各条谱线,建议的扫描范围大致为:365.0nm,$-1.95\sim-1.55$V;404.7nm,$-1.65\sim-1.25$V;435.8nm,$-1.40\sim-1.00$V;546.1nm,$-0.80\sim-0.40$V;577.0nm,$-0.70\sim-0.30$V.

实验仪设有 5 个数据存储区,每个存储区可存储 500 组数据,并有指示灯表示其状态.灯亮表示该存储区已存有数据,灯不亮为空存储区,灯闪烁表示系统预选的或正在存储数据的存储区.

(2) 设置好扫描起始和终止电压后,按动相应的存储区按键,仪器将先清除存储区原有数据.右边显示区显示倒计时 30s,倒计时结束后,开始以 4mV 为步长自动扫描,此时右边显示区显示电压,左边显示区显示相应电流值.

(3) 扫描完成后,仪器自动进入数据查询状态,此时"查询"指示灯亮,显示区显示扫描起始电压和相应的电流值.用电压调节键改变电压值,就可查阅到在测试过程中,扫描电压为当前显示值时相应的电流值.读取电流为零时(电流指示为"+""-"零转换点处)对应的 U_{AK},以其绝对值作为该波长对应的 U_0 值,将数据记录在表 24-1 中.

(4) 按"查询"键,"查询"指示灯灭,系统回复到扫描范围设置状态,可进行下一次测量.

(5) 依次换上 404.7nm、435.8nm、546.1nm、577.0nm 的滤色片,重复以上测量步骤,直到测试结束.

在自动测量过程中或测量完成后,按"手动/自动"键,系统回复到"手动"测量模式,模式转换前工作的存储区内的数据将被清除.

若仪器与示波器连接,则可观察到 U_{AK} 为负值时各谱线在选定的扫描范围内的伏安特性曲线.

表 24-1 测截止电压 U_0 与入射光频率 ν 的关系　　　光阑孔 $\phi=$　　mm

波长 λ_i/nm		365.0	404.7	435.8	546.1	577.0
频率 ν_i/(10^{14} Hz)		8.214	7.408	6.879	5.490	5.196
截止电压 U_{0i}/V	手动					
	自动					

由表 24-1 的实验数据,得出 U_0-ν 直线的斜率 k,即可用 $h=ek$ 求出普朗克常量,并与 h 的公认值 h_0 比较,求出相对误差 $E=\dfrac{h-h_0}{h_0}$,式中 $e=1.602\times10^{-19}$ C,$h_0=6.626\times10^{-34}$ J·s.

(二) 测 I-U_{AK} 关系

A. 测某条谱线在同一光阑、同一距离下的伏安饱和特性曲线.

1. 准备工作.

(1) 断开光电管暗盒电流输出端 K 与实验仪微电流输入端,将"电流量程"置于 10^{-10} A 挡(光电管工作情况与其工作环境、工作条件密切相关,也可能置于其他挡位),系统进入调零状态,进行调零. **注:调零时必须把光电管暗盒电流输出端 K 与实验仪微电流输入端断开,且必须断开实验仪一端.**

(2) 用高频匹配电缆(短 Q9 线,长 500mm)将电流输入连接起来,按"调零确认/系统清零"键,系统进入测试状态.

2. 手动测量.

(1) 按"手动"/"自动"键将仪器切换到"手动"模式.

(2) 将直径为 4mm 的光阑及 365.0nm 的滤色片安装在光电管暗盒光输入口上,打开汞灯遮光盖.

(3) 按电压值由小到大调节电压(◀/▶键用于选择调节位,▲/▼键用于调节电压值的大小),记录下不同电压值及其对应的电流值.具体数据记录于表 24-2.

(4) 更换滤色片,重复以上步骤.

(5) 测试结束,依据记录下的数据作 I-U_{AK} 图.

3. 自动测量.

(1) 按"手动/自动"键将仪器切换到"自动"模式.

(2) 此时电流表左边指示灯闪烁,表示系统处于自动测量扫描范围设置状态.用电压调节键设置扫描起始电压和扫描终止电压(最大扫描范围为$-1\sim50$V).

(3) 设置好后,按动相应的存储区按键,右边显示区显示倒计时 30s.倒计时结束后,开始以 1V 为步长自动扫描,此时右边显示区显示电压,左边显示区显示相应电流值.

(4) 扫描完成后,"查询"指示灯亮,用电压调节键改变电压,记录下不同电压值及其对应的电流值.

(5) 按"查询"键,"查询"指示灯灭,此时系统回复到扫描范围设置状态,可进行下一次测试.

(6) 依次换上 404.7nm、435.8nm、546.1nm、577.0nm 的滤色片,重复以上测量步骤,直到测试结束.

(7) 依据记录下的数据作 I-U_{AK} 图.

注意:使用示波器观察不同谱线在同一光阑、同一距离下的伏安饱和特性曲线时,由于各谱线的特性曲线数据跨度较大,为取得最佳显示效果,建议只做 435.8nm、546.1nm、577.0nm 三条谱线的特性曲线并进行比较.

B. 测某条谱线在不同距离(即不同光强)、同一光阑下的伏安饱和特性曲线.

C. 测某条谱线在不同光阑(即不同光通量)、同一距离下的伏安饱和特性曲线.

以上两种测试方法与不同谱线在同一光阑、同一距离下伏安饱和特性曲线的测试方法相同. 具体数据记录于表 24-3、表 24-4.

注:实验过程中,仪器暂不使用时,均须将汞灯及光电管暗盒用遮光盖盖上,使光电管暗盒处于完全闭光状态,切忌汞灯直接照射光电管.

表 24-2　测某条谱线在同一距离、同一光阑下 I 与 U_{AK} 的关系

$\lambda=$ _____ nm

U_{AK}/V										
$I/(10^{-10}\text{A})$										
U_{AK}/V										
$I/(10^{-10}\text{A})$										

表 24-3　测某条谱线在同一距离、不同光阑下 I 与 U_{AK} 的关系

$\lambda=$ _____ nm,$L=$ _____ mm

光阑孔 ϕ				
$I/(10^{-10}\text{A})$				
U_{AK}/V				

表 24-4　测某条谱线在不同距离、同一光阑下 I 与 U_{AK} 的关系

$\lambda=$ _____ nm,$\phi=$ _____ mm

入射距离 L/mm				
$I/(10^{-10}\text{A})$				
U_{AK}/V				

实验 25　弗兰克-赫兹实验

1913 年,丹麦物理学家玻尔(N. Bohr)提出了一个氢原子模型,并指出原子存在能级. 该模型在预言氢光谱的观察中获得了显著的成功. 根据玻尔的原子理论,原子光谱中

的每根谱线表示原子从某一个较高能态向另一个较低能态跃迁时的辐射.

1914年,德国物理学家弗兰克(J. Franck)和赫兹(G. Hertz)对勒纳用来测量电离电位的实验装置做了改进,他们同样采取慢电子(几个到几十个电子伏特)与单元素气体原子碰撞的办法,着重观察碰撞后电子发生什么变化(勒纳则观察碰撞后离子流的情况).通过实验测量,电子和原子碰撞时会交换某一定值的能量,且可以使原子从低能级激发到高能级,直接证明了原子发生跃变时吸收和发射的能量是分立的、不连续的,证明了原子能级的存在,从而证明了玻尔理论的正确,为此他们于1925年获得了诺贝尔物理学奖.

弗兰克-赫兹实验至今仍然是探索原子结构的重要手段之一,实验中用的"拒斥电压"筛去小能量电子的方法,已成为广泛应用的实验技术.

一、实验目的

通过测定氩原子等元素的第一激发电位(即中肯电位),证明原子能级的存在.

二、实验原理

玻尔提出的原子理论指出:

(1) 原子只能较长地停留在一些稳定状态(简称为定态).原子在这些状态时,不发射或吸收能量,各定态有一定的能量,其数值是彼此分隔的.原子的能量不论通过什么方式发生改变,它只能从一个定态跃迁到另一个定态.

(2) 原子从一个定态跃迁到另一个定态而发射或吸收辐射时,辐射频率是一定的.如果用 E_m 和 E_n 分别代表有关两定态的能量的话,辐射的频率 ν 取决于如下关系:

$$h\nu = E_m - E_n. \tag{25-1}$$

式中,普朗克常量 $h = 6.63 \times 10^{-34}$ J·s. 为了使原子从低能级向高能级跃迁,可以通过具有一定能量的电子与原子相碰撞进行能量交换的办法来实现.

设初速度为零的电子在电位差为 U_0 的加速电场作用下,获得能量 eU_0. 当具有这种能量的电子与稀薄气体的原子发生碰撞时,就会发生能量交换. 如以 E_1 代表氩原子的基态能量、E_2 代表氩原子的第一激发态能量,那么当氩原子吸收从电子传递来的能量恰好为

$$eU_0 = E_2 - E_1 \tag{25-2}$$

时,氩原子就会从基态跃迁到第一激发态.而且相应的电位差称为氩的第一激发电位(或称氩的中肯电位).测定出这个电位差 U_0,就可以根据式(25-2)求出氩原子的基态和第一激发态之间的能量差了(其他元素气体原子的第一激发电位亦可依此法求得).

弗兰克-赫兹实验的原理图如图 25-1 所示.在充氩的弗兰克-赫兹管中,电子由热阴极发出,阴极 K 和第二栅极 G2 之间的加速电压 V_{G2K} 使电子加速.在板极 A 和第二栅极 G2 之间加有反向拒斥电压 V_{G2A}.管内空间电位分布如图 25-2 所示.当电子通过 K—G2 空间进入 G2—A 空间时,如果有较大的能量($\geqslant eV_{G2A}$),就能冲过反向拒斥电场而到达板极形成板极电流,被微电流计检出.如果电子在 K—G2 空间与氩原子碰撞,将自己的一部分能量传给氩原子而使后者激发的话,电子本身所剩余的能量就很小,以致通过第二栅极后已不足以克服拒斥电场而被折回到第二栅极,这时,通过微电流计的电流将显著减小.

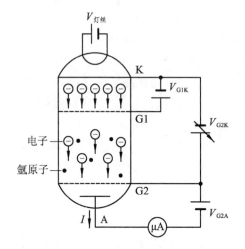

图 25-1 弗兰克-赫兹原理图

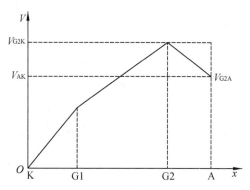

图 25-2 弗兰克-赫兹管管内电位分布

实验时,让 V_{G2K} 电压逐渐增加并仔细观察电流计的电流指示,如果原子能级确实存在,而且基态和第一激发态之间有确定的能量差的话,就能观察到如图 25-3 所示的 I_A-V_{G2K} 曲线.

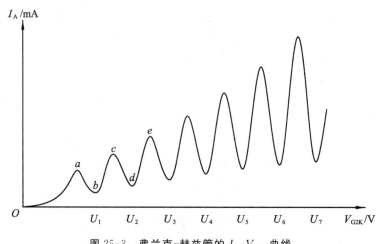

图 25-3 弗兰克-赫兹管的 I_A-V_{G2K} 曲线

图 25-3 所示的曲线反映了氩原子在 K−G2 空间与电子进行能量交换的情况.当 K−G2 空间电压逐渐增加时,电子在 K−G2 空间被加速而取得越来越大的能量.但起始阶段,由于电压较低,电子的能量较少,即使在运动过程中它与原子相碰撞也只有微小的能量交换(为弹性碰撞).穿过第二栅极的电子所形成的板极电流 I_A 将随第二栅极电压 V_{G2K} 的增加而增大(图 25-3 中的 Oa 段).当 K−G2 间的电压达到氩原子的第一激发电位 U_0 时,电子在第二栅极附近与氩原子相碰撞,将自己从加速电场中获得的全部能量交给后者,并且使后者从基态激发到第一激发态.而电子本身由于把全部能量给了氩原子,即使穿过了第二栅极也不能克服反向拒斥电场而被折回第二栅极(被筛选掉),所以板极电流将显著减小(图 25-3 中的 ab 段).随着第二栅极电压的增加,电子的能量也随之增加,在与氩原子相碰撞后还留下足够的能量,可以克服反向拒斥电场而到达板极 A,这时电流

又开始上升(bc 段).直到 K—G2 间电压是二倍氩原子的第一激发电位时,电子在 K—G2 间又会因二次碰撞而失去能量,因而又会造成第二次板极电流的下降(cd 段).同理,凡在

$$V_{G2K} = nU_0 \quad (n=1,2,3,\cdots) \tag{25-3}$$

的地方板极电流 I_A 都会相应下降,形成规则起伏变化的 I_A-V_{G2K} 曲线.而各次板极电流 I_A 下降相对应的阴、栅极电压差 $V_{n+1} - V_n$ 应该是氩原子的第一激发电位 U_0.

本实验就是要通过实际测量来证实原子能级的存在,并测出氩原子的第一激发电位(公认值为 $U_0 = 11.61\text{V}$).

如果弗兰克-赫兹管中充以其他元素,则可以得到它们的第一激发电位,如表 25-1 所示.

表 25-1 各元素的第一激发电位

元素	钠(Na)	钾(K)	锂(Li)	镁(Mg)	汞(Hg)	氦(He)	氖(Ne)
U_0/V	2.12	1.63	1.84	3.2	4.9	21.2	18.6
λ/nm	589.8 589.6	766.4 769.9	670.78	457.1	250	58.43	64.02

三、实验仪器

ZKY-FH-2 型智能弗兰克-赫兹实验仪、示波器.

四、实验内容

(一) 准备工作

1. 熟悉实验装置结构和使用方法(见附录).

2. 按照图 25-4 的要求连接弗兰克-赫兹管各组工作电源线,检查无误后开机.将实验仪预热 20~30min.

3. 将弗兰克-赫兹实验仪的"信号输出"端、"同步输出"端分别接示波器 CH1 和 EXT.TRIG 端,观察电流强度随电压的变化曲线.

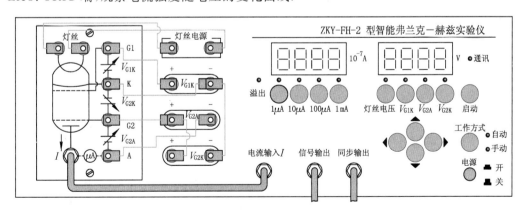

图 25-4 弗兰克-赫兹实验仪前面板接线图

(二) 开机后仪器的状态显示

1. 实验仪的"1mA"电流挡位指示灯亮,表明此时电流的量程为 1mA 挡.

2. 实验仪的"灯丝电压"挡位指示灯亮,表明此时修改的电压为灯丝电压,电压显示值为 000.0V,最后一位在闪动,表明现在修改位为最后一位.

3. "手动"指示灯亮,表明仪器工作正常.

(三) 氩元素的第一激发电位测量

1. 手动测试.

(1) 设置仪器为"手动"工作状态,按"手动/自动"键,"手动"测试指示灯亮.

(2) 设定电流量程(可参考机箱盖上提供的数据),按下电流量程"$10\mu A$"键,对应的量程指示灯亮.

(3) 设定电压源的电压值(设定值可参考机箱盖上提供的数据),用▲/▼、◀/▶键设定灯丝电压 V_F、第一加速电压 V_{G1K}、拒斥电压 V_{G2A}.

(4) 按下"启动"键,实验开始.用▲/▼、◀/▶键完成 V_{G2K} 电压值的调节,从 0.0V 起按步长 1V(或 0.5V)的电压值调节电压源 V_{G2K},同步记录 V_{G2K} 值和对应的 I_A 值,仔细观察弗兰克-赫兹管的板极电流值 I_A 的变化(可用示波器观察),特别关注 I_A 的峰值、谷值和对应的 V_{G2K} 值(一般取 I_A 的谷在 4~5 个为佳).

注意:为保证实验数据的唯一性,V_{G2K} 电压必须从小到大单向调节,不可在过程中反复;记录完成最后一组数据后,立即将 V_{G2K} 电压快速归零.

(5) 重新启动.在手动测试的过程中,按下"启动"键,V_{G2K} 的电压值将被设置为零,内部存储的测试数据被清除,示波器上显示的波形被清除,但 V_F、V_{G1K}、V_{G2A}、电流挡位等状态不发生改变.这时,操作者可以在该状态下重新进行测试,或修改状态后再进行测试.

2. 自动测试.

进行自动测试时,实验仪将自动产生 V_{G2K} 扫描电压,完成整个测试过程.将示波器与实验仪相连接,在示波器上可看到弗兰克-赫兹管板极电流 I_A 随 V_{G2K} 电压变化的波形.

(1) 自动测试工作状态设置.

按"手动/自动"键,将仪器设置为"自动"工作状态.参考机箱上提供的数据设置 V_F、V_{G1K}、V_{G2A} 及电流挡位.

(2) V_{G2K} 扫描终止电压的设定.

进行自动测试时,实验仪将自动产生 V_{G2K} 扫描电压.实验仪默认 V_{G2K} 扫描电压的初始值为零,V_{G2K} 扫描电压大约每 0.4s 递增 0.2V,直到扫描终止电压.

要进行自动测试,必须设置电压 V_{G2K} 的扫描终止电压.将"手动/自动"键按下,"自动"测试指示灯亮.按下 V_{G2K} 电压源选择键,V_{G2K} 电压源选择指示灯亮.用▲/▼、◀/▶键完成 V_{G2K} 电压值的具体设定,V_{G2K} 终止电压设定值建议不超过 85V.

(3) 启动自动测试.

将电压源选择为 V_{G2K},按面板上的"启动"键,自动测试开始.在自动测试过程中,观察扫描电压 V_{G2K} 与弗兰克-赫兹管板极电流的相关变化情况(可通过示波器观察板极电流 I_A 随扫描电压 V_{G2K} 变化的输出波形).在自动测试过程中,为避免面板按键误操作,导致自动测试失败,面板上除"手动/自动"按键外的所有按键都被屏蔽禁止使用.

(4) 自动测试过程正常结束.

当扫描电压 V_{G2K} 的电压值大于设定的测试终止电压值后,实验仪将自动结束本次自动测试过程,进入数据查询工作状态.

测试数据保留在实验仪主机的存储器中,供数据查询使用.所以,仍可观察到示波器本次测试数据所形成的波形,直到下次测试开始时才刷新存储器的内容.

(5) 自动测试后的数据查询.

自动测试过程正常结束后,实验仪进入数据查询工作状态.这时面板按键除测试电流指示区外,其他都已开启.自动测试指示灯亮,电流量程指示灯指示于本次测试的电流量程选择挡位.利用各电压源选择按键可选择各电压源的电压值指示,其中 V_F、V_{G1K}、V_{G2A} 三电压源只能显示原设定电压值,不能通过按键改变相应的电压值.用▲/▼、◄/►键改变电压源 V_{G2K} 的指示值,就可查阅到在本次测试过程中电压源 V_{G2K} 的扫描电压值为当前显示值时对应的弗兰克-赫兹管板极电流值 I_A 的大小,记录 I_A 的峰值、谷值和对应的 V_{G2K} 值(为便于作图,在 I_A 的峰值、谷值附件需多取几个点).

(6) 中断自动测试过程.

在自动测试过程中,只要按下"手动/自动"键,"手动"测试指示灯亮,实验仪就中断了自动测试过程,原设置的电压状态被清除.所有按键都被再次开启工作,这时可进行下一次的测试准备.

本次测试的数据依然保留在实验仪主机的存储器中,直到下次测试开始时才被清除,所以示波器仍会观察到部分波形.

(7) 结束查询过程回复初始状态.

当需要结束查询过程时,只要按下"手动/自动"键,"手动"测试指示灯亮,查询过程结束,面板按键再次全部开启.原设置的电压状态被清除,实验仪存储的测试数据被清除,实验仪回复到初始状态.

建议:"自动测试"应变化两次 V_F 值,测量两组 I_A-V_{G2K} 数据.若实验时间允许,还可改变 V_{G1K}、V_{G2A} 进行多次 I_A-V_{G2K} 测试.

五、实验数据及处理

1. 在坐标纸上描绘各组 I_A-V_{G2K} 数据对应曲线.

2. 计算每两个相邻峰或谷所对应的 V_{G2K} 之差值 ΔV_{G2K},并求出其平均值 $\overline{U_0}$,将实验值 $\overline{U_0}$ 与氩的第一激发电位 $U_0 = 11.61$ V 比较,计算相对误差,并写出结果表达式.

3. 请对不同工作条件下的各组曲线和对应的第一激发电位进行比较,分析哪些量发生了变化,哪些量基本不变,为什么?

附录 实验仪面板简介及操作说明

1. 弗兰克-赫兹实验仪前后面板说明.

弗兰克-赫兹实验仪前面板如图 25-5 所示,以功能划分为八个区:

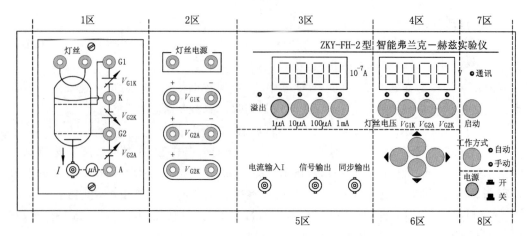

图 25-5 弗兰克-赫兹实验仪前面板图

1 区是弗兰克-赫兹管各输入电压连接插孔和板极电流输出插座.

2 区是弗兰克-赫兹管所需激励电压的输出连接插孔,其中左侧输出孔为正极,右侧为负极.

3 区是测试电流指示区:四位七段数码管指示电流值;四个电流量程挡位选择按键用于选择不同的最大电流量程挡;每一个量程选择同时备有一个选择指示灯,指示当前电流量程挡位.

4 区是测试电压指示区:四位七段数码管指示当前选择电压源的电压值;四个电压源选择按键用于选择不同的电压源;每一个电压源选择都备有一个选择指示灯,指示当前选择的电压源.

5 区是测试信号输入/输出区:电流输入插座输入弗兰克-赫兹管板极电流,信号输出和同步输出插座可将信号送示波器显示.

6 区是调整按键区:用于改变当前电压源电压设定值,设置查询电压点.

7 区是工作状态指示区:通信指示灯指示实验仪与计算机的通信状态;启动按键与工作方式按键共同完成多种操作.

8 区是电源开关.

2. 弗兰克-赫兹实验仪后面板说明.

弗兰克-赫兹实验仪后面板上有交流电源插座,插座上自带有保险管座.如果实验仪已升级为微机型,则通信插座可连接计算机;否则,该插座不可使用.

在确认供电电网电压无误后,将随机提供的电源连线插入后面板的电源插座中,连接面板上的连接线.务必反复检查,切勿连错.

3. 开机后的初始状态.

开机后,实验仪面板状态显示如下:

(1) 实验仪的"1mA"电流挡位指示灯亮,表明此时电流的量程为 1mA,电流显示值为 000.0μA.

(2) 实验仪的"灯丝电压"挡位指示灯亮,表明此时修改的电压为灯丝电压,电压显示值为 000.0V,最后一位在闪动,表明现在修改位为最后一位.

(3)"手动"指示灯亮,表明此时的实验操作方式为手动操作.

4. 变换电流量程.

如果想变换电流量程,则按下 3 区中相应的电流量程按键,对应的量程指示灯亮,同时电流指示的小数点位置随之改变,表明量程已变换.

5. 变换电压源.

如果想变换不同的电压,则按下 4 区中相应的电压源按键,对应的电压源指示灯随之点亮,表明电压源变换选择已完成,可以对选择的电压源进行电压值设定和修改.

6. 修改电压值.

按下前面板 6 区上的 ◀/▶ 键,当前电压的修改位将进行循环移动,同时闪动位随之改变,以提示目前修改的电压位置.

按下面板上的 ▲/▼ 键,电压值在当前修改位递增/递减一个增量单位.

注意:

(1) 如果当前电压值加上一个单位电压值的和超过了允许输出的最大电压值,再按下 ▲ 键,电压值只能修改为最大电压值.

(2) 如果当前电压值减去一个单位电压值的差小于零,再按下 ▼ 键,电压值只能修改为零.

7. 建议工作状态范围.

弗兰克-赫兹管很容易因电压设置不合适而遭到损坏,所以一定要按照规定的实验步骤和适当的状态进行实验.

电流量程:1μA 或 10μA 挡.
灯丝电源电压:0~6.3V.
第一栅压 V_{G1K}:0~5.0V.
第二栅压 V_{G2K}:0~85V.
拒斥电压 V_{G2A}:0~12V.

实验 26　分光计的调整及三棱镜折射率的测定

折射率可以衡量物质的折光性能,是光学玻璃的重要特性参数.折射率与入射光的波长有关.对于无色光学玻璃,国家标准规定应给出 7 种光谱线的折射率,这些谱线来自钠、钾、氢和汞 4 种元素,一般折射率常对钠黄光(波长 589.3nm)而言,记作 n_D.

本实验要求在练习用最小偏向角法测定棱镜玻璃折射率的同时,掌握分光计的调节和使用方法,观察、了解棱镜的色散和光谱的一般特征.

一、实验目的

1. 了解分光计的构造及其主要部件的作用.
2. 掌握自准直法和逐次逼近调节法.
3. 学会用最小偏向角法测定棱镜玻璃的折射率.

二、实验原理

图 26-1 表示单色光束沿 SD 方向射在三棱镜的 AB 面上,经过两次折射从 ES′ 方向射出. △ABC 是三棱镜的主截面(垂直于各棱脊的横截面),图中所示光线和角度都在此平面内,入射光线与出射光线之间的夹角叫作偏向角,以 δ 表示. 由图可见,

$$\delta = \angle FDE + \angle FED = (i_1 - i_2) + (i_4 - i_3).$$

实验原理

因顶角 $\alpha = i_2 + i_3$,所以

$$\delta = (i_1 + i_4) - \alpha. \tag{26-1}$$

同一棱镜的顶角 α 和折射率 n 皆为定值,故 δ 只随入射角 i_1 的变化而变化,由实验得知,在 δ 随 i_1 变化的过程中,对某一 i_1 值,δ 有一极小值,这就是最小偏向角 $\delta_{\min}$(图 26-2). 按求极值的方法可以获得满足最小偏向角的条件.

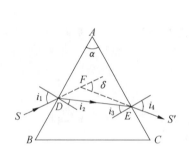

图 26-1 光在棱镜主截面内的折射

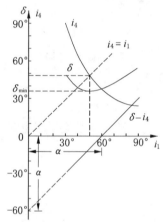

图 26-2 偏向角 δ、出射角 i_4 随入射角 i_1 的变化关系曲线

由式(26-1)对 i_1 求导数,得

$$\frac{\mathrm{d}\delta}{\mathrm{d}i_1} = 1 + \frac{\mathrm{d}i_4}{\mathrm{d}i_1}.$$

$\delta_{\min}$ 的必要条件是 $\frac{\mathrm{d}\delta}{\mathrm{d}i_1} = 0$,于是

$$\frac{\mathrm{d}i_4}{\mathrm{d}i_1} = -1. \tag{26-2}$$

按折射定律,光在 AB 面和 AC 面折射时,有

$$\sin i_1 = n \sin i_2,$$
$$\sin i_4 = n \sin i_3. \tag{26-3}$$

又可得

$$\frac{\mathrm{d}i_4}{\mathrm{d}i_1} = \frac{\mathrm{d}i_4}{\mathrm{d}i_3} \cdot \frac{\mathrm{d}i_3}{\mathrm{d}i_2} \cdot \frac{\mathrm{d}i_2}{\mathrm{d}i_1} = \frac{n \cos i_3}{\cos i_4} \cdot (-1) \cdot \frac{\cos i_1}{n \cos i_2}$$

$$= -\frac{\cos i_3}{\cos i_2}\frac{\sqrt{1-n^2\sin^2 i_2}}{\sqrt{1-n^2\sin^2 i_3}} = -\frac{\sqrt{\sec^2 i_2 - n^2\tan^2 i_2}}{\sqrt{\sec^2 i_3 - n^2\tan^2 i_3}}$$

$$= -\frac{\sqrt{1+(1-n^2)\tan^2 i_2}}{\sqrt{1+(1-n^2)\tan^2 i_3}}. \tag{26-4}$$

比较式(26-2)与式(26-4),有 $\tan i_2 = \tan i_3$,而 i_2 和 i_3 必小于 $\dfrac{\pi}{2}$,故

$$i_2 = i_3. \tag{26-5}$$

因此,由式(26-3)得出

$$i_1 = i_4. \tag{26-6}$$

可见,式(26-5)或(26-6)为 δ 达到极小值的条件. 把式(26-6)代入式(26-1),得

$$\delta_{\min} = 2i_1 - \alpha,$$

或

$$i_1 = \frac{1}{2}(\delta_{\min} + \alpha).$$

而 $\alpha = i_2 + i_3 = 2i_2$,$i_2 = \dfrac{\alpha}{2}$. 根据折射定律,有

$$n = \frac{\sin i_1}{\sin i_2} = \frac{\sin\frac{1}{2}(\delta_{\min}+\alpha)}{\sin\frac{1}{2}\alpha}. \tag{26-7}$$

为了测量棱镜玻璃对空气的相对折射率 n,只需测量三棱镜的顶角 α 和棱镜对单色光的最小偏向角 $\delta_{\min}$.

三、实验仪器及介绍

分光计、平面反射镜、三棱镜、低压汞灯及电源.

(一) 分光计的结构

分光计是分光测角计的简称,它能较精确地测量平行光线的偏转角度.借助它并利用反射、折射、衍射等物理现象,可完成全偏振角、晶体折射率、光波波长等物理量的测量,其用途十分广泛.

实验仪器

分光计的结构,因型号不同各有差别,但基本结构是相同的,一般都由底座、刻度读数盘、自准直望远镜、平行光管、载物平台五部分组成.现就 JJY 型分光计(图26-3)介绍如下:

1. 三角底座.

在三角底座中心,装有一垂直的固定轴,望远镜、主刻度圆盘、游标刻度圆盘都可绕它旋转,这一固定轴称为分光计主轴.

2. 刻度圆盘.

圆盘上刻有角度数值的称主刻度盘或度盘(图26-4),在其内侧有一游标盘,在游标盘上相对 180° 处刻有两个游标. 度盘(21)和游标盘(22)垂直地套在仪器底座的中心轴上,并可绕主轴转动. 度盘的圆周被刻线分成 720 等份,每格值为 30′. 在游标盘直径的两

端有两个游标读数装置,利用游标,能够把角度读准到 $1'$.

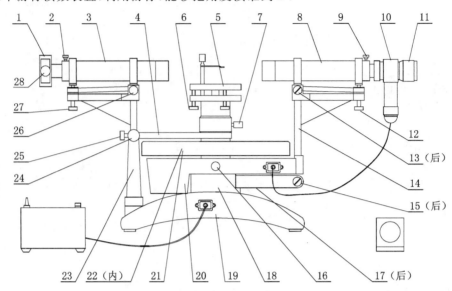

1—狭缝装置;2—狭缝装置锁紧螺钉;3—准直管;4—游标盘止动架;5—载物台;6—载物台调平螺钉(3个);7—载物台锁紧螺钉;8—望远镜;9—目镜锁紧螺钉;10—阿贝式自准直目镜;11—目镜调节手轮;12—望远镜光轴俯仰调节螺钉;13—望远镜光轴水平调节螺钉;14—支臂;15—望远镜微调螺钉;16—转座与度盘止动螺钉;17—望远镜止动螺钉;18—望远镜止动架;19—底座;20—转座;21—度盘;22—游标盘;23—立柱;24—游标盘微调螺钉;25—游标盘止动螺钉;26—准直管光轴水平调节螺钉;27—准直管光轴俯仰调节螺钉;28—狭缝宽度调节手轮

图 26-3　JJY 型分光计

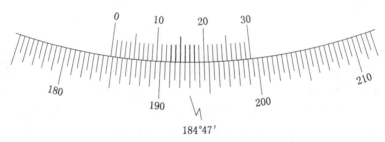

图 26-4　度盘及游标

3. 载物平台.

载物平台用来放置光学元件,如棱镜、光栅等,在其下方有载物台调平螺钉三只,以调节平台倾斜度(图 26-3 中的 6).用螺钉(7)可调节载物平台的高度,并当固紧时使平台与游标刻度盘固联.止动螺钉(25),可使游标盘与主轴固联;拧动螺钉(24),可使载物台与游标盘一起微动.

4. 自准直望远镜.

自准直望远镜用于确定平行光束方向,由支臂(14)支持,其结构如图 26-5 所示.它由目镜、全反射棱镜、叉丝分划板及物镜组成.目镜装在 A 筒中,全反射棱镜和叉丝分划板装在 B 筒内,物镜装在 C 筒顶部,A 筒可在 B 筒内前后移动,B 筒(连 A 筒)可在 C 筒内移动.叉丝分划板上刻有双"十"字形叉丝和透光小"十"字刻线,并且上叉丝与小"十"字刻线对称于中心叉丝[图 26-6(a)],全反射棱镜紧贴其上.开启光源 S 时,光线经全反射棱镜照亮小"+"字刻线.当小"+"字刻线平面处在物镜的焦平面上时,从刻线发出的光线经物镜成平行光.如果有一平面镜将这平行光反射回来,再经物镜,必成像于焦平面上,于是从目镜中可以同时看到叉丝和小"+"字刻线的反射像,并且无视差[图 26-6(b)].如果望远镜光轴垂直于平面反射镜,反射像将与上叉丝重合[图 26-6(c)].这种调节望远镜,使之适于观察平行光的方法称为自准法,这种望远镜称为自准直望远镜.

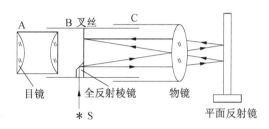

图 26-5 自准直望远镜

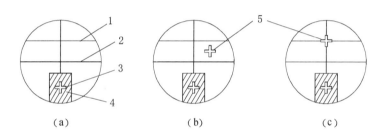

图 26-6 叉丝分划板和反射"+"字像

1—上叉丝;2—中心叉丝;3—透光"+"字刻线;4—绿色背景;5—"+"字刻线的反射像(绿色)

望远镜可通过螺钉(16)与主刻度盘固联,又可通过螺钉(17)与主轴固联,此时拧动望远镜微调螺钉(15),望远镜将连同主刻度盘绕主轴微动.

5. 平行光管.

平行光管是用来产生一束平行光的,它的一端是狭缝,另一端是物镜.当被照明的狭缝位于物镜焦平面上时,通过镜筒出射的光成为平行光束.如图 26-3 所示,螺钉(26)和(27)能调节其光轴的方位.狭缝可沿光轴移动和转动,缝宽可在 0.02~2mm 内调节.

(二) 分光计的调整

分光计常用于测量入射光与出射光之间的角度,为了能够准确地测得此角度,必须满足两个条件:① 入射光与出射光(如反射光、折射光)均为平行光;② 入射光与出射光都与刻度盘平面平行.为此须对分光计进行调整:使平行光管发出平行光,其光轴垂直于仪器主轴(即平行于刻度盘平面);使望远镜接受平行光,其光轴垂直于仪器主轴;并需调整载物平台,使其上旋转的分光元件的光学平面平行于仪器主轴.下面介绍调整方法.

1. 粗调.

调节水平调节螺钉(图 26-3 之 13)使望远镜居支架中央,并目测调节望远镜光轴俯仰调节螺钉(图 26-3 之 12),使光轴大致与主轴垂直,调节载物平台下方三只螺钉,使外伸部分等长,使平台平面大致与主轴垂直.这些粗调对于望远镜光轴的顺利调整至关重要.

2. 望远镜调焦于无穷远.

(1) 调节要求.根据前述自准直原理,当叉丝与透光小"+"字刻线位于物镜焦平面上,亦即绿"+"(透光小"+"的像)与叉丝无视差时,望远镜将接受平行光,或称望远镜调焦于无穷远.

(2) 调节方法.在载物平台上(图 26-7)放置平面反射镜,构成图 26-5 所示自准直光路.

开启内藏照明灯泡,照明透光小"+"字刻线.调节目镜 A(转动目镜筒手轮 A,筒壁螺纹结构使 A 筒在 B 筒内前后移动),改变目镜与叉丝分划板之间的距离,直至看清分划板上的双"+"字形叉丝.旋转载物台,改变平面反射镜沿水平方向的方位,若平面反射镜的镜面在俯仰方向上已大致垂直于望远镜光轴,则在改变平面反射镜水平方向的过程中,总可以在某一位置,通过目镜看到一个绿色"+"(可能不太清楚),如看不到则应视情况调节望远镜下方的光轴俯仰调节螺钉或载物台下方的 b 或 c 螺钉,再一次粗调望远镜光轴,使之大致与平面反射镜的镜面垂直.前后伸缩叉丝分划板套筒 B,改变叉丝与物镜之间的距离,直到在目镜中清晰无视差地看到一个明亮的绿色小"+"(透光小"+"刻线的像)为止[图 26-6(b)].

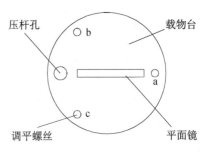

图 26-7 平面镜的放置

3. 调整望远镜光轴与仪器主轴垂直.

(1) 调整原理.若望远镜光轴垂直于平面反射镜镜面,且平面反射镜镜面平行于仪器主轴,则望远镜光轴必垂直于仪器主轴.此时若将载物台绕仪器主轴旋转 180°,使平面镜另一面对准望远镜,望远镜光轴仍将垂直于平面反射镜.若望远镜光轴开始时垂直于平面反射镜,但不垂直于主轴,亦即平面反射镜镜面不平行于主轴,则将平面反射镜反转 180°后,望远镜光轴不再垂直于平面反射镜镜面.

又由反射定律知,当望远镜光轴垂直于平面反射镜镜面时,绿"+"字与上叉丝重合.若同时有平面反射镜镜面平行于仪器主轴和望远镜光轴垂直于主轴,则平面镜反转 180°后,仍有望远镜光轴与平面镜垂直,绿"+"字仍与上叉丝重合,否则将不再重合.

(2) 调整方法.在望远镜调焦于无穷远的基础上,观察绿色小"+"字,一般它会偏离上叉丝,调节载物台调平螺钉 b 或 c,使绿色小"+"字向上叉丝移近 $\frac{1}{2}$ 的偏离距离,再调节望远镜光轴俯仰调节螺钉,使绿色小"+"字与上叉丝重合,见图 26-8,这时,望远镜轴与平面反射镜镜面垂直.将平面反射镜反转 180°,重复调节载物台调平螺钉 b 或 c,并调节望远镜光轴俯仰调节螺钉,使绿色小"+"字各自消除 $\frac{1}{2}$ 与上叉丝的偏离量,再次使望远镜光轴与平面反射镜镜面垂直.如此重复多次,直至平面反射镜绕主轴旋转 180°,绿色小"+"字始终都落在上叉丝中心为止.每进行一次调节,望远镜光轴与主轴垂直状态及平面反射镜与主轴的平行状态就改善一次.多次调节,直至完全改善为止,故称为逐次逼近调节.又由于每次各调 $\frac{1}{2}$ 偏离量,又称半调法.

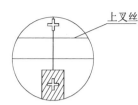
(a) 绿"+"字偏离上叉丝中央

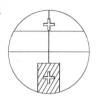
(b) 调节调平螺丝，减少1/2偏离

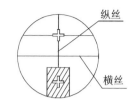
(c) 调望远镜俯仰，再减少1/2偏离，绿"+"字回到上叉丝中央

图 26-8 半调法

4. 调整叉丝的纵丝与主轴平行.

上叉丝与纵丝是互相垂直的.当纵丝与主轴不平行时,绕主轴转动望远镜,在望远镜视场中,会看到绿色小"+"字的运动轨迹与上叉丝相交.只要微微转动(不能有前后滑动!)镜筒 B,达到绿色小"+"字的运动轨迹与上叉丝重合,叉丝方向就调好了.

5. 平行光管的调整.

（1）使平行光管产生平行光,当被光所照明的狭缝刚好位于透镜的焦平面上时,平行光管射出平行光.

调整方法:拧动狭缝宽度调节手轮(图 26-3 之 28),打开狭缝,松开狭缝装置锁紧螺钉(图 26-3 之 2),前后移动狭缝套筒,当在已调焦无穷远的望远镜目镜中无视差地看到边缘清晰的狭缝像时,平行光管即发出平行光.

（2）调平行光管光轴与仪器主轴垂直,望远镜光轴已垂直于主轴,若平行光管主轴与其共轴,则平行光管光轴同样垂直于主轴.

调整方法:调节准直管光轴水平调节螺钉(图 26-3 之 26),使平行光管居支架中央.把望远镜转到正对平行光管的位置,看清狭缝像,并使狭缝像与纵丝重合,转动准直管光轴俯仰调节螺钉(图 26-3 之 27),使狭缝像的中点与中心叉丝重合.

四、实验内容

1. 调节分光计.

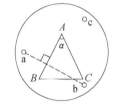

图 26-9 棱镜在载物台上的位置

实验操作

按教师指定的一种常规或简易的方法调好分光计后,把棱镜放在载物台上(图 26-9),使棱镜的一个光学平面与载物台的两个调平螺钉的连线相垂直,折射棱脊 A 在台面中心附近并且对着平行光管.转动望远镜,分别找到从棱镜 AB 面和 AC 面反射来的光(狭缝像).如果在望远镜视场中看到的这两个反射像不在分划板中间(偏上或偏下),说明棱镜的两个光学面的法线所成的平面(即棱镜主截面)不垂直于仪器的主轴.为了校正 AB 面的倾斜,可调节 a 或 b 调平螺钉;为了校正 AC 面的倾斜,只调节 c 螺钉(应理解按图 26-9 放置棱镜的合理性).当 AB 面和 AC 面反射的狭缝像都能处在分划板上下对称位置时,棱镜的主截面即垂直于仪器主轴.

2. 测量三棱镜的顶角.

如图 26-10 所示,若棱镜两个光学面反射的光线分别在 θ_1 和 θ_2 两个角位置处,则 $|\theta_1-\theta_2|$ 就是两束反射光的夹角.可以证明,棱镜的顶角

$$\alpha = \frac{|\theta_1 - \theta_2|}{2}.$$

用望远镜叉丝对准狭缝像(可使用微调装置)从度盘上分别读出 θ_1 和 θ_2(每个角位置都要用两个游标读数),记入表 26-1.改变度盘与棱镜台的相对角位置,重复测量.

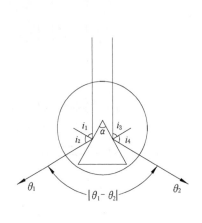

图 26-10 利用反射光测棱镜的顶角   图 26-11 最小偏向角的测定

3. 测量三棱镜的最小偏向角.

转动载物台,使棱镜处于图 26-11 所示位置(不要移动平台上的棱镜),先用眼睛直接找到折射光的大致方向,再用望远镜观察.当棱镜随着载物台的转动(即改变入射角 i_1),偏向角逐渐减小的时候,应使望远镜跟随一条光谱线(例如,546.1nm 绿线)转动.这个过程中会发现偏向角有一个最小值.即棱镜台转到某一个位置再继续转动,视场里的谱线不再沿着原方向移动,而开始向相反方向移动(偏向角反而变大).这时把望远镜叉丝对准这个转折处的谱线,记录角位置 φ_1 的两个游标读数,并记入表 26-2.然后使望远镜对准入射光(可从棱镜上方通过),读取入射光角位置读数 φ_0,则最小偏向角 $\delta_{\min} = |\varphi_1 - \varphi_0|$.

4. 以同样方法分别测量汞黄光(579.1nm 与 577.0nm)及蓝紫光(435.8nm)的最小偏向角.

五、实验数据及处理

(一) 测棱镜顶角

表 26-1 测棱镜顶角

测量次数	θ_1		θ_2		$\alpha = \frac{1}{4}[(\theta_1' - \theta_2') + (\theta_1'' - \theta_2'')]$
	游标 I 的读数 θ_1'	游标 II 的读数 θ_1''	游标 I 的读数 θ_2'	游标 II 的读数 θ_2''	
1					
2					
3					
平均值					

顶角测量的不确定度.

A 类：$u_{aA}=t_{0.68}\cdot S_{\bar{a}}=$ _____.

B 类：以仪器示值误差限为 $1'$ 计算：

$$u_{aB}=\frac{1'}{\sqrt{3}}=0.58',$$

因而，

$$u_a=\sqrt{u_{aA}^2+u_{aB}^2}=\underline{\qquad}.$$

三棱镜顶角的测量结果为

$$\alpha=\bar{\alpha}\pm u_a=\underline{\qquad}(P=0.68).$$

（二）测最小偏向角

表 26-2 测最小偏向角

光的颜色及波长 /nm	φ_1		φ_0		$\delta_{min}=\frac{|\varphi_1'-\varphi_0'|+|\varphi_1''-\varphi_0''|}{2}$	$n=\dfrac{\sin\dfrac{\alpha+\delta_{min}}{2}}{\sin\dfrac{\alpha}{2}}$
	游标Ⅰ φ_1'	游标Ⅱ φ_1''	游标Ⅰ φ_0'	游标Ⅱ φ_0''		
黄 579.1						
黄 577.0						
绿 546.1						
蓝紫 435.8						

最小偏向角的测量不确定度：δ_{min} 都是一次测量，而且从黄光到紫光 δ_{min} 值变化不大，都在 50°左右，参考测顶角 α 的相对不确定度，可确定所有 δ_{min} 的不确定度皆为 u_a，即 $u_{\delta_{min}}=u_a$.

（三）计算折射率 n 的标准不确定度

由不确定度传递与合成关系可知：

$$u_n=\left[\left(\frac{\cos\dfrac{\delta_{min}+\alpha}{2}}{2\sin\dfrac{\alpha}{2}}\right)^2\cdot u_{\delta_{min}}^2+\left(\frac{\sin\dfrac{2\alpha+\delta_{min}}{2}}{2\sin^2\dfrac{\alpha}{2}}\right)^2\cdot u_a^2\right]^{\frac{1}{2}}=\underline{\qquad}.$$

在代入数值计算 u_n 时，要把以角度表示的 u_a 及 $u_{\delta_{min}}$ 换算成以弧度表示的值.

六、思考题

1. 本实验中三棱镜在载物台上的位置为什么不是任意的？应考虑哪些因素？
2. 实验中测出汞光谱中某一波长的最小偏向角以后，固定载物台和三棱镜，是否可以利用望远镜直接确定其他波长的最小偏向角位置？
3. 计算波长为 546.1nm 的光在你使用的三棱镜内的波长.

实验 27　用透射光栅测定光波波长

光栅是根据多缝衍射原理制成的一种分光元件，在结构上有平面光栅、阶梯光栅和凹面光栅等几种，同时又分为用于透射光衍射的透射光栅和用于反射光衍射的反射光栅两类,本实验选用的是透射式平面光栅.

透射式平面光栅是由在光学玻璃上刻划大量相互平行、宽度和间隔相等的刻痕制成的.一般,光栅上每毫米刻划几百至几千条刻痕.当光照射在光栅上时,刻痕处由于散射不易透光,而未经刻划的部分就成了透光的狭缝.由于光刻光栅制造困难,价格昂贵,常用的是复制光栅和全息光栅.本实验使用的是全息光栅.

一、实验目的

1. 进一步熟练掌握分光计的调节和使用分法.
2. 观察光线通过光栅的衍射现象.
3. 测定衍射光栅的光栅常量、光波波长和光栅角色散.

二、实验原理

若以单色平行光垂直照射在光栅面上(图 27-1),则光束经光栅各缝衍射后将在透镜的焦平面上叠加,形成一系列被相当宽的暗区隔开的、间距不同的明条纹(称光谱线).根据夫琅和费衍射理论,衍射光谱中明条纹所对应的衍射角应满足下列条件:

$$d\sin\varphi_k = \pm k\lambda \quad (k=0,1,2,3,\cdots). \tag{27-1}$$

式中,$d=a+b$ 称为光栅常数(a 为狭缝宽度,b 为刻痕宽度,参见图 27-2),k 为光谱线的级数,φ_k 为 k 级明条纹的衍射角,λ 为入射光的波长.该式称为光栅方程.

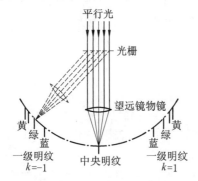

图 27-1 衍射光路及光谱示意图

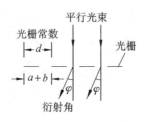

图 27-2 光栅常数示意图

如果入射光为复色光,则由式(27-1)可以看出,光的波长不同,其衍射角 φ_k 也各不相同,于是复色光被分解,在中央 $k=0$,$\varphi_k=0$ 处,各单色光仍重叠在一起,组成中央明条纹,称为零级谱线.在零级谱线的两侧对称分布着 $k=1,2,3,\cdots$ 级谱线,且同一级谱线按不同波长,依次从短波向长波散开,即衍射角逐渐增大,形成光栅光谱.

由光栅方程可看出,若已知光栅常数 d,测出衍射明条纹的衍射角 φ_k,即可求出光波波长 λ.反之,若已知 λ,亦可求出光栅常数 d.

将光栅方程式(27-1)对 λ 求微分,可得光栅的角色散为

$$D = \frac{d\varphi}{d\lambda} = \frac{k}{d\cos\varphi}. \tag{27-2}$$

角色散是光栅、棱镜等分光元件的重要参数,它表示单位波长间隔内两单色谱线之

间的角距离.由式(27-2)可知,光栅常数 d 越小,角色散越大;此外,光谱的级次越高,角色散也越大.而且光栅衍射时,如果衍射角不大,则 $\cos\varphi$ 近于不变,光谱的角色散几乎与波长无关,即光谱随波长的分布比较均匀,这和棱镜的不均匀色散有明显的不同.

分辨本领是光栅的又一重要参数,它表征光栅分辨光谱线的能力.设波长为 λ 和 $\lambda+\mathrm{d}\lambda$ 的不同光波,经光栅衍射形成的两条谱线刚刚能被分开,则光栅分辨本领 R 为

$$R = \frac{\lambda}{\mathrm{d}\lambda}. \tag{27-3}$$

根据瑞利判据,当一条谱线强度的极大值和另一条谱线强度的第一极小值重合时,则可认为该两条谱线刚能被分辨.由此可以推出

$$R = kN. \tag{27-4}$$

式中,k 为光谱级数,N 是光栅刻线的总数.(问:设某光栅 $N=4000$,对一级光谱在波长为 590nm 附近,它刚能辨认的两谱线的波长差为多少?)

三、实验仪器

分光计、透射光栅、低压汞灯及电源等.

四、实验内容

(一) 调节分光计及光栅

1. 按分光计调整实验中所述的要求调节好分光计,即望远镜聚焦于无穷远处;准直管发出平行光;望远镜和准直管共轴且与分光计转轴正交.

2. 调节光栅平面与分光计转轴平行,且光栅面垂直于准直管.调节的方法是:先把望远镜叉丝对准狭缝,再将平面光栅按图 27-3 置于载物台上,转动载物台,并调节螺丝 a 或 b,直到望远镜中从光栅面反射回来的绿"十"字像与目镜中的调整叉丝重合,至此光栅平面与分光计转轴平行,且垂直于准直管,最后固定载物台.

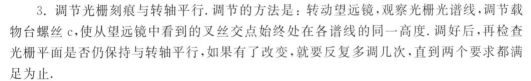

图 27-3 载物台上光栅位置

3. 调节光栅刻痕与转轴平行.调节的方法是:转动望远镜,观察光栅光谱线,调节载物台螺丝 c,使从望远镜中看到的叉丝交点始终处在各谱线的同一高度.调好后,再检查光栅平面是否仍保持与转轴平行,如果有了改变,就要反复多调几次,直到两个要求都满足为止.

(二) 测定光栅常数 d

用望远镜观察各条谱线,然后测量相应于 $k=\pm1$ 级的汞灯光谱中的绿线($\lambda=546.1$nm)的衍射角,重复测 3 次后取平均值,代入式(27-1)求出光栅常数 d.

(三) 测定光波波长

选择汞灯光谱中的蓝色及其他颜色的谱线进行测量,测出相应于 $k=\pm1$ 级谱线的衍射角,重复测 3 次后取平均值.将测出的光栅常数 d 代入式(27-1),就可以算出相应的光波波长,并与标称值进行比较.

（四） 测量光栅的角色散

用钠灯或汞灯为光源,测量其 1 级和 2 级光谱中双黄线的衍射角,双黄线的波长差为 $\Delta\lambda$,钠光谱为 0.597nm,汞光谱为 2.06nm,结合测得的衍射角之差 $\Delta\varphi$,求角色散 $D=\dfrac{\Delta\varphi}{\Delta\lambda}$.

（五） 考察光栅的分辨本领

用钠灯为光源,观察它的 1 级光谱的双黄线,以考察所用光栅的分辨能力. 当双黄线刚被分辨出时,光栅的刻线数应限制在多少?

转动望远镜看到钠光谱的双黄线,在准直管和光栅之间放置一宽度可调的单缝,使单缝的方向和准直管狭缝一致,由大到小改变单缝的宽度,直至双黄线刚刚被分辨开,反复试几次,取下单缝,用移测显微镜测出缝宽 b,则在单缝掩盖下,光栅露出部分的刻数

$$N=\frac{b}{d}.$$

由此求出光栅露出部分的分辨本领 $R(R=kN)$,并和由式(27-3)求出的理论值相比较.

> **注意:**
> (1) 放置或移动光栅时,不要用手接触光栅表面,以免损坏镀膜.
> (2) 从光栅平面反射回来的绿"+"字像亮度较微弱,应细心观察.

五、思考题

1. 本实验对光栅的放置与调节有何要求?
2. 如何调节光栅平面,使之与分光计转轴平行?

实验 28　用牛顿环测透镜曲率半径

牛顿为了研究薄膜颜色,曾经用凸透镜放在平面玻璃上的方法做实验. 1675 年,他在给皇家学会的论文里记述了这个被后人称作牛顿环的实验. 他的最有价值的发现之一,是测出同心环的半径就可算出相应的空气层厚度,对应于亮环的厚度与 1,3,5…成比例,对应于暗环的厚度与 0,2,4…成比例. 19 世纪初,托马斯·杨用光干涉原理解释了牛顿环,并参考牛顿的测量计算了与不同色光对应的波长和频率.

牛顿环和劈形膜干涉都是由振幅分割法产生的干涉. 在光学仪器厂,常用标准面与待测面之间产生的干涉条纹(称作"光圈")检查加工的平面度.

一、实验目的

1. 理解用牛顿环测透镜曲率半径的原理.
2. 学习移测显微镜的使用方法.
3. 练习用逐差法处理实验数据.

二、实验原理

（一）利用牛顿环测凸透镜的球面半径

实验原理

一个曲率半径很大的平凸透镜,以其凸面朝下,放在一块平面玻璃板上(图 28-1),二者之间形成从中心向周边逐渐增厚的空气膜.若对透镜垂直投射单色平行光,则空气膜下缘面与上缘面反射的光就会在空气膜上缘面附近相遇而干涉,出现以玻璃接触点为中心的一系列明暗相间的圆环,即牛顿环.

设透镜曲率半径为 R,与接触点 O 相距 r 处的膜厚为 d,则

$$R^2 = (R-d)^2 + r^2$$
$$= R^2 - 2Rd + d^2 + r^2.$$

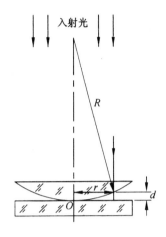

图 28-1 牛顿环的形成

因 $R \gg d$,所以 d^2 可略去,得

$$d = \frac{r^2}{2R}. \tag{28-1}$$

光线垂直入射,几何光程差为 $2d$,还要考虑光波在平面玻璃上反射会有半波损失,从而带来 $\lambda/2$ 的附加光程差,所以总光程差为

$$\delta = 2d + \frac{\lambda}{2}. \tag{28-2}$$

产生暗环的条件是

$$\delta = (2m+1)\frac{\lambda}{2} \quad (m = 0, 1, 2, \cdots). \tag{28-3}$$

其中 m 为干涉级数.综合以上三式,第 m 级暗环半径为

$$r_m = \sqrt{mR\lambda}. \tag{28-4}$$

实际上,由于两镜接触点之间难免存在细微的尘埃,使程差产生难以确定的变化,中央暗点可变为亮点或若明若暗;再者,接触压力引起的玻璃形变会使接触点扩大成一个接触面,以致接近圆心处的干涉条纹也是宽阔而模糊的.这就给测量 m 带来某种程度的不确定性.根据式(28-4),有

$$r_m^2 = mR\lambda, \quad r_n^2 = nR\lambda,$$

两式相减,得

$$r_m^2 - r_n^2 = R(m-n)\lambda,$$

所以

$$R = \frac{r_m^2 - r_n^2}{(m-n)\lambda} = \frac{D_m^2 - D_n^2}{4(m-n)\lambda}. \tag{28-5}$$

因 m 和 n 有着相同的不确定度,利用 $m-n$ 这一相对测量恰好消除了由绝对测量的不确定性带来的误差.

（二）利用劈形膜干涉测薄片厚度

在叠合的两块平板玻璃的一端夹一薄片，即构成空气的劈形膜（图28-2）。在单色光垂直照射下，可见空气膜上形成平行于两块玻璃面交线的等间距干涉条纹。根据式(28-2)，形成暗条纹的条件为

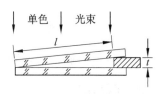

图 28-2　劈形膜

$$\delta = 2d + \frac{\lambda}{2} = (2k+1)\frac{\lambda}{2} \quad (k=0,1,2,\cdots). \tag{28-6}$$

与 k 级暗条纹对应的空气膜厚度为

$$d = k\frac{\lambda}{2}. \tag{28-7}$$

设薄片的厚度为 t，从劈形膜尖端到第 k 级暗纹和薄片端面的距离分别为 x 和 l，可知相邻暗条纹的间距为

$$\Delta x = \frac{x}{k}, \tag{28-8}$$

于是有

$$\frac{d}{x} = \frac{t}{l}. \tag{28-9}$$

将式(28-7)和式(28-8)代入式(28-9)，得

$$t = \frac{l}{\Delta x} \cdot \frac{\lambda}{2}. \tag{28-10}$$

三、实验仪器及介绍

（一）移测显微镜

实验仪器

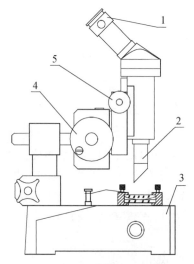

1—目镜；2—物镜；3—底座；
4—测微鼓轮；5—调焦手轮
图 28-3　移测显微镜

移测显微镜是利用螺旋测微器控制镜筒（或工作台）移动的一种测量显微镜。此外，也有移动分划板进行测量的机型。显微镜由物镜、分划板和目镜组成光学显微系统。位于物镜焦点前的物体经物镜成放大、倒立的实像于目镜焦点附近并与分划板的刻线在同一平面上。目镜的作用如同放大镜，人眼通过它观察放大后的虚像。为精确测量小目标，有的移测显微镜配备测微目镜，取代普通目镜。

图28-3中的镜筒移动式移测显微镜可分为测量架和底座两大部分。在测量架上装有显微镜筒和螺旋测微装置。显微镜的目镜用锁紧圈和锁紧螺钉固紧于镜筒内。物镜用螺纹与镜筒连接。整体的镜筒可用调焦手轮对物调焦。旋转测微鼓轮，镜筒能够沿导轨横向移动，测微鼓轮每旋转一周，显微镜筒移动1mm，镜筒的移动量从附在导轨上的50mm直尺上读出整毫米数，小数部分从测微鼓轮上读出。测微鼓轮圆周均分为100个刻度，所以测微鼓轮每转一格，显

微镜移动 0.01mm. 测量架的横杆插入立柱的十字孔中,立柱可在底座内转动和升降,用旋转把手固定.

为了保证应有的测量精度,移测显微镜最好在室温 (20 ± 3) ℃条件下使用. 使用前先调整目镜,对分划板(叉丝)聚焦清晰后,再转动调焦手轮,同时从目镜中观察,使被观测物成像清晰,无视差. 为了测量准确,必须使待测长度与显微镜筒移动方向平行. 还要注意,应使镜筒单向移至起止点读数,以避免由于螺旋空回产生的误差.

(二) 牛顿环仪

牛顿环仪由平凸透镜凸面朝下置于光学平板玻璃上,用固定支架固定,如图 28-4 所示.

1—平凸透镜; 2—光学平板玻璃;
3—固定支架

图 28-4 牛顿环仪

(三) 低压钠灯

低压钠灯产生 589.3nm 波长的黄光,低压钠灯开启后预热几分钟便能正常工作,实验过程中不要随意开、关电源,以免损坏灯管.

四、实验内容

(一) 调节仪器

1. 在台面上对牛顿环仪作目视调节:轻微旋转金属镜框上的调节螺丝,使环心面积最小,并且稳定在镜框中心(切忌拧紧螺丝,以免干涉条纹变形,导致测量失准或光学玻璃破裂).

2. 把牛顿环仪放在显微镜镜筒正下方的载物台上,调节支持镜筒的立柱,使镜筒有适当高度. 镜筒下呈 45°放置的反射玻璃片对准光源方向,让钠黄光经玻璃片反射后进入牛顿环仪(图 28-5),此时可见显微镜视场充满明亮黄光.

3. 转动目镜对十字叉丝聚焦,并使叉丝的一根线与镜筒移动的方向平行.

4. 使显微镜筒位居直尺中间,再摆正牛顿环仪. 转动调焦手轮对牛顿环聚焦,并且消除视差. 移动显微镜镜筒观察,环心左右均应出现 70 条以上的干涉条纹.

(二) 测量

为了消除移测显微镜在改变移动方向时可能产生的螺纹间隙误差,在被测范围以内,读数鼓轮只可单向转动. 具体取向由鼓轮上的零点与直尺示值的配合情况决定. 例如,先从中心向一侧移动镜筒,同时默数叉丝扫过的环数,到 45 环后反向移动,记下 39~30 环以及 19~10 环范围内每一环的位置 x_i,再继续移至环心另一侧,记下 10~19 和 30~39 各环的位置读数 x_i'.

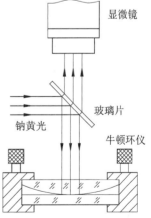

图 28-5 牛顿环实验装置

五、实验数据及处理

1. 由 x_i 和 x_i' 分别算出 20 个牛顿环直径 $D_i = |x_i - x_i'|$，以逐差法取 $m - n = 20$ 计算出 10 个 $(D_m^2 - D_n^2)$ 值，取平均代入式(28-5)，得出 $\overline{R}$. 在估算其不确定度 u_R 时，把 λ（取 589.3nm）视为常量.

2. 实验数据见下表.

环序数	移测显微镜读数/mm		环直径/mm $D_i = \|x_i - x_i'\|$	直径的平方/mm² D_i^2	逐差/mm² $D_m^2 - D_n^2$
	x_i(左)	x_i'(右)			
39					
38					
37					
36					
35					$D_{39}^2 - D_{19}^2 =$
34					$D_{38}^2 - D_{18}^2 =$
33					$D_{37}^2 - D_{17}^2 =$
32					$D_{36}^2 - D_{16}^2 =$
31					$D_{35}^2 - D_{15}^2 =$
30					$D_{34}^2 - D_{14}^2 =$
19					$D_{33}^2 - D_{13}^2 =$
18					$D_{32}^2 - D_{12}^2 =$
17					$D_{31}^2 - D_{11}^2 =$
16					$D_{30}^2 - D_{10}^2 =$
15					平均值 $\overline{D_m^2 - D_n^2} =$ ($m - n = 20$)
14					
13					
12					
11					
10					

（保留五位有效数字）

$$\overline{R} = \frac{\overline{D_m^2 - D_n^2}}{4(m-n)\lambda} = \underline{\qquad} \text{ mm}^2.$$

$\lambda = 589.3\text{nm}.$

$S_{\overline{D_m^2 - D_n^2}} = \underline{\qquad} \text{ mm}^2.$

$$u_{\overline{R}} = \frac{S_{\overline{D_m^2 - D_n^2}}}{4(m-n)\lambda} = \underline{\qquad} \text{ m} \quad (P = 68\%).$$

测量结果 $R = \overline{R} \pm u_{\overline{R}} = \underline{\qquad}$ m.

六、思考题

1. 牛顿环的各环是否等宽？环的密度是否均匀？如何解释？
2. 牛顿环与劈形膜干涉有什么相同与不同之处？

实验 29　用菲涅耳双棱镜测波长

在光的波动说和粒子说的论战中,1801 年 11 月,托马斯·杨在他宣读的论文中提出了光的干涉原理,后来又做了著名的光干涉实验.几年以后,菲涅耳在建立较严密的光干涉理论的同时,设计了双棱镜等实验,以无可辩驳的证据,为波动光学奠定了坚实的基础.

菲涅耳双棱镜与杨氏实验、菲涅耳双棱镜与劳埃镜等实验都是用分波阵面法实现干涉的,而牛顿环实验则是用分振幅法实现干涉的.

一、实验目的

1. 加深对光的干涉现象和基本规律,特别是用分波阵面法实现干涉的实验方法的认识.
2. 掌握用干涉法测定波长的一种方法.
3. 掌握光学系统的调整及测量方法.

二、实验原理

若让单色光先通过一个针孔 S,再经过相同的路程到达靠得很近的两个针孔 S_1 和 S_2 上,因穿过此两针孔的光是从同一波阵面分割而来的,S_1 和 S_2 即成为同相位的次级单色光源,这两处

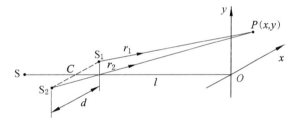

图 29-1　杨氏实验原理

的光波只要在传播过程中叠加起来,就可以用屏幕接收到干涉图样.图 29-1 中 xOy 屏幕垂直于 S_1、S_2 连成的垂直等分线 CO,而 x 轴平行于 S_1、S_2 的连线.设 d 为两个针孔的间距,l 为两针孔连线到观察面的垂直距离,对屏上某点 $P(x,y)$ 而言,光从两针孔到该点的几何路程分别为

$$r_1 = \sqrt{l^2 + y^2 + \left(x - \frac{d}{2}\right)^2},$$
$$r_2 = \sqrt{l^2 + y^2 + \left(x + \frac{d}{2}\right)^2}. \tag{29-1}$$

两式平方相减,可得

$$r_2^2 - r_1^2 = 2xd, \tag{29-2}$$

或

$$r_2 - r_1 = \frac{2xd}{r_1 + r_2}. \tag{29-3}$$

$r_2 - r_1$ 是光从 S_1 和 S_2 到达 P 点的几何路程差,在空气中近似等于光程差 δ.实际

上，可见光的波长很短，只有当 d 比 l 小很多时才便于观测到干涉条纹．如果 x 和 y（即观测范围）也很小，则

$$r_1 + r_2 \approx 2l. \tag{29-4}$$

把式(29-4)代入式(29-3)，得

$$\delta = r_2 - r_1 = \frac{xd}{l}. \tag{29-5}$$

当两束光到达屏幕上某点的光程差满足 $\delta = k\lambda$ 时，该点因干涉加强有最大亮度．所以 x 坐标满足下式的各点亮度皆为最大：

$$x = \frac{k\lambda}{d} l, \tag{29-6a}$$

其中 $k = 0, \pm 1, \pm 2, \cdots$ 为干涉条纹的级次．而相消干涉即最暗各点的 x 坐标满足下式：

$$x = (2k+1)\frac{\lambda}{2} \cdot \frac{l}{d}. \tag{29-6b}$$

由于干涉加强和干涉相消各点位置只与 x 坐标有关，因而在 O 点附近的干涉图样是一系列平行于 y 轴等间隔的明暗条纹．相邻明条纹或暗条纹的距离为

$$\Delta x = \lambda \frac{l}{d}, \tag{29-7}$$

所以

$$\lambda = \frac{d}{l} \Delta x. \tag{29-8}$$

因上述干涉条纹是平行于 y 轴的，如采用狭缝光源代替针孔 S，发出柱面波前照射平行的双缝 S_1 和 S_2，就能大大加强干涉图样的亮度．

菲涅耳双棱镜有两个很小的棱镜角（图29-2）．从狭缝 S 发出的光波被双棱镜折射成稍许倾斜的两束光，在其交叠区域（图中以斜线表示）发生干涉现象．S_1 和 S_2 是 S 因折射产生的两个虚像，相当于杨氏双缝，可称虚光源．若 S 与 M 相距为 l（S_1 和 S_2 与 S 近似在同一平面上），S_1、S_2 相距为 d，条纹间距为 Δx，则可利用式(29-8)计算出单色光的波长 λ．

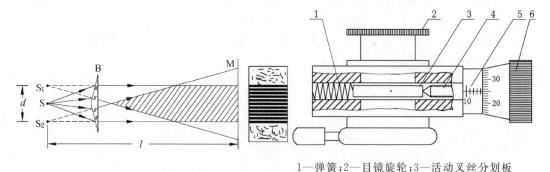

图 29-2　双棱镜干涉条纹的产生　　　图 29-3　测微目镜的结构

1—弹簧；2—目镜旋轮；3—活动叉丝分划板
4—螺杆；5—主尺；6—读数鼓轮

三、实验仪器及介绍

光具座、滑块座、可调狭缝、双棱镜、凸透镜、测微目镜、高压汞灯及电源、干涉滤光片等．

实验室常用的测微目镜是一种螺杆式结构,结构原理见图 29-3.旋转读数鼓轮,螺杆便推动活动叉丝分划板沿垂直于目镜光轴方向移动,螺杆的螺距为 1mm,鼓轮转一圈,叉丝分划板就移动 1mm,鼓轮上刻有 100 个分格,所以每小格读数为 0.01mm(分度值).

读数时用竖叉丝对准目标,然后从主尺上读取以 mm 为单位的整数部分,小数部分由读数鼓轮上读出.

测量时要注意克服螺纹间隙误差和消除目镜的物像与叉丝之间的视差.影响此类测微目镜准确度的主要因素是螺杆的制造误差.

四、实验内容

(一) 调节光路

先在导轨上做好各光学元件等高共轴的目测粗调,使汞灯 W 的发光中心、滤光片 F 的几何中心、狭缝 S 和双棱镜 B 棱脊的中点大致处在测微目镜 M 的主光轴上(图 29-4).然后按以下顺序进行细调:

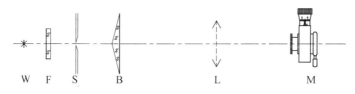

图 29-4 双棱镜实验装置

1. 调整狭缝与凸透镜等高共轴.在光具座上放上狭缝、透镜(焦距为 f)和白屏,狭缝紧贴高压汞灯,打开狭缝约 2mm 宽,用二次成像法使狭缝与透镜等高共轴.

2. 调整测微目镜、狭缝和透镜等高共轴.将白屏换成测微目镜,使狭缝到测微目镜滑块座的距离稍大于 $4f$,转动目镜旋轮,使叉丝清晰成像,再旋转测微目镜的读数鼓轮,使竖叉丝移至视野中央,前后移动透镜,直至通过测微目镜观察到清晰的狭缝缩小像,上、下、左、右微微移动目镜支架,以改变测微目镜位置(注意不应旋转读数鼓轮),使横叉丝大致位于缩小像中点,竖叉丝与缩小像重合.然后向光源方向移动透镜,在目镜中观察到清晰的狭缝放大像,上、下、左、右微微移动透镜,使放大像与竖叉丝重合.重复上述步骤,直至缩小像和放大像均与叉丝重合为止.

3. 调整双棱镜和狭缝、透镜、测微目镜等高共轴.在狭缝与透镜之间再放上双棱镜,使狭缝与双棱镜滑块座相距 20~30cm,这时若把白屏放在棱镜背后,应看到中间为亮带的对称光场.上、下、左、右移动双棱镜并转动狭缝,直至在测微目镜中观察到等长、并列(表示棱脊平行于狭缝)、等亮度(表示棱脊通过透镜光轴)的两条狭缝缩小像.

(二) 干涉条纹的调整

为使通过测微目镜看到清楚的干涉条纹,实验中必须满足两个条件:第一,狭缝宽度足够窄,以使条纹具有良好的反衬度.但狭缝不能过窄,过窄光强太弱,会观察不到干涉条纹.第二,双棱镜的脊背和狭缝的取向必须互相平行,否则缝的上下相应各点光源的干涉条纹互相错位叠加,降低条纹反衬度,同样无法观察到干涉条纹.

调整方法:在上述各光学元件调整的基础上,移去透镜 L,进一步交替微调狭缝宽度和狭缝取向,反复若干次,直至通过测微目镜看到最清晰的干涉条纹为止.如测微目镜离狭缝较远不便调节,也可先把测微目镜移近狭缝,在获得清晰的条纹后,再逐步移回原定位置.

(三) 测量条纹间距 Δx

用测微目镜叉丝逐一对准视场中部的 10 条暗条纹,记录每一暗条纹在目镜微尺上的位置 $x_1, x_2, \cdots, x_{10}$,并记入表 29-1 中(以逐差法求 Δx 的平均值).

(四) l 的测量

记录狭缝、双棱镜和测微目镜在光具座上的位置.

(五) 虚光源 S_1 至 S_2 间距 d 的测量

在双棱镜和目镜之间放上凸透镜 L(注意不改变狭缝与双棱镜的相对位置),前后移动透镜,使狭缝光源 S 在目镜分划板 M 上成 S_1' 与 S_2' 两个清晰的缩小的实像.由透镜的放大公式可知

$$d = \frac{U}{V} d'.$$

式中,U 是狭缝 S 到透镜 L 的距离,V 是透镜 L 到测微目镜 M 的距离,这两个距离可根据狭缝、透镜和目镜分划板在光具座标尺上的位置计算出来;d' 是两个缩小实像之间的间距,用测微目镜测量.所测数据均记入表 29-2 中.

(六) 观察现象

1. 先后改变双棱镜和目镜的位置,分别观察干涉条纹的变化并作定性解释.
2. 从光具座上取下滤光片,观察干涉条纹的变化,说明其特征.

五、实验数据及处理

1. Δx 的测量.

表 29-1 测量条纹位置　　　　　　　　　　单位:mm

条纹位置读数		逐　　差
x_1		$\Delta x_1 = \dfrac{x_6 - x_1}{5} =$
x_2		$\Delta x_2 = \dfrac{x_7 - x_2}{5} =$
x_3		$\Delta x_3 = \dfrac{x_8 - x_3}{5} =$
x_4		$\Delta x_4 = \dfrac{x_9 - x_4}{5} =$
x_5		$\Delta x_5 = \dfrac{x_{10} - x_5}{5} =$
x_6		$\overline{\Delta x} = \dfrac{\Delta x_1 + \Delta x_2 + \cdots + \Delta x_5}{5} =$
x_7		
x_8		$S_{\overline{\Delta x}} = \sqrt{\dfrac{\sum\limits_{i=1}^{5}(\Delta x_i - \overline{\Delta x})^2}{n(n-1)}} =$
x_9		
x_{10}		$(n=5)$

$$u_{\overline{\Delta x}A} = S_{\overline{\Delta x}}, \qquad u_{\overline{\Delta x}B} = \frac{0.004}{\sqrt{3}},$$

$$u_{\overline{\Delta x}} = \sqrt{u_{\overline{\Delta x}A}^2 + u_{\overline{\Delta x}B}^2} = \underline{\qquad} \text{ mm}.$$

2. l 的测量：

$l = \underline{\qquad}$ mm.

$u_l = 0.5$ mm.

3. S_1 至 S_2 间距 d 的测量（只测一次）.

表 29-2　测量 S_1 至 S_2 的间距 d　　　　　　　单位：mm

d'	
U	
V	
d	

$$u_d = d\left(\frac{u_U}{U} + \frac{u_V}{V} + \frac{u_{d'}}{d'}\right) = \underline{\qquad} \text{ mm}.$$

$u_U = u_V = 0.5$ mm, $u_{d'} = 0.004$ mm.

4. 波长的计算：

$$\overline{\lambda} = \frac{d}{l}\overline{\Delta x} = \underline{\qquad} \text{ mm}.$$

$$u_{\overline{\lambda}} = \overline{\lambda}\left(\frac{u_d}{d} + \frac{u_l}{l} + \frac{u_{\overline{\Delta x}}}{\overline{\Delta x}}\right) = \underline{\qquad} \text{ mm}.$$

5. 波长的测量结果表示：

$\lambda = \overline{\lambda} \pm u_{\overline{\lambda}} = \underline{\qquad}$ nm　（$P = 0.68$）.

六、思考题

1. 本实验中的狭缝起什么作用？为什么狭缝太宽就会降低干涉条纹的可见度？
2. 双棱镜的两个折射角为什么要那么小？

实验 30　迈克尔孙干涉仪的调整和使用

迈克尔孙（Michelson，1852—1931）曾用干涉仪做过三个闻名于世的重要实验，即迈克尔孙-莫雷（Morley，1838—1923）以太漂移实验，首先系统地研究光谱线的精细结构以及首次直接将光谱线的波长与标准米进行比较. 后来，在迈克尔孙干涉仪的基础上发展出多种形式的干涉测量仪器. 这些仪器在近代物理和计量技术中被广泛应用.

一、实验目的

1. 熟悉迈克尔孙干涉仪的结构，掌握其调整方法.
2. 通过实验观察，认识点光源等倾干涉条纹的形成条件和条纹特点.

3. 用干涉条纹变化的特点,测定光源波长.

二、实验原理

(一) 单色点光源的非定域干涉条纹——等倾干涉条纹

实验原理

在图 30-1 所示的迈克尔孙干涉仪光路中,当 M_1 和 M_2 两镜面相互垂直时,眼睛在 E 处观察到的反射镜 M_2 的虚像 M_2' 是平行于 M_1 的一个对应平面. 图 30-1 是迈克尔孙干涉仪的等效光路图. 假设 M_1 与 M_2' 相距为 d,点光源 S 发出的一束光,对于 M_1 来说,正如 S' 处发出的光一样,即 S 到 G 的距离与 S' 到 G 的距离相等. 而对于在 E 处观察的观察者来说,由于 M_1 的镜面反射,S' 点光源如同处于位置 S_1' 处一样,即 S' 至 M_1 的距离与 S_1' 至 M_1 的距离相等,又由于半反射膜 G_1 的作用,M_2 的位置如处于 M_2' 的位置一样(图 30-2). 同样对 E 处的观察者,点光源 S 如同处于 S_2' 位置处. 所以 E 处的观察者所观察到的干涉条纹,犹如虚光源 S_1'、S_2' 发出的球面波所产生的干涉条纹,由于虚光源 S_1'、S_2' 发出的球面波在空间处

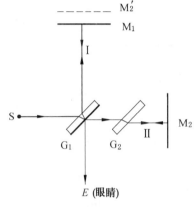

图 30-1 迈克尔孙干涉仪光路

处相干,因此,把观察屏放在空间不同位置处,都可以见到干涉花样,所以这一干涉是非定域干涉.

如果把观察屏放在垂直于 S_1'、S_2' 连线的位置上,则可以看到一组同心圆,而圆心就是 S_1'、S_2' 的连线与屏的交点 E. 由于同一级干涉条纹上各点对虚光源 S_1'、S_2' 的倾角相同,所以这一干涉条纹又被称为点光源等倾干涉条纹.

假设在 E 处(E 到 S_1' 的距离为 L)的观察屏上有一点 P,E 至 P 的距离为 R,则两束光的光程差为

$$\Delta L = \sqrt{(L+2d)^2 + R^2} - \sqrt{L^2 + R^2}.$$

当 $L \gg d$ 时,展开上式并略去 $\dfrac{d^2}{L^2}$,则有

$$\Delta L = \frac{2Ld}{\sqrt{L^2+R^2}} = 2d\cos\varphi.$$

式中,φ 是圆形干涉条纹的倾角. 因此,产生干涉亮条纹的条件为

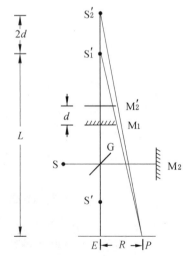

图 30-2 等倾干涉光路

$$2d\cos\varphi = k\lambda \quad (k=0,1,2,\cdots). \tag{30-1}$$

由上式可知点光源非定域等倾干涉条纹的特点是:

(1) 当 d、λ 一定时,具有相同倾角 φ 的所有光线的光程差皆相同,因此干涉情况也完全相同,对应于同一级次,形成以光轴为圆心的同心圆环.

(2) 当 d、λ 一定时,如果 $\varphi=0$,那么干涉圆环就在同心圆环的中心处,其光程差 $\Delta L=$

$2d$ 为最大值,根据明纹条件,此时 k 为最高级数;如果 $\varphi \neq 0$,φ 角越大,那么 $\cos\varphi$ 越小,级次 k 值也越低,对应的干涉圆环越靠外.

(3) 当 k、λ 一定时,如果 d 逐渐减小,则 $\cos\varphi$ 将增大,即 φ 角逐渐减小,也就是说,同一 k 级条纹,当 d 减小时,该级圆环半径减小,看到的现象是干涉圆环内缩(吞);如果 d 逐渐增大,同理,看到的现象是干涉圆环外扩(吐).对于中央条纹,当内缩或外扩 N 次,则光程差变化为 $2\Delta d = N\lambda$,式中 Δd 为 d 的变化量,所以有

$$\lambda = \frac{2\Delta d}{N}. \tag{30-2}$$

(4) 设 $\varphi = 0$ 时最高级次为 k_0,则

$$k_0 = \frac{2d}{\lambda}.$$

同时,在能观察到干涉条纹的视场内,如果最外层的干涉圆环所对应相干光的入射角为 φ',那么最低的级次 k' 为

$$k' = \frac{2d}{\lambda}\cos\varphi',$$

所以在视场内看到的干涉条纹总数为

$$\Delta k = k_0 - k' = \frac{2d}{\lambda}(1 - \cos\varphi'). \tag{30-3}$$

当 d 增加时,由于 φ' 一定,所以条纹总数增多,条纹变密.

(5) 当 $d = 0$ 时,则 $\Delta k = 0$,即整个干涉场内无干涉条纹,见到的是一片明暗程度相同的视场.

(6) 当 d、λ 一定时,相邻两级条纹有下列关系:

$$2d\cos\varphi_k = k\lambda, \tag{30-4}$$
$$2d\cos\varphi_{k+1} = (k+1)\lambda.$$

设 $\overline{\varphi_k} \approx \frac{1}{2}(\varphi_{k+1} + \varphi_k)$,$\Delta\varphi_k = \varphi_{k+1} - \varphi_k$,且考虑到 $\overline{\varphi_k}$、$\Delta\varphi_k$ 均很小,则可证明

$$\Delta\varphi_k = -\frac{\lambda}{2d\,\overline{\varphi_k}}, \tag{30-5}$$

式中,$\Delta\varphi_k$ 称为角距离,表示相邻两圆环对应的入射光的倾角差,反映圆环条纹之间的疏密程度.上式表明 $\Delta\varphi_k$ 与 $\overline{\varphi_k}$ 成反比关系,即环条纹越往外,条纹间角距离就越小,条纹越密.

(二) 单色光波长的测量

当移动平面镜 M_1 的位置,使 M_1 与 M_2' 的距离逐渐增大时,干涉环会一个一个地"冒"出来;反之,当 d 减小时,干涉环会一个一个地向中心"缩"过去.每"冒"出或"缩"进一个干涉环,相应光程差改变了一个波长,也就是 M_1 镜与 M_2' 间的距离变化了半个波长.若观察到 ΔN 个干涉环的变化,则距离 d 的变化量为

$$\Delta d = \Delta N \frac{\lambda}{2},$$

则

$$\lambda = \frac{2\Delta d}{\Delta N}. \tag{30-6}$$

三、实验仪器及介绍

WSM-100 型迈克尔孙干涉仪、HNL-55700 型多束光纤激光电源.

实验仪器

迈克尔孙干涉仪是根据分振幅干涉原理制成的精密实验仪器,主要由四个高品质的光学镜片和一套精密的机械传动系统装在底座上组成(图 30-3). 其中作为分束器的 G_1 是一面镀有半透膜的平行平面玻璃板,与 M_1 和 M_2 两个反射镜各成 45°角,它使到达镀膜处的光束一半反射,一半透射,分成两个互相垂直的支臂进行运动(图 30-1),又分别被 M_1 和 M_2 反射,返回分束器会合,射向观察位置 E. 补偿板 G_2 平行于 G_1,是一块与 G_1 的厚度和折射率都相同的平行平面玻璃. 它用来补偿光束 Ⅱ 在分束器玻璃中少走的光程,使两臂上任何波长的光都有相同的光程差,于是白光也能产生干涉. M_2 是固定的,M_1 装在拖板上. 转动粗调手轮,通过精密丝杆可以带动拖板沿导轨前后移动,导轨的侧面有毫米直尺. 传动系统罩读数窗口内的圆分度盘每转动一格,M_1 镜移动 0.01mm,右侧的微调手轮每转动一个分格,M_1 镜只移动 10^{-4}mm,估计到 10^{-5}mm. M_1 和 M_2 的背后各有三个调节螺丝,可以调节镜面的法线方位. M_2 镜水平和垂直的拉簧螺丝用于镜面的微调.

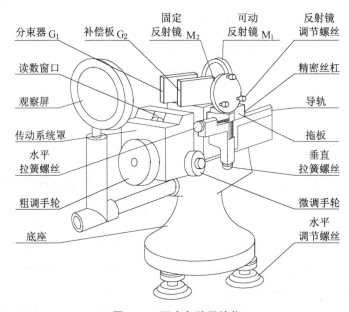

图 30-3 迈克尔孙干涉仪

使用迈克尔孙干涉仪需了解以下几点:

(1) 在了解仪器的调节和使用方法之后才可以动手操作.

(2) 光学玻璃件的光学表面绝对不允许用手触摸,也不要自己用擦镜纸擦拭.

(3) 两个拉簧螺丝只用于微调,不可拧得过紧.

(4) 因为转动微调手轮时,粗调手轮随之转动,但在转动粗调手轮时微调手轮并不随着转动,所以在调好仪器的光路之后需要调节测微尺的零点. 这时先将微调手轮沿某一方向(如顺时针方向)旋转至零,然后以同方向转动粗调手轮对齐读数窗口的某一刻度,以后测量时使用微调手轮须以同一方向转动.

(5) 微调手轮有反向空程.实验中如需反向转动,要重新调节零点.

HNL-55700型多束光纤激光电源采用550mm中功率激光管和高传输性光纤,通过精密光学分束机构分至七束光纤产生七束激光,每束光纤长度为4m,可拉伸到不同的工作台作为点光源.这样一台多束光纤激光电源可配用七台迈克尔孙干涉仪,光纤输出端可固定在干涉仪左端,从而使激光源与干涉仪的位置相对固定.

四、实验内容

(一) 迈克尔孙干涉仪的调整及等倾干涉条纹的观察

1. 将激光源的一根光纤通过专用托架固定在迈克尔孙干涉仪的左端,按下激光源开关,点燃激光管,片刻后便有激光产生,调节托架,使激光束射向分光板中央.

实验操作

> **注意:**
> (1) 请勿用肉眼直接对准激光,以免损伤眼睛.
> (2) 光纤为传光介质,可弯曲,但不可折压.
> (3) 由于激光束光能分布为高斯分布,各光纤输出激光存在强弱,属正常现象.

2. 转动粗调手轮,使两个反射镜与分束器的距离粗略相等,将 M_1、M_2 背面的三个螺钉及 M_2 的两个微调拉簧均拧成半紧半松状态.

3. 移去观察屏,用肉眼观察由平面镜 M_1、M_2 反射产生的两排光点,仔细微调 M_1、M_2 背后的三个微调螺丝,使两排光点中最亮的两点完全重合.

4. 重新装上观察屏,则在观察屏上即可看到干涉条纹(若条纹很模糊,转动粗调手轮约半周,即有改善).再用两个拉簧螺丝仔细地调节 M_2 镜的方位,使干涉条纹变粗,曲率变大,把条纹的圆心调至视场中央,直到眼睛左右移动时环心处无明暗变化,M_2' 与 M_1 即达到完全平行.然后,旋转微调手轮,观察干涉环的"冒""缩"现象.

(二) 激光波长的测量

1. 取等倾条纹清晰位置,调节测微尺(微调手轮)的零点.即先将微调手轮沿某一方向(如顺时针方向)旋转至零,然后以同方位转动粗调手轮对齐读数窗口中的某一刻度.

2. 轻轻旋转微调手轮(与调零点方向相同),每冒出(或缩进)50个环读一次 M_1 镜的位置.记录数据于表30-1中,用逐差法计算 Δd,根据式(30-6)计算激光的波长,并计算不确定度.

五、实验数据及处理

表30-1 测量激光的波长

干涉环变化数 N_1	0	50	100
M_1 镜的位置 d_1/mm			
干涉环变化数 N_2	150	200	250

M_1 镜的位置 d_2/mm			
$\Delta N = N_2 - N_1$			
$\Delta d = |d_2 - d_1|$/mm			
$\lambda = \dfrac{2\Delta d}{\Delta N}/(\times 10^{-6}\text{ mm})$			
$\bar{\lambda}$/nm			

每隔 50 个环记录一次 M_1 镜位置,连续数 250 个环,分别记录 M_1 镜的六次位置,用逐差法获得三个波长测量值,再用贝塞耳公式计算波长的标准差:

$$S_\lambda = \sqrt{\dfrac{\sum\limits_{i=1}^{n}(\lambda_i - \bar{\lambda})^2}{n-1}} = \underline{\qquad}\text{ nm} \quad (P = 0.68),$$

$$S_{\bar{\lambda}} = \dfrac{S_\lambda}{\sqrt{n}} = \underline{\qquad}\text{ nm},$$

$$u_A = t_{0.68} S_{\bar{\lambda}} = \underline{\qquad}\text{ nm}.$$

$$(n = 3, t_{0.68} = 1.32)$$

波长测量的 B 类不确定度主要考虑仪器示值误差,若以仪器最小分度作为仪器的示值误差限,折合成标准偏差,并考虑到每次 Δd 测量中含有 75 个波长,则

$$u_B = \dfrac{1 \times 10^{-4}}{75\sqrt{3}}\text{ mm} = 0.77\text{ nm} \quad (P = 0.68).$$

波长的合成不确定度:$u = \sqrt{u_A^2 + u_B^2} = \underline{\qquad}$ nm $(P = 0.68)$.
波长的测量结果:$\lambda = \underline{\qquad}$ nm $(P = 0.68)$.

六、思考题

1. 为什么只有在 M_1、M_2' 很靠近时,用光点重合法才比较容易调出干涉条纹(以视差原理分析)?

2. 迈克尔孙干涉仪实验干涉条纹与牛顿环实验干涉条纹同为圆条纹,二者有何区别?

实验 31　数码照相实验

一、实验目的

1. 学习先进的数码影像技术.
2. 学习影像的后期处理技术.

二、实验原理

数码相机又称数字相机(Digital Still Camera,简称 DSC),是 20 世纪末开发出的新型

照相机.它不需要胶卷,而是把图像信息存储在快闪存储器(Flash Memory)中,将它与计算机相连,不仅可以立即在计算机显示器屏幕或照相机内装的液晶显示器(LCD)上显示出来,还可以运用图像处理软件进行修正与处理,图像信息能够长久保存,或者从网上传输,也可以用彩色视频打印机成像于纸上,获得"照片".

数码相机的系统结构可用框图表示,如图 31-1 所示.

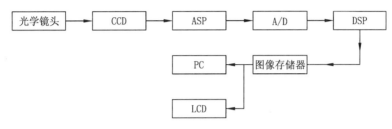

图 31-1　数码相机原理框图

数码相机的系统核心部位应当首推光电转换器件(Charge Coupled Device,简称 CCD)和数字信号处理器件(Digital Signal Processor,简称 DSP). CCD 是数码相机的感光元件,它的性能可以通过像素数和相当于传统相机底片的感光度来表示.在数码相机影像捕获的过程中,光线通过镜头到达感光器件 CCD 上,CCD 将光强转化为电荷积累,其上每个像素单元形成一个与所感受光线一一对应的模拟量(电流或电压). 图 31-2 是 CCD 一个像素

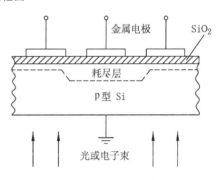

图 31-2　CCD 单元二极管示意图

单元光电 MOS(金属氧化物半导体)的结构及偏压示意图.在反偏压作用下,二极管 p-n 结两侧会形成多数载流子被耗尽的所谓"耗尽层".反偏压越高,耗尽层越宽(图 31-2 中虚线区域).摄影时光照射到 CCD 光敏面上,光子被像元吸收产生电子-空穴对,多数载流子进入耗尽区以外的衬底,然后通过接地消失.而光生少数载流子(电子)会很容易向此耗尽区像元的表面聚集,即相当于该像元是电子的"势阱".在各势阱内存放的电子数的多少正比于该像元处的入射光照度.于是,景物像各点的光子数分布就变成了相应像元势阱中的电子数分布,并被存储起来,从而起到光电转换和电荷储存的作用.

势阱中的这些信号电荷可以通过顺序移动像元反偏压的方法沿表面传输(图 31-3). 反偏压时钟脉冲按三相驱动模式的下列三组分别加入:1,4,7,…;2,5,8,…;3,6,9,…,分别记其相电压为 ϕ_1、ϕ_2 和 ϕ_3.设某时刻反偏压加在 ϕ_1 相的各像元上,光生电子分别存储于它们的势阱里面,它们分别代表了相应图像信息的电子密度,并使其势阱电位变化了 $\Delta\phi_3$.在紧接着的下一时刻,ϕ_2 上加反偏压,势阱沿传输方向变宽两倍,原势阱下的电子会向右扩散运动;如果 ϕ_1 电位降低到二极管暗电流水平而保持 ϕ_2 为高电位,则 ϕ_1 势阱下的电子会全部转移到 ϕ_2 势阱下.这样,ϕ_1、ϕ_2、ϕ_3 不断重复,即可使光生电荷(电子)向其输出端方向传输.因此,CCD 经光电转换、信号电荷存储、传输,最终输出信号电压,然后由模数转换器(A/D)读入这些模拟量,并转换成为一定位长的数字量,这些数字量通过数字信号处理器(DSP)进行一系列复杂的数字算法,对数码图像进行优化处理,其效果将直接影响数码照片的品质.数码相机中的照片是以数字文件形式存在的,生成数字文件后将文件以一定格式压缩,保存在内置的快闪存储器或可拔插的 PC 卡上.

数码相机的图像数据输出方式有两种:数字信号输出和视频信号输出.数字信号输出利用数据线将数据传输至计算机设备;视频信号输出通过视频电缆线将视频信号输出到电视机等设备上,其对应的关键部位是串行接口和视频信号接口.现在许多数码相机有液晶显示屏(LCD),这样就不需要将图像文件输出到其他设备上,可以在数码相机上直接观看图像.有些数码相机的 LCD 还兼有取景器的作用.

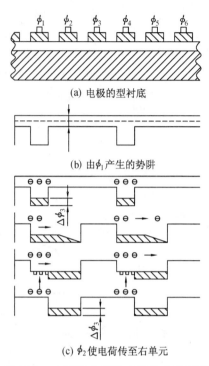

图 31-3 三相驱动 CCD 电荷传输示意图

与传统相机相比,数码相机有许多优点:

(1) 不需要使用胶卷,免去了烦琐的显影、定影、水洗和晾干等处理过程,所以不会造成环境污染.将数码相机与计算机相连,运用图像处理软件进行干法操作,就可以随心所欲地使拍摄的相片光彩夺目、姿态万千.

(2) 图像处理快捷.传统摄影过程复杂,从拍摄到取片一般要几个小时,而数码照相从拍摄到照片输出完毕只需要几分钟.

(3) 图像处理轻便灵活.数码相机能够方便、快速地生成可供计算机处理的图像,然后直接把图像下载到计算机中进行编辑处理.数码暗室技术利用丰富、强大的数码图像处理工具,可以轻松地对数码照片进行创新、修描、校色等常规编修,还可以进行特殊效果处理,即使处理不当,可将图像局部或全部恢复重做,充分体现出作者的创造力.

(4) 图像传送即时面广.数码相机的最大优势在于其信息的数字化.图像数字信息可借助全球数字通信网实现图像的实时传递,这种优越性是传统相机所无法比拟的.

(5) 易于存储和检查.数码相机将模拟转换生成的数字化影像文件记录在内置存储器或存储卡上,存储卡可以重复使用.这些影像文件可随时调入计算机进行图像处理,及时对拍摄影像的质量进行判别、确认,发现不足可删除重拍.

虽然数码相机有许多优点,但和传统相机相比也有许多不足之处:

(1) 两者拍摄效果有所不同.早期数码相机的面阵 CCD 芯片所采集图像的像素,要小于传统相机所拍摄图像的像素,因此在较暗或较亮的光线下会丢失图像的部分细节.

(2) 数码相机在拍摄之前,需用 1.5s 左右的时间进行调整光圈、改变快门速度、检查自动聚焦和打开闪光灯等操作.拍摄之后,要对相片进行图像压缩处理并存影像文件,等待 3~10s 或更长时间间隔后才能拍摄下一张相片.所以普通数码相机连续拍摄的速度无法达到专业拍摄的要求.

(3) 耗电量较大.尤其是配有彩色液晶显示屏(LCD)的数码相机,因为 LCD 的耗电

要占用整部相机 $\frac{1}{3}$ 以上的电量.

（4）价格较昂贵.由于数码相机可发展成计算机的外围设备,前期投资（数码相机、计算机、图像处理软件和彩色打印机）费用较昂贵.

随着光学、电子和计算机技术的发展以及数码相机技术的自身发展,数码相机将会不断克服上述不足,在方便、快捷、精确和价格低廉方面不断进步,日趋完善.

数码相机与传统相机之间各有优缺点,在科技照相实验中引进数码照相的同时,应对传统相机的摄影技术、暗室技术有所了解和提高,对两种照相技术进行比较,通过实验真正体会它们之间的差别.

三、实验仪器

数码相机一台、计算机一台、彩色打印机一台、Adobe Photoshop 图像处理软件.

四、实验内容

1. 用数码相机在实验室拍摄一些图像质量较高的人物和景物（仪器）照片.拍摄时相机要拿稳.

（1）拍摄两张不同景深的人物照片.其中一张用闪光灯,且要求消除红眼.

（2）拍摄两张微距和超微距的仪器照片,照片上要有拍摄时间.

2. 拍摄一张自己的照片,利用 Photoshop 软件,在计算机上进行数字图像处理,制作一幅人像照片,也可以创作艺术照片、贺卡和生日卡.还可采用一定算法编程进行图像处理.相片中要标明班级、姓名、学号.将处理之后的照片进行数码冲印或彩色打印.

3. 以上照片作适当处理和说明后,放在一个电子文件夹里.

五、思考题

1. 在拍摄照片时应该注意哪些问题？
2. 数码照相与传统照相各有哪些优缺点？照片各有哪些优缺点？

实验 32　用波尔共振仪研究受迫振动

振动是物理学中一种重要的运动,是自然界最普遍的运动形式之一.振动可分为自由振动（无阻尼振动）、阻尼振动、受迫振动.振动中物理量随时间做周期性变化,在工程技术中,最多的是阻尼振动和受迫振动,以及由受迫振动所导致的共振现象.共振现象,一方面对建筑物有破坏作用,另一方面也有许多实用价值能为我们所用,如利用共振原理设计制作的电声器件、利用核磁共振和顺磁共振研究物质结构等.

本实验采用波尔共振仪研究阻尼振动的特性,定量测定机械受迫振动的幅频特性和相频特性,并利用频闪方法来测定动态的物理量——相位差,数据处理与误差分析方面内容也较丰富.

一、实验目的

1. 观察阻尼振动,研究波尔共振仪中弹性摆轮受迫振动的幅频特性和相频特性.
2. 观察共振现象,研究不同阻尼力矩对受迫振动的影响.
3. 学习用频闪法测定运动物体定态物理量——相位差.

二、实验原理

当一个物体在持续的周期性外力作用下发生振动时,称为受迫振动,这种周期性的外力称为强迫力.若周期性外力按简谐运动规律变化,那么这种受迫振动也是简谐运动.在稳定状态,振幅恒定不变.振幅的大小与强迫力的频率、原振动系统无阻尼时的固有振动频率以及阻尼系数有关.在受迫振动状态下,振动系统除了受到强迫力的作用外,同时还受到回复力和阻尼力的作用.所以在稳定状态时物体的位移、速度变化与强迫力变化不是同相位的,存在一个相位差.当强迫力频率与振动系统的固有频率相同时会产生共振,此时振幅最大,相位差为 $90°$.

波尔共振仪的摆轮在弹性力矩作用下做自由摆动,在电磁阻尼力矩作用下产生阻尼振动.通过观察周期性强迫力矩阻尼振动,可以研究波尔共振仪中弹性摆轮受迫振动的幅频特性和相频特性,以及不同阻尼力矩对受迫振动的影响.

设周期性强迫外力矩为 $M=M_0\cos\omega t$,电磁和空气阻尼力矩为 $-b\dfrac{\mathrm{d}\theta}{\mathrm{d}t}$,振动系统的弹性力矩为 $-k\theta$,则摆轮的运动方程为

$$J\frac{\mathrm{d}^2\theta}{\mathrm{d}t^2}=-k\theta-b\frac{\mathrm{d}\theta}{\mathrm{d}t}+M_0\cos\omega t. \tag{32-1}$$

式中,J 为摆轮的转动惯量,M_0 为强迫力矩的幅值,ω 为强迫力矩的圆频率.

令 $\omega_0^2=\dfrac{k}{J}$,$2\beta=\dfrac{b}{J}$,$m=\dfrac{M_0}{J}$,ω_0、β 和 m 则分别称为固有频率、阻尼系数和强迫力,则式(32-1)变为

$$\frac{\mathrm{d}^2\theta}{\mathrm{d}t^2}+2\beta\frac{\mathrm{d}\theta}{\mathrm{d}t}+\omega_0^2\theta=m\cos\omega t. \tag{32-2}$$

上式称为阻尼振动方程,其通解为

$$\theta=\theta_1\mathrm{e}^{-\beta t}\cos(\omega_f t+\alpha)+\theta_2\cos(\omega t+\varphi_0), \tag{32-3}$$

式中 $\omega_f=\sqrt{\omega_0^2-\beta^2}$.

由式(32-3)可知,受迫振动分为两部分:第一部分是阻尼振动 $\theta_1\mathrm{e}^{-\beta t}\cos(\omega_f t+\alpha)$,此阻尼振动经过一段时间后将衰减消失;第二部分是强迫振动 $\theta_2\cos(\omega t+\varphi_0)$,频率为 ω 的强迫力矩作用在摆轮上,向摆轮传递能量,最终达到稳定的振动状态.

稳态时,摆轮的振幅为

$$\theta_2=\frac{m}{\sqrt{(\omega_0^2-\omega^2)^2+4\beta^2\omega^2}}. \tag{32-4}$$

摆轮的振动与强迫力矩之间的相位差 φ 为

$$\varphi = \arctan\frac{2\beta\omega}{\omega_0^2 - \omega^2} = \arctan\frac{\beta T_0^2 T}{\pi(T^2 - T_0^2)}. \tag{32-5}$$

相位差 φ 取值范围为 $0 < \varphi < \pi$,反映了摆轮振动滞后于激励源振动.

由式(32-4)和式(32-5)可看出,振幅 θ_2 与相位差 φ 的数值取决于 m、ω、ω_0 和 β,而与振动的初始状态无关.

由 θ_2 的极大值条件 $\dfrac{\partial \theta_2}{\partial \omega} = 0$ 可得,当强迫力的圆频率 $\omega = \sqrt{\omega_0^2 - 2\beta^2}$ 时,系统产生共振,此时 θ_2 有极大值.此时圆频率和振幅分别用 ω_r、θ_r 表示,则有

$$\omega_r = \sqrt{\omega_0^2 - 2\beta^2}, \tag{32-6}$$

$$\theta_r = \frac{m}{2\beta\sqrt{\omega_0^2 - \beta^2}}. \tag{32-7}$$

式(32-6)、式(32-7)表明,阻尼系数 β 越小,共振时圆频率越接近于系统的固有频率,振幅 θ_r 也越大.图 32-1 和图 32-2 分别表示在不同 β 时受迫振动的幅频特性和相频特性.

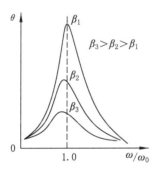

图 32-1 幅频特性曲线

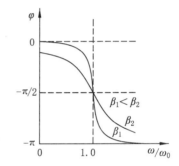

图 32-2 相频特性曲线

三、实验仪器

本实验采用 ZKY-BG 型波尔共振仪,它由振动仪和电气控制箱两部分组成.

振动仪如图 32-3 所示,铜质圆形摆轮 4 安装在机架上,弹簧 6 的一端与摆轮 4 的轴相连,另一端固定在机架支柱上,在弹簧弹性力的作用下,摆轮可绕轴做自由往复摆动.在摆轮的外围有一卷槽型缺口,其中一个长凹槽 2 比其他凹槽 3 长出许多.在机架上对准长形缺口处有一个光电门 1,它与电气控制箱相连,用来测量摆轮的振幅(角度值)和摆轮的振动周期.摆轮振幅是利用光电门 1 测出摆轮读数圈上凹形缺口个

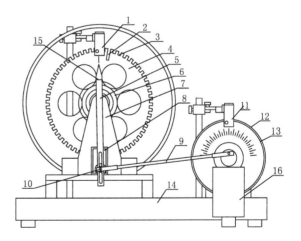

1—光电门;2—长凹槽;3—短凹槽;4—铜质摆轮;5—摇杆;6—涡卷弹簧;7—支撑架;8—阻尼线圈;9—连杆;10—摇杆调节螺丝;11—光电门;12—角度盘;13—有机玻璃转盘;14—底盘;15—外端夹持螺钉;16—闪光灯

图 32-3 波尔共振仪

数,并由数显装置直接显示出振幅大小,精度为 $2°$.

在机架下方有一对带有铁芯的线圈 8,摆轮 4 恰巧嵌在铁芯的空隙.利用电磁感应原理,当线圈中通以直流电流后,摆轮受到一个电磁阻尼力的作用.改变电流的数值即可使阻尼大小相应变化.

为使摆轮 4 做受迫振动,在电机轴上装有偏心轮,通过连杆 9 带动摆轮 4,在电机轴上装有带刻度线的有机玻璃转盘 13,它随电机一起转动.由它可以从角度盘 12 读出相位差 φ.调节控制箱上的十圈电机转速调节旋钮,可以精确地改变加在电机上的电压,使电机的转速在实验范围($30\sim45$r/min)内连续可调,即改变强迫力矩的周期.刻度仅供实验时做参考,以便大致确定强迫力矩周期值在多圈电位器上的相应位置.由于电路中采用特殊稳速装置,电机采用惯性很小的带有测速的特种电机,所以转速极为稳定.

电机的有机玻璃转盘 13 上装有两个挡光片.在角度盘 12 中央上方 $90°$ 处也装有光电门,用以检测强迫力矩信号,并与控制箱相连,以测量强迫力矩的周期.

受迫振动时摆轮与外力矩的相位差利用小型闪光灯来测量.闪光灯受摆轮信号光电门 1 控制,每当摆轮上长凹槽 2 通过平衡位置时,光电门 1 接受光,引起闪光.在稳定情况下,由闪光灯照射下可以看到有机玻璃指针好像一直"停在"某一刻度处,这一现象称为"频闪现象",此刻度数值可直接从刻度盘上读出,误差不大于 $2°$.闪光灯放置位置如图 32-3 所示,要搁置在底座上,切勿拿在手中直接照射刻度盘.

闪光灯开关用来控制闪光与否,当按住闪光灯按钮,摆轮长凹槽缺口经过平衡位置时便产生闪光.由于频闪现象,可从相位差刻度盘上看到刻度线似乎静止不动的读数,即是对应的相位差的大小.闪光灯按钮仅在摆轮在强迫力矩作用下,达到稳定以后测量相位差时才需按下.

在测定摆轮固有周期与振幅关系以及阻尼系数时,不需要打开电机,仅在测定受迫振动的幅频和相频特性曲线时才需打开.

电气控制箱的前后面板分别如图 32-4 和图 32-5 所示.

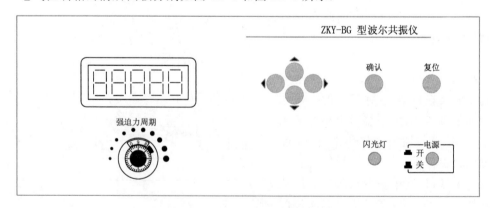

图 32-4　波尔共振仪前面板示意图

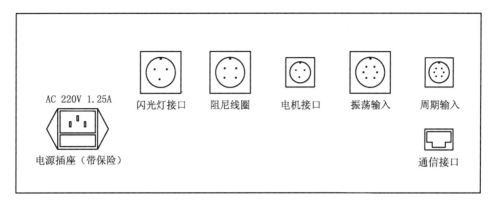

图 32-5 波尔共振仪后面板示意图

电机转速调节旋钮,是带有刻度的十圈电位器,如图 32-6 所示.调节此旋钮可精确地改变电机转速,即改变强迫力矩的周期.打开锁定开关,"×0.1"挡旋转一圈,"×1"挡走一个数字.一般调节刻度仅供实验时做参考,以便大致确定强迫力矩周期值在多圈电位器上的相应位置.

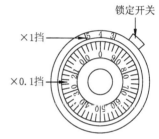

图 32-6 电机转速调节电位器

通过软件,可以控制阻尼线圈内直流电流的大小,以达到改变摆轮系统的阻尼系数.阻尼挡位的选择共分 3 挡,分别是"阻尼 1""阻尼 2""阻尼 3".阻尼电流由恒流源提供,实验时可根据不同情况进行选择(可先选择在"阻尼 2"处,若共振时振幅太小则改用"阻尼 1",确保振幅在 150°左右).

四、实验内容

1. 实验准备.

按下电源开关几秒钟后,屏幕上出现欢迎界面,其中 NO.0000X 为电气控制箱与主机相连的编号.几秒钟后,屏幕上显示如图 32-7 所示的"按键说明"字样.符号"◀"为向左移动,"▶"为向右移动,"▲"为向上移动,"▼"为向下移动.

2. 选择实验方式.根据是否连接电脑选择"联网模式"或"单机模式",这两种方式下的操作完全相同.

3. 自由振荡——摆轮振幅 θ 与系统固有周期 T_0 对应值的测量.

自由振荡实验的目的是测量摆轮的振幅 θ 与系统固有周期 T_0 的关系.

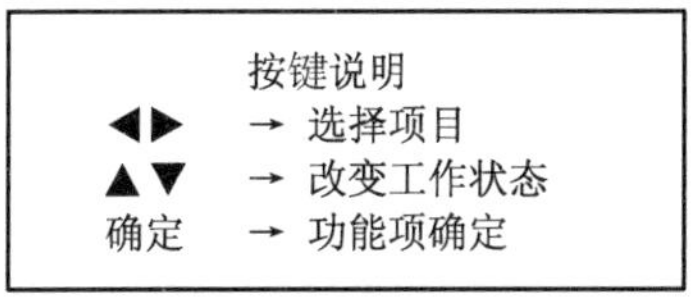

图 32-7 按键说明 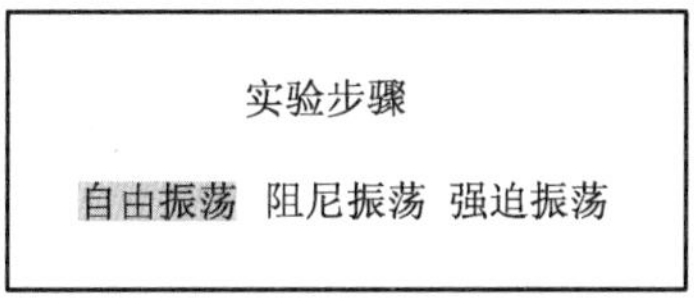   图 32-8 实验类型选择 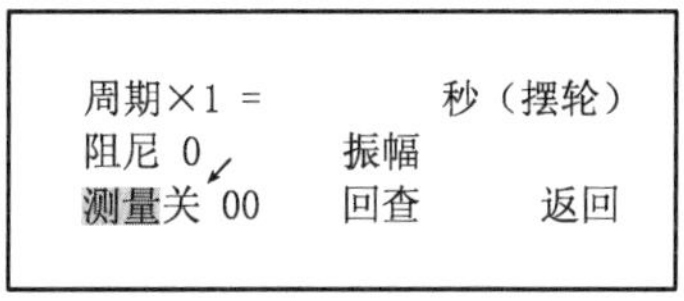   图 32-9 "自由振荡"界面

在图 32-7 所示状态按"确定"键,显示如图 32-8 所示的实验类型,默认中项为"自由振荡",字体反白为选中.再按确认键,显示如图 32-9 所示.

(1) 将阻尼选择放在"0"处,角度盘指针放在 0°位置,用手转动摆轮 160°左右,然后放手,让摆轮做自由振动.按"▲"或"▼"键,将"测量"状态由"关"变为"开",控制箱开始记录实验数据,振幅的有效测量范围为 50°~160°(振幅小于 160°测量开,小于 50°测量关).实验结束后,将"测量"置于"关"状态,此时数据已保存.

(2) 查询实验数据,可按"◀"或"▶"键,选中"回查",按确认键,显示如图 32-10 所示,表示第一次记录的振幅为 134°,对应的周期为 1.442s,然后按"▲"或"▼"键查看所有记录的数据,该数据为每次测量的振幅与相对应的周期数值.回查完毕,按确认键,返回到图 32-9 所示状态.

(3) 根据这些数据,设计振幅 θ 与系统固有周期 T_0 的对应表(表 32-1),该表将在稍后的"幅频特性和相频特性"数据处理过程中使用.

若要进行多次测量,可重复操作."自由振荡"完成后,选中"返回",按确认键,回到图 32-8 所示界面进行其他实验.

周期×1 = 01.442 秒(摆轮)		
阻尼 0		振幅 134
测量查 01 ↑↓ 按确认键返回		

图 32-10 实验数据

阻尼选择		
阻尼1	阻尼2	阻尼3

图 32-11 "阻尼选择"界面

周期×$\frac{10}{0}$ =	秒(摆轮)
阻尼2	振幅
测量关 00	回查 返回

图 32-12 "阻尼 2"挡界面

4. 阻尼系数 β 的测定.

在图 32-8 所示界面,根据实验要求,按"▶"键,选中"阻尼振荡",按确认键,显示阻尼选择界面,如图 32-11 所示.阻尼分三个挡次,"阻尼 1"最小.根据自己实验要求选择阻尼挡,如选择"阻尼 2"挡,按确认键,显示如图 32-12 所示界面.

(1) 将角度盘指针放在 0°位置,用手转动摆轮 160°左右,选取 θ_0 在 150°左右,按"▲"或"▼"键,测量由"关"变为"开",仪器开始记录数据.仪器记录十组数据后,测量自动关闭,此时振幅大小还在变化,但仪器已经停止计数.

阻尼振荡的回查与自由振荡类似,可参照上面的操作.若要改变阻尼挡测量,重复以上操作步骤即可.

(2) 从液晶窗口读出摆轮做阻尼振动时的振幅数值 $\theta_1, \theta_2, \theta_3, \cdots, \theta_n$,并填入表 32-2 中,利用公式

$$\ln \frac{\theta_0}{\theta_n} = \ln \frac{\theta_0 e^{-\beta t}}{\theta_0 e^{-\beta(t+nT)}} = n\beta T \tag{32-8}$$

求出 β 值.式中,n 为阻尼振动的周期次数,θ_n 为第 n 次振动时的振幅,T 为阻尼振动周期的平均值.可测出 10 个摆轮的振动周期,然后取其平均值.

5. 测定受迫振动的幅频特性和相频特性曲线.

在进行强迫振荡前必须先做阻尼振荡,否则无法进行实验.

仪器在图 32-8 所示状态下,选中"强迫振荡",按确认键,显示如图 32-13 所示,状态默认选中"电机".

(1) 按"▲"或"▼"键,让电机启动.此时保持周期为 1,待摆轮和电机的周期相同,特

别是振幅已稳定,变化不大于1,表明两者已经稳定,如图32-14所示,方可开始测量.

```
┌─────────────────────┐  ┌─────────────────────┐  ┌─────────────────────┐
│ 周期×1 =    秒(摆轮) │  │ 周期×1 = 1.425 秒(摆轮)│  │ 周期×10 =   秒(摆轮) │
│        =    秒(电机) │  │        = 1.425 秒(电机)│  │       ×5 =   秒(电机)│
│ 阻尼 1    振幅       │  │ 阻尼 1    振幅 122   │  │ 阻尼 1    振幅       │
│ 测量关 00 周期 1 电机关 返回│  │ 测量开 00 周期 1 电机开 返回│  │ 测量开 01 周期10 电机开 返回│
└─────────────────────┘  └─────────────────────┘  └─────────────────────┘
```

图 32-13 "强迫振荡"界面　　　　图 32-14 选中周期　　　　图 32-15 修改周期

(2) 测量前应先选中周期,按"▲"或"▼"键把周期由 1(图 32-14)改为 10(图 32-15),目的是减少误差.若不改动周期,测量无法打开.再选中"测量",按下"▲"或"▼"键,打开测量,并记录数据(图 32-15).

(3) 一次测量完成,显示"测量关"后,读取摆轮的振幅值,利用闪光灯测定受迫振动与强迫力间的相位差 φ.

(4) 首先寻找共振点,即 $\varphi=90°$ 的点.通过调节强迫力矩周期电位器,改变电机的转速,从而改变强迫力矩频率 ω,寻找 $\varphi=90°$ 的点.将以上测量数据记录在表 32-3 中.

(5) 在靠近 $\varphi=90°$ 左右各测三个点,各点之间 $\Delta\varphi$ 大约为 10°,离 $\varphi=90°$ 远些处各测两个点,两点之间 $\Delta\varphi$ 大约为 20°.

(6) 强迫振动测量完毕,按"◀"或"▶"键,选中"返回",按确认键,重新回到图 32-8 所示状态.

6. 关机.

在图 32-8 所示状态下,按住"复位"按钮保持不动,几秒钟后仪器自动复位,此时所做的实验数据全部清除,然后按下电源按钮,结束实验.

7. 误差分析.

(1) 对本实验结果影响较大的误差,主要来自阻尼系数 β 的测定和固有频率 ω_0 的确定.弹簧的劲度系数 k 理论上计算认为是一个常数,但实际上由于材料性能和制造工艺的影响,k 值随着角度改变而略有微小变化,故在不同振幅时系统的固有频率 ω_0 有变化.若 ω_0 取平均值,则在共振点附近,相位差的理论值与实验值相差很大.但可以测出振幅与固有频率 ω_0 的相应数值,将对应于某个振幅的 T_0 代入公式:$\varphi_{计}=\arctan\dfrac{\beta T_0^2\,T}{\pi(T^2-T_0^2)}$,这样可以使系统误差减少.

(2) 振幅的误差经几次熟练读数后,可减小 2°.

(3) 采用准确度极高的石英晶体作为计时器,故测量周期的误差可以忽略不计.

五、实验数据及处理

1. 测定摆轮振幅 θ 与系统固有周期 T_0 的关系.

表 32-1　振幅 θ 与系统固有周期 T_0 的对应表　　　阻尼挡位:"＿＿"挡

$\theta/°$										
T_0/s										
$\theta/°$										
T_0/s										

2. 测定阻尼系数 β.

表 32-2　摆轮做阻尼振动时的振幅　　　　　　阻尼挡位:"＿＿"挡

序号	振幅 $\theta/°$	序号	振幅 $\theta/°$	$\ln\dfrac{\theta_i}{\theta_{i+5}}$
θ_1		θ_6		
θ_2		θ_7		
θ_3		θ_8		
θ_4		θ_9		
θ_5		θ_{10}		
		$\ln\dfrac{\theta_i}{\theta_{i+5}}$ 平均值		

摆轮 10 次振动周期 $10T=$ ＿＿＿＿＿, 平均周期 $\overline{T}=$ ＿＿＿＿＿. 阻尼系数 $\beta=\dfrac{\overline{\ln\dfrac{\theta_i}{\theta_{i+5}}}}{5\overline{T}}=$ ＿＿＿＿＿.

3. 测定受迫振动的幅频特性和相频特性曲线.

作幅频特性 θ-$\dfrac{\omega}{\omega_0}$ 曲线和相频特性 φ-$\dfrac{\omega}{\omega_0}$ 曲线.

注意: 第一行为共振点, 以下为在共振点两侧各测五个点.

表 32-3　测定受迫振动的幅频和相频特性　　　　阻尼挡位:"＿＿"挡

φ 测量值/°	强迫力矩 10 次振动周期 $10T/s$	振幅 $\theta/°$	弹簧对应的固有振动周期 T_0/s	φ 计算值/° $\varphi_{计}=\arctan\dfrac{\beta T_0^2\ T}{\pi(T^2-T_0^2)}$	$\dfrac{\omega}{\omega_0}=\dfrac{T_0}{T}$

六、注意事项

波尔共振仪各部分都是精确装配的,不能随意乱动.电气控制箱功能与面板上旋钮、按键较多,请在弄清功能后,按规则操作.

七、思考题

1. 如何判别受迫振动已处于稳定状态?
2. 实验中如何用闪频原理来测量相位差 φ?
3. 实验中采用什么方法来确定共振点?

实验 33 弹簧振子简谐运动实验的研究(传感器法)

一、实验目的

1. 学习集成电键型霍尔传感器的特性.
2. 学会用该传感器测量弹簧振子的振动周期.
3. 学会用新型焦利秤测量弹簧的劲度系数.

二、实验原理

弹簧在外力作用下将产生形变,在弹性限度内外力与它所产生的形变成正比,即

$$F = -k\Delta x. \tag{33-1}$$

这就是大家熟知的胡克定律.比例系数 k 称为弹簧的劲度系数,其值与弹簧的形状、材料有关.若改变施加在某一弹簧上的外力,并测量相应的形变量,即可得 k 值.实际测量时,等间隔增加外力,得一系列形变量,然后由逐差法求得 k 值.

将质量为 M 的物体系于一轻质弹簧的自由端,弹簧另一端固定,并放置在一光滑的水平台面上,若使物体轻轻拉离平衡位置(弹簧原长处),然后释放,该弹簧振子就在平衡点附近做简谐运动,其周期为

$$T = 2\pi\sqrt{\frac{M}{k}}. \tag{33-2}$$

实际上弹簧本身具有质量 m_0,它必对 T 有影响.故式(33-2)做如下修正:

$$T = 2\pi\sqrt{\frac{M+Bm_0}{k}}. \tag{33-3}$$

式中,B 为待定系数($0<B<1$),理论表明 $B=\frac{1}{3}$.

若将上述弹簧振子铅直地悬挂在一个稳固的支架上,则它在重力及弹力作用下做简谐运动.只是与水平状态放置时的平衡点不同,新的平衡点为弹簧下端悬挂物体后所处的平衡位置,但式(33-3)仍不变.

三、实验仪器及介绍

IHE-1 型集成霍尔传感器特性与简谐运动实验仪(上海大学核力电子设备厂). 仪器外形如图 33-1 所示.

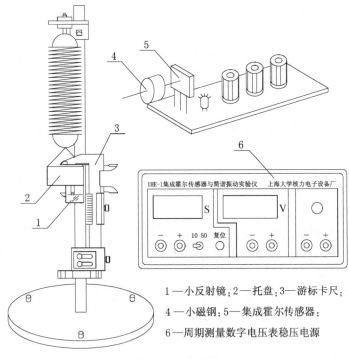

1—小反射镜；2—托盘；3—游标卡尺；
4—小磁钢；5—集成霍尔传感器；
6—周期测量数字电压表稳压电源

图 33-1 焦利秤

四、实验内容

1. 利用新型焦利秤测定弹簧的劲度系数 k. 如图 33-1 所示,在托盘中放置砝码 M_1,设砝码盘的质量与弹簧的有效质量之和为 m,则有

$$(M_1+m)g=k(x_1-x_0). \tag{33-4}$$

(1) 调节实验装置的底脚螺丝,使焦利秤垂直.

(2) 将弹簧固定在秤上部悬臂处,使挂于弹簧下的尖针靠近游标卡尺.

(3) 在托盘中放置一定质量的砝码 M_1 后弹簧伸长,调节游标卡尺的高度,使尖针与小镜上方刻线对准,记下此时游标卡尺上读数 x_1.

(4) 逐次从盘中取出砝码,记下在托盘中放置砝码 M_2 时在游标卡尺上的相应读数 x_2,仿此做多次测量.

(5) 作 M-x 图线,验证 $(M+m)g=k\Delta x$ 满足线性关系,并在图上求斜率,得弹簧的劲度系数 k(亦可用逐差法或最小二乘法求得).

2. 测量弹簧振子振动周期,求弹簧的劲度系数.

(1) 用电子秒表测弹簧振子振动 50 次的时间,然后求得弹簧振子的周期 T. 利用式

(33-3)求得弹簧的劲度系数 k [这时式(33-3)中,B 取 $\frac{1}{3}$,m_0 为弹簧的自重].

(2) 用集成电键型霍尔传感器测量弹簧的振动周期,求弹簧的劲度系数.

将集成霍尔电键的三只引脚分别与电源和周期测试仪相接,将钕铁硼磁钢粘于 20g 砝码下端,使 S 极向下,把集成霍尔电键感应面(有文字)对准 S 极,其与磁钢间距为 d_{op} 和 d_{rp} 之间值(d_{op} 和 d_{rp} 分别为集成霍尔电键特性参数,工作点 B_{op} 对应工作距离 d_{op},释放点 B_{rp} 对应释放距离 d_{rp}).轻轻拉动弹簧使其振动,记录弹簧振子振动 50 次的时间,求出弹簧振子的振动周期 T.

(3) 由式(33-3)求弹簧的劲度系数 k.

五、思考题

1. 实验中除了由 $(M+m)g=k\Delta x$ 图线可判断弹簧的弹性回复力与弹簧偏离平衡位置的位移呈线性关系外,还可以由什么来判断这一关系?

2. 式(33-3)中,若 $B=\frac{1}{3}$ 不知道,可通过怎样的实验方法验证 $B\approx\frac{1}{3}$?

实验 34　用振动法测材料的杨氏(弹性)模量

测量材料杨氏模量的方法很多,诸如拉伸法、压入法、弯曲法和碰撞法等.拉伸法是最常用的方法之一,但该方法使用的载荷较大,加载速度慢,且会产生弛豫现象,影响测量结果的精确度.另外,此法还不适用于脆性材料的测量.本实验借助于动态杨氏模量测量仪,用振动法测量材料的杨氏模量.该方法可弥补其不足,同时,还可扩大学生在物体机械振动方面的知识面,不失为一种非常有用和很有特点的测量方法.

一、实验目的

1. 了解振动法测量杨氏模量的原理.
2. 学会用振动法测量杨氏模量的实验方法.
3. 通过实验,逐步提高综合运用各种测量仪器的能力.

二、实验原理

(一) 用振动法测杨氏模量的物理基础

用振动法测杨氏模量是以自由梁的振动分析理论为基础.两端自由梁振动规律的描述要解决两个基本问题,即固有频率和固有振型函数.本实验只讨论前一个问题,然后以此为基础,导出杨氏模量的计算公式.

当图 34-1 所示的均质等截面两端自由梁做横向振动时,其振动方程为

$$EI\frac{\partial^4 y}{\partial x^4}+m_0\frac{\partial^2 y}{\partial t^2}=0. \tag{34-1}$$

式中,E 为杨氏模量,I 为惯性矩,m_0 为单位长度质量.

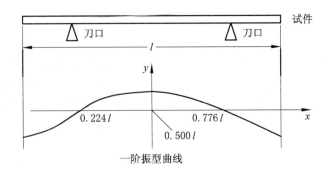

图 34-1　两端自由梁的基频振动

方程(34-1)可用分离变量法求解,令

$$y(x,t) = Y(x)T(t), \tag{34-2}$$

代入方程(34-1),考虑到 $m_0 = \rho S$,整理上式,得

$$\frac{1}{Y(x)}\frac{d^4 Y(x)}{dx^4} = -\frac{\rho S}{EI}\frac{1}{T(t)}\frac{d^2 T(t)}{dt^2}. \tag{34-3}$$

由上式可得到两个独立的常微分方程(K 为常数):

$$\frac{d^2 T(t)}{dt^2} + \frac{K^4 EI}{\rho S}T(t) = 0, \tag{34-4}$$

$$\frac{d^4 Y(x)}{dx^4} - K^4 Y(x) = 0. \tag{34-5}$$

这两个线性常微分方程的解分别为

$$T(t) = A\cos(\omega t + \varphi), \tag{34-6}$$

$$Y(x) = C_1 \text{ch} Kx + C_2 \text{sh} Kx + C_3 \cos Kx + C_4 \sin Kx. \tag{34-7}$$

两端自由梁弯曲振动方程的通解为

$$y(x,t) = (C_1 \text{ch} Kx + C_2 \text{sh} Kx + C_3 \cos Kx + C_4 \sin Kx) \times A\cos(\omega t + \varphi). \tag{34-8}$$

式中

$$\omega = \left(\frac{K^4 EI}{\rho S}\right)^{\frac{1}{2}}. \tag{34-9}$$

这个公式称为频率公式.它对于任意形状的截面和不同边界条件的试件都是成立的.如果搁置试件的两个刀口处在试件的节点附近,则两端自由梁的边界条件为

横向作用力 $\qquad F = -\dfrac{\partial M}{\partial x} = -EI\left(\dfrac{\partial^3 Y}{\partial x^3}\right) = 0,$

弯矩 $\qquad M = EI\left(\dfrac{\partial^2 Y}{\partial x^2}\right) = 0,$

即

$$\left.\frac{d^3 Y}{dx^3}\right|_{x=0} = 0, \left.\frac{d^3 Y}{dx^3}\right|_{x=l} = 0,$$
$$\left.\frac{d^2 Y}{dx^2}\right|_{x=0} = 0, \left.\frac{d^2 Y}{dx^2}\right|_{x=l} = 0. \tag{34-10}$$

将边界条件代入通解式中,可得

$$\cos Kl \cdot \mathrm{ch}\, l = 1. \tag{34-11}$$

用数值解法求得本征值 K 和试件长度 l 的乘积应满足

$$Kl = 0,\ 4.730,\ 7.853,\ 0.996.$$

其中 $K_0 l = 0$ 为第一个根,它与试件的静止状态相对应;第二个根 $K_1 l = 4.730$ 所对应的频率称为基频频率,相应的基频振型曲线如图 34-1 所示.由图可见,试件在做基频振动时,其上有两个节点,它们的位置在离试件端面的 $0.224l$ 和 $0.776l$ 处.若将第一个本征值 $K = \dfrac{4.730}{l}$ 代入式(34-10),则可得到自由振动的第一阶固有圆频率(基频)为

$$\omega = \left[\frac{(4.730)^4 EI}{\rho l^4 S} \right]^{\frac{1}{2}}. \tag{34-12}$$

根据上式可导得杨氏模量的计算公式为

$$E = 0.0019978 \frac{\rho l^4 S}{I} \omega^2. \tag{34-13}$$

对于等圆截面试件,应有

$$E = 1.6067 \frac{l^3 m}{d^4} f^2 = 1.2619 \frac{l^4 \rho}{d^2} f^2. \tag{34-14}$$

这就是用振动法测杨氏模量的计算公式.式中的 l、d 和 m 分别为等圆截面试件的长度、直径和质量,f 为试件的振动频率.

对宽度为 b、高度为 h 的矩形棒,有

$$E = 0.94466 \frac{l^3 m}{b h^3} f^2. \tag{34-15}$$

(二) 杨氏模量的测量方法

用振动法测量杨氏模量的实验装置如图 34-2 所示,圆截面试件搁在两个距离可调的刀口上,刀口之间的距离大致为试件两个节点之间的距离.

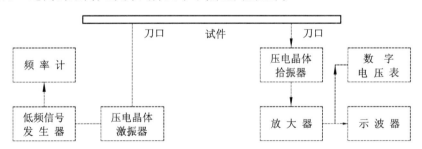

图 34-2 用振动法测杨氏模量的实验装置

将低频信号发生器输出的等幅电信号加到与试件相接触的压电晶体激振器上,使电信号变为压电晶体激振器的机械振动,通过激振器刀口传到试件上,激励试件做受迫振动.在两端自由梁的另一位置设置了一个压电晶体拾振器,它可把试件的机械振动转变为电信号.该信号经放大后,传输到示波器和数字电压表,用以显示振动波形和振动信号的大小,压电晶体激振器输入电信号的频率可在低频信号发生器的数字频率表上读出.

试件的共振状态是通过调节压电晶体激振器输入电压信号的频率来实现的.当低频信号发生器的输出信号频率尚未调到试件的固有频率时,试件不发生共振,示波器上几

乎看不到电信号波形或波形幅度很小,数字电压表上几乎没有电压显示或显示数值很小.当低频信号发生器的输出信号频率调到等于试件的固有频率时,试件发生共振.在这种状态下,示波器显示的振动波形幅度骤然增大,数字电压表显示值也突然上升到极值状态,这时低频信号发生器频率计上显示的频率就是试件在该条件下的共振频率 f_r.

实际上,物体的固有振动频率 f_1 和物体的共振频率 f_r 并不相同,两者之间的关系为

$$f_1 = f_r \sqrt{1 + \frac{1}{4Q^2}}. \tag{34-16}$$

式中,Q 为试件的机械品质因数.在本实验中 $Q > 50$,故

$$f_1 \approx f_r. \tag{34-17}$$

在测出试件的相关尺寸 m、l、d 和固有频率 f_1 后,便可计算出试件的杨氏模量 E.

三、实验仪器

DY-D99 型多用途动态杨氏模量测量仪、XY-2D 型多功能音频信号源、YB4324 型双踪示波器、毫米刻度钢皮尺(250mm 长)、0.02mm 精度游标卡尺、物理天平(精度 0.05g).

四、实验内容

(一) 测量试件的固有频率

1. 按图 34-2 连接电路.也可采用如图 34-3 所示的实验装置.

由信号发生器输出的等幅正弦波信号,加在换能器 I(激振)上,通过换能器 I 把电信号转变成机械振动,再由悬线把机械振动传给试件,使试件受迫做横向振动.试件另一端的悬线,把试件的振动传给传感器(拾振),这时机械振动又转变成电信号.该信号经放大后送到示波器中显示,频率计则用于准确测定信号频率(也可以不用).

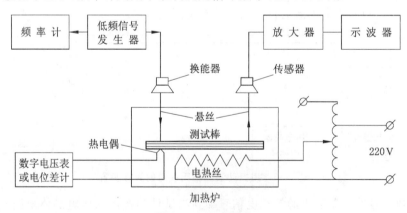

图 34-3 实验装置

当信号发生器的频率不等于试件的共振频率时,试件不发生共振,示波器几乎没有电信号波形或波形很小.当信号发生器的频率等于试件的共振频率时,试件发生共振,这时示波器上的波形突然增大,频率计上读出的频率,就是试件在该温度下的共振频率.将共振频率代入式(34-14),即可计算出该温度下的杨氏模量.不断改变加热炉的温度,可以测出在不同温度时的杨氏模量.

2. 测频前的准备工作.

(1) 将示波器各相关旋钮置于显示波形所需要的位置上.

(2) 将低频信号发生器频率范围置于"200Hz～2kHz"挡,输出信号置于"电压"挡,信号电压调到"5V",衰减旋钮置于"零".

(3) 多功能动态杨氏模量测量仪的数字电压表量程设为 200mV.

(4) 将圆棒置于压电晶体激振器和压电晶体拾振器的刀口上,两个刀口之间的距离大致调到试件做基频振动时两个节点之间的距离,两刀口应调到等高.

3. 测量试件的固有频率 f_1.

(1) 借助于频率旋钮,仔细调节低频信号发生器输出信号的频率,使其等于试件的固有频率,这时示波器显示的振动波形幅度突然增大,数字电压表也显示出极值.

(2) 记下此时低频信号发生器频率表上显示的频率,即为试件的固有频率 f_1.

(二) 计算杨氏模量 E

将试件的 l、d、m 和 f_1 代入式(34-14),计算出试件材料的杨氏模量 E 及其不确定度.

五、思考题

1. 试分析用拉伸法测杨氏模量和用振动法测杨氏模量这两种方法各自的特点.
2. 在本实验中,如何判断试件的振动已处于基频共振状态?
3. 在两端自由梁的振动实验中,为什么要将压电晶体激振器刀口和压电晶体拾振器刀口之间的距离大致调到试件做基频振动时其两个节点之间的距离?如果放在其他位置上会不会对测量结果产生影响?若改用悬线法做此实验又有什么优缺点?

实验 35 用传感器测空气的相对压力系数

一、实验目的

1. 加深对理想气体状态方程和查理定律的理解.
2. 初步了解铜电阻温度传感器和硅压阻式差压传感器的工作原理,并掌握其使用方法.
3. 学会用线性回归和作图法处理实验数据.

二、实验原理

理想气体状态方程在定容的条件下简化为查理定律:

$$p = \frac{p_0 T}{T_0} = p_0 \frac{T_0 + t}{T_0} = p_0(1 + \alpha_p t). \tag{35-1}$$

式中,t 为气体的摄氏温度;$T_0 = 273.15$K;p_0 和 p 分别为气体在 0℃ 和 t 时的气体压强;α_p 为相对压力系数,定义 $\alpha_p = \dfrac{\Delta p}{p_0 \Delta t}$,对于理想气体,$\alpha_p = \dfrac{1}{T_0} = 3.66 \times 10^{-3}$K^{-1},实际气体

(如空气)可近似看作理想气体.

三、实验仪器

铜电阻温度传感器、扩散硅压阻式差压传感器.

四、实验装置

图 35-1 为实验装置主要部分示意图.

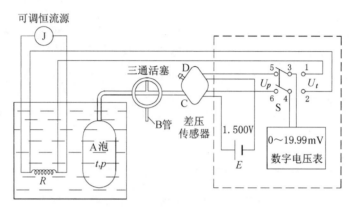

图 35-1　实验装置主要部分示意图

被测介质是密封在玻璃泡 A 内的空气，A 泡浸没在保温杯内的蒸馏水中，靠调压器改变"热得快"(图中未画出)上的电压控制水温. 差压传感器的接口 D 通大气接口 C，经过玻璃细管和真空三通活塞与 A 泡相连. $E(1.500\text{V})$ 是差压传感器的恒电源，J 是铜电阻的恒流源($3.5\sim10\text{mA}$ 可调). 为了减小引线电阻对测量的影响，铜电阻采用了四端接法. 量程为 20mV 的数字电压表通过换向电键 S 可分别显示铜丝电压 U_t 和差压传感器的输出电压 U_p，单位为 mV. 图中虚线框表示数字电压表与 E 和 S 已组装成一整体. 大气压强由室内气压计读得. 如果将数字电压表显示的输出电压 U_p 按气体温度来定标，则 A 泡、差压传感器和数字电压表就组成了一台定容气体温度计.

五、实验内容

(一) 差压传感器的定标

按一定的计量标准确定计量器件或指示部分所表示的量值称为定标. 本实验中就是指准确测定差压传感器的常数 U_0 和 k_p. 定标时选用准确度更高的四位半数字电压表来测量 U_p，定标装置如图 35-2 所示，先缓慢转动三通活塞(另一手扶住活塞外部)，使差压传感器的 C 端与 B 管相通而与 A 泡断开，这时 C 通大气. 将塑料管 G 接在接头 H 上，使 D 端与机械泵相连. 将四位半数字电压表接在差压传感器的输出端 3 和 4 上，启动机械泵，从 D 端抽气，待真空表指针偏转到 760mmHg 刻度附近不动时，此时 D 端气压可视为零，压差 $\Delta p = p_C$，差压传感器的输出电压记为 U_m. 然后关闭机械泵，从接头 H 上拔去塑料管 G，使 D 端也通大气，此时 $\Delta p = 0$，数字电压表的读数即为 U_0，则

$$k_p = \frac{U_m - U_0}{p_C}. \tag{35-2}$$

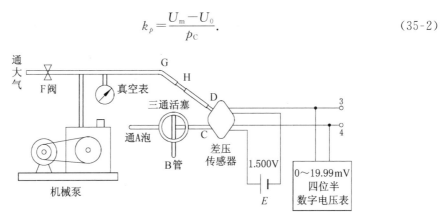

图 35-2　差压传感器定标装置示意图

（二）测量若干组 (U_t, U_p) 值

按图 35-1 接线，缓慢转动三通活塞，使 C 端与 A 泡相通，调节恒流源 J，使室温下铜丝电阻上的电压小于且接近 14mV，实验中恒流源不准再调。记下室温下铜丝电压值和差压传感器的输出电压值，然后加热铜丝，电压每增加约 0.5mV 记一次 U_t, U_p 值，最后记下水沸腾时的电压值，记为 (U_b, U_p)。

用气压计记下实验前、后的大气压，取平均值，并记录室温。

六、实验数据及处理

1. 对大气压强的平均值进行与温度有关的系数误差修正。由于气压计是在 0℃下标定的，而水银的体积会随着温度的升高而膨胀，其密度会变小，因而水银柱高度 H 会偏大。另外，黄铜标尺的长度也会随温度的变化而变化。这两点都会引起系统误差，应该对 H 进行修正，其修正值为

$$\delta H = -(18.2 - 1.9) \times 10^{-5} \text{K}^{-1} \cdot Ht.$$

式中，t 为测量时的大气温度，$18.2 \times 10^{-5} \text{K}^{-1}$ 是水银的体膨胀系数，$1.9 \times 10^{-5} \text{K}^{-1}$ 是黄铜的线胀系数。修正后的大气压为 $p_C = H + \delta H$。另外，由于各地的重力加速度 g 不同，当测量要求较高时对此也要做修正，本实验对此不做修正。

2. 根据修正后的 p_C 查表（由实验室提供）得水的沸点值 t_p。

3. 由若干组 (U_t, U_p) 值算出对应的 (t, p)，利用最小二乘法进行直线拟合，求得 α_p 值，同时记下相关系数 r，要求 r 大于 0.999。

4. 再在坐标纸上作 p-t 图，并由此求出 α_p 值。

5. 由于种种原因，如 A 泡容积因热胀冷缩而变，以及与 A 泡相连的 C 管中气体温度不均匀等原因，实验中存在明显的系统误差。经计算表明，本实验在 20℃左右时，按以下经验公式对 α_p 的测量值进行修正：

$$\delta \alpha_p = \left(0.018 + \frac{5V_C}{V_0}\right) \times 10^{-3} \text{K}^{-1}. \tag{35-3}$$

式中，V_C 为 A 泡至 C 接口之间的细管部分的体积，A 泡体积为 V_0，仪器常数 $\frac{V_C}{V_0}$ 由仪器上标明。

七、思考题

1. 本实验是怎样对温度传感器定标的?
2. 差压传感器定标时,若先测 U_0 后测 k_p,应如何操作?
3. 下列情况下测得的 α_p 值将偏大、偏小还是不变?
   (1) 水银柱与水平面不垂直.
   (2) 设大气的组成和温度不变,由北纬 60°海平面移到赤道附近的海平面.

实验36　密立根油滴实验

19 世纪末,英国物理学家 J.J.汤姆逊对阴极射线进行了深入的研究,利用阴极射线在磁场中的偏转,测出了阴极射线的粒子的比荷(又称荷质比)为 $1.7×10^{11}$ C/kg,此值比氢离子的比荷大一千多倍,他认为阴极射线的粒子是比最轻元素的原子小得多的粒子,该粒子的电荷可能是最小电荷,被称为电子.

也就在 19 世纪末,汤森设计了测量电子电荷的实验,他利用带电粒子在蒸气中形成雾滴的现象,计算雾滴数并测量带电粒子的总电荷,求出一个离子的电荷 $e\approx1\times10^{-19}$ C. 以后威尔逊利用改进的实验装置(使离子在电容器极板间运动)测量最小电荷,所得结果与汤森的相近,精密度都较低.

20 世纪初,美国物理学家密立根继续研究电子电荷的测量,开始他重复威尔逊的方法,精密度有些提高,但仍然较低,他加大了电容器的电压,又不断改变电场的方向,发现水滴云消失,出现了单个的水滴,从研究水滴云的统计结果转而研究单个水滴的电荷,使最小电荷的测量工作出现了新突破.

由于水滴容易蒸发,影响结果,密立根改用油滴做实验,测量结果明显改善.

油滴实验直接测出的不是最小电荷值,而是一系列各种不同的电荷值,从分析这些不同的电荷值得出两个重要结论:(1) 电荷是分立的;(2) 自然界中存在最小电荷. 而测准每一电荷的值是得出此结论的依据.

一、实验目的

1. 了解油滴实验的方法与特点.
2. 利用电视显微密立根油滴仪测量电子电荷,验证电荷的不连续性.
3. 了解 CCD(Charge Coupled Device,电荷耦合器件)图像传感器的原理与应用,学习电视显微测量方法.

二、实验原理

(一) 油滴电荷的测量

用喷雾器将油滴喷入两块相距为 d 的水平放置的平行极板之间,如图 36-1 所示.油滴在喷射时由于摩擦一般都是带电的.油滴所带电荷量 q 的测量方法有静态(平衡)法和动态(非平衡)法两种.动态法是用油滴在电场中的上升运动去测量 q 值的.

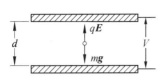
图 36-1 油滴受力分析

图 36-2 油滴在电场中

设一质量为 m、带电荷量为 q 的油滴处在两块平行极板间,在平行极板间未加电压时,油滴受重力作用而加速下降,由于受空气阻力的作用,油滴下降一段距离后将做匀速运动,速度为 v_g,这时重力与阻力平衡(空气浮力忽略不计),如图 36-2 所示. 由斯托克斯定律,黏滞阻力 f_r 为

$$f_r = 6\pi a \eta v_g,$$

式中,η 是空气的黏度,a 是油滴的半径(油滴由于在空气中悬浮和受表面张力作用,可将油滴看作圆球),这时有

$$mg = 6\pi a \eta v_g. \tag{36-1}$$

当在平行极板上加电压 V 时,油滴处在场强为 E 的静电场中,设电场力与重力方向相反,如图 36-1 所示,这时油滴受电场力沿铅直方向加速上升,由于受空气阻力作用,油滴上升一段距离后,其所受的空气阻力、重力和电场力将达到平衡(空气浮力忽略不计),则油滴将匀速上升,此时速度为 v_e,则有

$$qE = mg + 6\pi a \eta v_e. \tag{36-2}$$

又

$$E = \frac{V}{d}, \tag{36-3}$$

$$m = \frac{4}{3}\pi a^3 \rho. \tag{36-4}$$

由以上四式,可得

$$q = \frac{4}{3}\pi a^3 \rho g \frac{d}{V}\left(\frac{v_g + v_e}{v_g}\right). \tag{36-5}$$

为测定油滴所带电荷量 q,除应测出 V、d 和速度 v_g、v_e 外,还需测油滴半径 a.

(二) 油滴半径 a 的测量

在平行极板间未加电压时,油滴最终将以 v_g 匀速下降,由式(36-1)和式(36-2)可得油滴的半径为

$$a = \sqrt{\frac{9\eta v_g}{2\rho g}}. \tag{36-6}$$

(三) 电荷量 q 的最终表达式

考虑到油滴非常小,空气已不能看成是连续介质,空气的黏度 η 应修正为

$$\eta' = \frac{\eta}{1 + \frac{b}{pa}}, \tag{36-7}$$

式中,b 为修正常数;p 为空气压强(单位为 Pa);a 为未修正过的油滴半径(单位为 m),由

于它在修正项中,不必算得很精确,由式(36-6)计算即可.

实验时取油滴匀速下降和匀速上升的距离相等,设为 l,测出油滴匀速下降和上升的时间分别为 t_g 和 t_e,则

$$v_g = \frac{l}{t_g}, \ v_e = \frac{l}{t_e}. \tag{36-8}$$

将式(36-6)、式(36-7)、式(36-8)代入式(36-5),得

$$q = \frac{18\pi}{\sqrt{2\rho g}} \left(\frac{\eta l}{1+\frac{b}{pa}}\right)^{\frac{3}{2}} \frac{d}{V}\left(\frac{1}{t_e}+\frac{1}{t_g}\right)\left(\frac{1}{t_g}\right)^{\frac{1}{2}}.$$

令 $k = \frac{18\pi}{\sqrt{2\rho g}} \left(\dfrac{\eta l}{1+\frac{b}{pa}}\right)^{\frac{3}{2}} d$,得动态(非平衡)法测油滴的公式为

$$q = \frac{k\left(\frac{1}{t_e}+\frac{1}{t_g}\right)\left(\frac{1}{t_g}\right)^{\frac{1}{2}}}{V}. \tag{36-9}$$

调节平行极板间的电压,使油滴不动,$v_e = 0$,即 $t_e \to \infty$,由式(36-9)可得

$$q = k\left(\frac{1}{t_g}\right)^{\frac{3}{2}} \frac{1}{V},$$

或者

$$q = \frac{18\pi}{\sqrt{2\rho g}} \left[\frac{\eta l}{t_g\left(1+\frac{b}{pa}\right)}\right]^{\frac{3}{2}} \frac{d}{V}. \tag{36-10}$$

上式即为静态法测油滴电荷的公式.

为了求电子电荷 e,对实验测得的各个电荷量 q 求最大公约数,就是基元电荷 e 的值,也就是电子电荷 e;也可以测量同一油滴所带电荷量的改变量 Δq_i(可用紫外线或放射源照射油滴,使它所带电荷量改变),这时 Δq_i 应近似为某一最小单位的整数倍,此最小单位即为基元电荷 e.

三、实验仪器及介绍

OM99 型电视显微油滴仪、喷雾器和钟表油.

OM99 型电视显微油滴仪主要由油雾室、油滴盒、CCD 电视显微镜、电路箱、监视器等组成.

油雾室用有机玻璃制成,其上有喷雾孔和油雾孔,该孔可以拉动铝片电键.

油滴盒:如图 36-3 所示,中间是两个圆形平行平板电极,放在有机玻璃防风罩中,在上电极中心有一直径为 0.4mm 的小孔,油滴经油雾

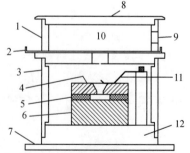

1—油雾杯;2—油雾孔开关;3—防风罩;4—上电极;5—油滴盒;6—下电极;7—座架;8—上盖板;9—喷雾口;10—油雾孔;11—上电极压簧;12—油滴盒基座

图 36-3 油滴盒

孔落入小孔,进入上下电极板之间,由照明灯照明,防风罩前装有测量显微镜,其目镜中有分划板.分划板刻度:垂直线的视场2mm,共分八格,每格值为0.25mm.防风罩上有一个可取下的油雾杯.

照明灯安装在照明座中间位置,照明灯采用带聚光的红外发光二极管.在照明座上方有一安全电键,当取下油雾杯时,平行电极就自行断电.

CCD电视显微镜:CCD摄像头与显微镜是整体结构.CCD是固体图像传感器的核心器件,由它制成的摄像机可把光学图像变为视频电信号,由电视电缆接到监视器上显示,或接录像机,或接计算机进行处理.本实验使用灵敏度和分辨率较高的黑白CCD摄像机,用高分辨率(800电视线)的黑白监视器,将显微镜观察到的油滴运动图像清晰地显示在屏幕上,以便观察和测量.

电路箱:它内装有高压电源、测量显示等电路,底部装有三只调平手轮,面板结构如图36-4所示.由测量显示电路产生的电子分划板刻度(与CCD摄像头的行扫描严格同步,相当于刻度线刻在CCD器件上)在监视器的屏幕上显示为白色刻度.

在面板上有两只控制平行极板电压的三挡电键.K_1控制极板上电压的极性,K_2控制极板上电压的大小.当K_2处于"平衡"挡时,可用电位器W调节平衡电压的大小;当K_2打向"提升"时,自动在平衡电压的基础上增加200~300V的提升电压;当K_2打向"0V"挡时,极板上电压为0V.

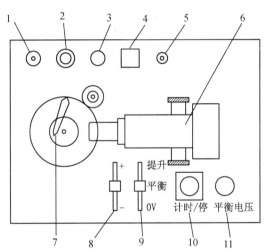

1—视频电缆;2—保险丝;3—电源线;4—电源开关;5—指示灯;6—显微镜;
7—上电极压簧;8—K_1;9—K_2;10—K_3;11—W

图36-4 油滴仪面板图

四、实验内容

(一) 仪器连接和调整

1. 阅读仪器说明书,将面板上带有Q9插头的视频电缆线接至监视器后背下部的插座上,保证接触良好,监视器阻抗选择电键拨在75Ω处.

2. 调整油滴仪水平:调节仪器底座上的三只调平手轮,使水平仪的水泡处于中央,这时平行极板处于水平状态.

3. 打开监视器和油滴仪电源,指示灯和油滴照明灯泡亮,在显示器上显示出分划板刻度线及电压和时间值.如想开机后直接进入测量状态,按一下"计时/停"按钮即可.

4. 将油滴盒或油雾室用布擦拭干净.注意,应使油滴盒上电极板中间的小孔保持畅通,油雾孔应无油膜堵住.把油滴盒和油雾室的盖子盖上,开启油雾孔,检查电极板压簧是否和上电极板接触良好.

5. 显微镜调焦.

转动 CCD 显微镜的调焦手轮,使显微镜筒前端和底座前端对齐,然后用喷雾器向油雾室喷油,前后微调调焦手轮,使显微镜聚焦,屏幕上出现清晰的油滴图像.

适当调节监视器的亮度、对比度旋钮,使油滴图像最清晰,且与背景的反差适中,监视器亮度一般不要调得太亮,否则油滴不清楚.如图像不稳,可调监视器的帧同步和行同步旋钮.

（二） 测量练习

练习选择合适的油滴,控制油滴运动和测量油滴运动的时间.

1. 面板上 K_1 置于"＋"或"－"位置均可.将 K_2 置"平衡"挡,调节 W 使极板电压为 $200\sim300\mathrm{V}$,用喷雾器对准喷雾口向油雾室喷射油雾（喷雾器的喷头不要深入喷油孔内,防止大颗粒油滴堵塞油孔）.喷油后,注意监视器是否有油滴下落,若无油滴下落可再喷一次,若已有油滴下落,则应关上油雾孔电键.

2. 选择一颗合适的油滴十分重要,大而亮的油滴必然质量大因而匀速下降的时间很短,增大了时间测量的相对误差;反之,很小的油滴因质量小,因此布朗运动较为明显,同样造成很大的测量误差.通常选择平衡电压为 $200\sim300\mathrm{V}$,匀速下落 $1.5\mathrm{mm}$（每格 $0.25\mathrm{mm}$）的时间在 $8\sim20\mathrm{s}$ 左右,目视油滴的直径在 $0.5\sim1\mathrm{mm}$ 左右的油滴较适宜.

3. 调节油滴平衡要有足够的耐心,用 K_2 将油滴移至某刻度线上,反复仔细调节平衡电压,经一段时间观察油滴不再移动,才认为油滴处于平衡状态.

4. 测准油滴上升或下降某段距离所需的时间,一是要统一油滴到达某刻度线,才认为油滴已达线;二是读数时眼睛一定要平视刻度线.对同一油滴进行 $5\sim6$ 次练习测量,使测出的各次时间离散性较小.测量过程中,如发现油滴离焦,可微动调焦手轮,使之重新聚焦,便于跟踪油滴.

（三） 正式测量

实验方法可选择静态测量法、动态测量法.

1. 静态测量法.

将已调平衡的油滴用 K_2 控制,移到"起跑"线上,按 K_3（"计时/停"按钮）,让计时器复零,然后将 K_2 拨向"0V"挡,油滴开始匀速下降的同时,计时器开始计时,当油滴到"终点"时迅速将 K_2 拨向"平衡"挡,油滴立即停止,计时也同时停止.对同一油滴反复进行 $5\sim10$ 次测量,选择 $10\sim20$ 个油滴,测出 V、t_g、l（油滴匀速下落 6 格的距离）,求得电子电荷的平均值 e,同时记录测量时的实验条件 g、ρ、p 的值.

2. 动态测量法.

分别测出加电压时油滴上升的速度和不加电压时油滴下落的速度,代入式(36-9),

求出 e 值.油滴的运动距离一般取 $1\sim1.5\text{mm}$,对某个油滴重复测量 $5\sim10$ 次,选择 $10\sim20$ 个油滴,求得电子电荷的平均值 e.

(四) 实验数据及处理

利用静态测量法测油滴电荷的公式计算油滴电荷,即

$$q=\frac{18\pi}{\sqrt{2\rho g}}\left[\frac{\eta l}{t_g\left(1+\dfrac{b}{pa}\right)}\right]^{\frac{3}{2}}\frac{d}{V}.$$

式中:

$$a=\sqrt{\frac{9\eta l}{2\rho g t_g}}.$$

钟表油的密度　　$\rho=981\text{kg}\cdot\text{m}^{-3}(20\text{℃})$;

重力加速度　　$g=9.79\text{m}\cdot\text{s}^{-2}$;

20℃空气黏度　$\eta=1.83\times10^{-5}\text{kg}\cdot\text{m}^{-1}\cdot\text{s}^{-1}$;

油滴匀速下降距离　$l=1.5\times10^{-3}\text{m}$;

修正系数　　$b=6.17\times10^{-6}\text{m}\cdot\text{cmHg}$;

标准大气压　$p=76.0\text{cmHg}$;

平行极板间距　$d=6.00\times10^{-3}\text{m}$.

时间 t_g 应为多次测量时间的平均值.实际大气压由气压表读出.

计算出各油滴的电荷后,求它们的最大公约数,即为基本电荷 e 值.若求最大公约数有困难,可用作图法求 e 值.设实验得到 m 个油滴的带电荷量分别为 $q_1,q_2,\cdots,q_m$,由于电荷的量子化特征,应有 $q_i=n_i e$,此为一直线方程,n 为自变量,q 为因变量,e 为斜率.因此,m 个油滴对应的数据在 n-q 坐标系中将在同一条过原点的直线上,若找到满足这一关系的直线,就可用斜率求得 e 值.

将 e 的实验值与公认值比较,求相对误差(公认值 $e=1.60\times10^{-19}\text{C}$).

实验室一般有求电子电荷 e 值的计算程序(静态法),可在计算机上利用此程序,输入原始数据,即可算出 e 值和相对误差.

五、思考题

1. 对实验造成影响的主要因素有哪些?
2. 如何判断油滴盒内两平行极板是否水平?若极板不水平对实验结果有何影响?
3. 实验时,怎样选择适当的油滴?如何判断油滴是否静止?
4. 用 CCD 成像系统观察油滴比直接从显微镜中观察有何优点?

注:OM99型油滴仪选用上海中华牌701型钟表油,其密度随温度的变化如表36-1所示.

表 36-1　密度随温度的变化情况

$T/℃$	0	10	20	30	40
$\rho/(\text{kg}/\text{m}^3)$	991	986	981	976	971

实验 37 集成电路温度传感器的特性测量及应用

随着科学技术的发展,各种新型的集成电路温度传感器件不断涌现.这类集成电路测温器件有以下几个优点:(1)温度变化引起输出量的变化呈良好的线性关系;(2)不像热电偶那样需要参考点;(3)抗干扰能力强;(4)互换性好,使用简单方便.因此,这类传感器已在科学研究、工业和家用电器等方面被广泛用于温度的精确测量和控制.

一、实验目的

1. 测量电流型集成电路温度传感器的输出电流与温度的关系.

2. 熟悉该传感器的基本特性,并采用非平衡电桥法,组装一台 0～50℃ 数字式温度计.

二、实验原理

AD590 型集成电路温度传感器由多个参数相同的三极管和电阻组成.当该器件的两引出端上加有一定的直流工作电压时(一般工作电压可在 4.5～20V 范围内),它的输出电流与温度满足如下关系:

$$I = B\theta + A.$$

式中,I 为输出电流,单位为 μA;θ 为摄氏温度;B 为斜率(一般 AD590 型集成电路温度传感器的 $B=1\mu A/℃$,即如果该温度传感器的温度升高或降低 1℃,那么传感器的输出电流增加或减小 $1\mu A$);A 为摄氏零度时的电流值,该值恰好与冰点的热力学温度 273K 相对应(对通常市售的 AD590,其 A 值一般在 273～278μA 范围之间,略有差异).利用 AD590 型集成电路温度传感器的上述特性,可以制成各种用途的温度计.采用非平衡电桥线路,可以制作一台数字式摄氏温度计,即 AD590 型器件在 0℃ 时,数字电压显示值为"0";而当 AD590 型器件处于 θ℃ 时,数字电压表显示值为"θ".

三、实验仪器

AD590 型电流型集成电路温度传感器、直流数字电压表、ZX21 型电阻箱、真空保温瓶(内有塑料内胆保护)、搅拌器、0～50℃ 水银温度计等.

AD590 型为两端式集成电路温度传感器,它有两个管脚引出,如图 37-1 所示,序号 1 接电源正端 U_+(红色引线),序号 2 接电源负端 U_-(黑色引线),序号 3 连接外壳,它可以接地,有时也可以不用.AD590 型集成电路温度传感器工作电压为 4～30V,通常工作电压为 10～15V,但不能小于 4V,若小于 4V 出现非线性.

四、实验内容

1. 按图 37-2 接线(AD590 型集成电路温度传感器的正负极不能接错),测量 AD590 型集成电路温度传感器的电流 I 与温度 θ 的关系,取样电阻 R 的阻值为 1000Ω,把实验数据用最小二乘法进行直线拟合,求斜率 B、截距 A 和相关系数 r.实验时应注意 AD590 型集成电路温度传感器为二端铜线引出,为防止极间短路,两铜线不可直接放入水中,应用一端封闭的薄玻璃管保护套保护,其中注入少量变压器油,使之有良好的热传递特性.(实验中如何保证 AD590 型集成电路温度传感器与水银温度计处于相同温度?)

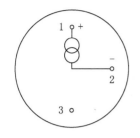
图 37-1　AD590 型集成电路温度传感器管脚图

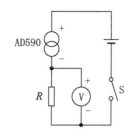
图 37-2　AD590 型集成电路温度传感器特性测量图

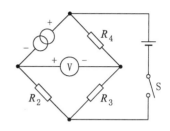
图 37-3　数字式摄氏温度计接线图

2. 制作量程为 0~50℃范围的数字温度计. 把 AD590 型集成电路温度传感器、三只电阻箱、直流稳压电源及数字电压表按图 37-3 接好,将 AD590 型集成电路温度传感器放入冰点槽中,R_2 和 R_3 各取 1000Ω,调节 R_4 使数字电压表示值为零. 然后把 AD590 型集成电路温度传感器放入其他温度如室温的水中,用标准水银温度计进行读数对比,求出百分差. (冰点槽中怎样的冰水混合物才能真正达到 0℃温度?)

3. 令图 37-3 中电源电压发生变化,如从 8V 变为 10V,观测 AD590 型集成电路温度传感器输出电流有无变化? 分析其原因.

五、思考题

1. 电流型集成电路温度传感器有哪些特性? 它与半导体热敏电阻、热电偶相比,有哪些优点?

2. 如何用 AD590 型集成电路温度传感器制作一个热力学温度计,请画出电路图,说明调节方法.

3. 如果 AD590 型集成电路温度传感器的灵敏度不是严格的 1.000μA/℃,而是略有差异,请考虑如何利用改变 R_2 的值,使数字式温度计测量误差减小.

第 5 章 计算机实测技术实验

实验 38 计算机实测物理实验

随着 IT 技术的发展,科学实验的面貌正在发生巨大的改变.在物理实验中,利用计算机来对各种物理量进行监视、测量、记录和分析,可准确地获得实验的动态信息,因而有利于提高实验的精度,有利于研究瞬变过程,更可以大大降低实验工作人员的劳动强度和工作量,这是现代物理实验的发展方向.本实验采用一套实用的通用接口和一个典型的软件,将各种物理量输入计算机,并进行记录、分析和处理,从而了解如何利用现代的计算机技术来进行传统的物理实验,为今后在各种物理实验和科学研究工作中采用计算机技术打下基础.

一、实验原理及器材

(一) 计算机实测物理实验概述

计算机实测实验通过传感器感受信号,并转换成电量,经 ULI(Universal Lab Inferface,通用实验室接口)把电量转换成数字量输入计算机,用专用的软件在计算机显示器上直观地显示物理量随时间的变化规律,从而可以分析各物理量之间的函数关系,这对深入分析物理问题和验证物理规律是十分有利的.

计算机实测物理实验主要由四部分组成:物理实验装置、传感器(包括放大器)、通用实验室接口板、计算机和物理实验应用软件(在 Windows XP 或 Windows 2010 环境下工作).

实验框图如图 38-1 所示.

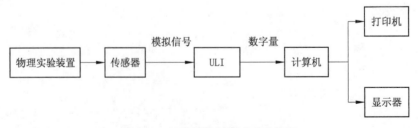

图 38-1 计算机实测物理实验框图

(二) 传感器

在计算机实测物理实验中,首先必须由传感器把待测物理量转换成计算机可接受的物理量(一般为电量).传感器的精度、灵敏度和可靠性将决定实验结果的优劣.

传感器一般由敏感元件和转换元件组成.敏感元件指传感器中能直接感受或响应被测物理量的部分,转换元件是指传感器中能将敏感元件感受或响应的被测物理量转换成适于传输和(或)测量的电信号的部分.

传感器分类方法有两种:

(1) 按被测物理量来分,有温度传感器、压力传感器、位移传感器、速度传感器、加速度传感器、湿度传感器等.

(2) 按传感器工作原理分,有应变式、电容式、电阻式、电感式、压电式、热电式、光敏式、光电式等传感器.

由于有的传感器可以同时测量多种物理量,而对同一物理量又可用多种不同类型的传感器来进行测量,因此同一传感器可有不同的名称.

传感器检测的物理量可分为动态量和静态量两类:静态量指稳定状态的信号或变化极其缓慢的信号,动态量通常指周期信号、瞬变信号或随机信号.无论是对动态量还是对静态量,都要求传感器能不失真地完成信号转换.所以一个优良的传感器必须有良好的静态特性和动态特性.

由于传感器的输出信号一般都比较微弱,因此常在传感器后连接一个放大器,将弱信号放大.放大器应具有高输入阻抗、高响应速度、高抗干扰能力、低漂移、低噪音和低输出阻抗的性能.

(三) ULI

ULI 是指把经传感器放大后的输出信号接入计算机的接口,其系统框图如图 38-2 所示.整个接口可分为四个部分:传感器输入端口、12 位 A/D 转换器、单片机控制系统、电源.

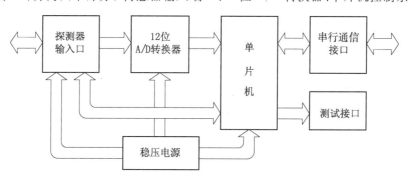

图 38-2 通用实验室接口系统框图

传感器输入端口如图 38-3 所示,它可以与各种不同类型的传感器相匹配.

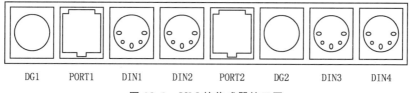

图 38-3 ULI 的传感器接口图

A/D 转换器即为模/数转换器,它的功能是将模拟量转变为与其相应的数字量.它是数据采集系统的核心部件,能将某一确定范围内连续变化的模拟信号转换为分立的有限的一组二进制数. A/D 转换器输出的二进制数通过单片机的串行口输入计算机.

实验开始前,先打开 ULI 接口后部的电源开关(Switch),红色发光二极管和绿色发光二极管同时点亮.再打开计算机,绿色发光二极管熄灭,表示计算机与 ULI 接口之间通信正常.电源开关、指示灯、测试口、通信口的排列如图 38-4 所示.

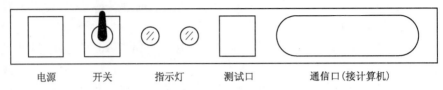

图 38-4　ULI 接口后部的排列图

（四）物理实验应用软件

物理实验应用软件是控制通用 ULI 接口工作和显示传感器测量结果的专用软件,它需要在 Windows XP 或 Windows 2010 的环境下工作.现简要介绍该软件.

1. 物理实验应用软件启动.

进入 Windows 系统后,双击桌面上的"物理实验应用软件"图标,屏幕将显示物理实验应用软件窗口.正常状态下应在"工具栏"上出现红色"Collect"按钮,否则为 ULI 接口电源未开启,或因其他原因引起.

该软件窗口的"菜单栏"(Menu Bar)如图 38-5 所示,包含 9 个菜单.每个下拉菜单中包含许多不同功能的命令.

文件、编辑、实验、数据、分析、查看、设置、窗口、帮助

图 38-5　菜单栏

软件窗口的"工具栏"(Tools Bar)如图 38-6 所示,它包含 16 个常用快捷工具按钮.依次为:"打开""保存""打印""自动调整图形比例""放大""缩小""撤销缩放""读数""正切""统计""积分""直线拟合""曲线拟合""数据采集设置""传感器设置""开始收集".

图 38-6　工具栏

工具栏下面是图形窗口和表格窗口.

2. 输入信号端口选定.

根据不同的实验要求,在相应的传感器输入端口插入相应的传感器.本实验中选 DIN1 端口(或 DIN2,此时 DIN1 必须选为 None).

3. 传感器类型设定.

根据实验中需要测量的物理量来设定传感器类型.例如,在"冷却规律研究"实验中设置为"温度";在"声波和拍的观察"实验中设置为"拾音器".

4. 定标.

根据实验要求,采用不同方法对传感器进行校正和定标(或调用已储存的定标文

第 5 章 计算机实测技术实验

件),建立输入计算机的二进制数和被测物理量之间的关系.

5. 实验参数选定.

一般实验参数设定包括:信号采集方式(一般为 Real Time Collect)、采样长度(Experiment Lenth)、数据采集率(Sampling Speed)、时间单位等. 根据被测信号类型及变化快慢来选择合适的采样长度及采样速度是十分重要的. 例如,在"冷却规律研究"实验中,其信号为缓变信号,故采样时间可选择较长些,速度则可慢些;而在"声波和拍的观察"实验中,声波信号为周期信号,且频率较快(500 Hz 左右),故采样速度应增加到一定大小,才能真实地反映客观信号,而实验采集时间则可相应缩短些. 实验参数的设定往往需进行多次预试验,不断改变设置,最终才能摸索出合适的选项. 这是保证实验成功的客观性、科学性、准确性的关键步骤之一.

6. 数据收集.

单击"工具栏"上的"Collect"按钮或按键盘上的"Enter"键,即可开始采集实验数据,此时"Collect"按钮变为"Stop"按钮. 当到达事先设置的时间时,采集数据会自动停止;如中途欲中断采集,可单击"Stop"按钮或按键盘上的"Enter"键. 数据采集结束,立即会在图形窗口出现曲线图,在表格窗口出现各种有关数据.

7. 数据处理.

图形窗口可进行图形变换及布局调整,在"查看"下拉菜单中,"曲线图选项"可选择"线图""点图""点-线图"等;在"曲线图窗口布局"中,可根据需要选择合适的图形布局,图形窗口中最多可显示 4 幅实验数据随时间变化的曲线图.

最初传感器采集到的实验数据是以时间 t 的函数形式显示在图形窗口中的. 为了便于数据的处理,有时要进行坐标变换,使 x 轴或 y 轴能表示新的物理量,然后根据需要对采集的数据进行拟合与分析.

要进行数据拟合与分析,可单击"分析"菜单,根据需要对采集的数据进行各项处理与分析,可选项及其功能如表 38-1 所示,某些常用数据处理功能同样可通过工具栏中的各快捷工具按钮获得.

表 38-1 "分析"菜单功能

选择项	功　能
鼠标点的位置	显示曲线上鼠标所指的数据点的横坐标与纵坐标的数值
鼠标点的切线斜率	显示曲线上鼠标所指的数据点的切线,并算出该点切线的斜率
线性拟合	用鼠标选择曲线上的某一区域,对该区域内的数据进行直线拟合,并显示拟合直线的方程及相应的统计结果
曲线拟合	用鼠标选择曲线上的某一区域,对该区域内的数据进行函数拟合,并显示拟合曲线的方程及相应的统计结果
计算曲线面积	用鼠标选择曲线上的某一区域,对该区域进行数值积分,并显示积分结果
数据统计	用鼠标选择曲线上的某一区域,对该区域进行数值统计,并显示数据的最大值(Maximum)、最小值(Minimum)、平均值(Mean)及标准偏差(Standard Deviation)

二、实验内容

（一）正确选择实验参数设置

观察不同频率信号、不同采样速度的曲线图形，比较其差异，分析形成原因（表38-2）．

表38-2　不同信号、不同采样速度的图形差异及形成原因

输出幅度（APML）$V_{P-P}=1.5V$，波形对称性（SYM）＝OFF，直流电平预置（OFFSET）＝ON

编号	输入端口 实验参数设置			输入信号类型		实验记录与分析	
	信号源频率/Hz	采样长度/s	采样速度/(点/秒)	动态信号 正弦波	静态信号 方波（替代）	波形	波形分析
1	2	5	2		√		
2	2	0.2	50		√		
3	100	0.05	250	√			
4	100	0.05	2000	√			

（二）熟悉数据分析方法

正确设置采样速度和采样长度，采样已知频率信号，然后用"分析"菜单或快捷工具栏中的"曲线拟合"和"窗口"菜单中的"傅立叶分析（FFT）"进行数据处理（表38-3）．

表38-3　数据处理

编号	实验参数设置				实验结果		
	信号源	信号源频率/Hz	采样速度/(点/秒)	采样长度/s	波形	拟合曲线方程	FFT频率/Hz
1	正弦波	50					
2	三角波	100					
3	方　波	200					

（三）熟悉坐标变换方法

调用计算机"我的文档"中的"$s\text{-}t$"文件，打开"距离-时间"曲线图，变换坐标，求速度、加速度及拟合方程式，记录各曲线图形及数据分析结果．

三、思考题

1. 计算机实测物理实验与传统物理实验有何异同？它的优点是什么？缺点是什么？
2. 如何根据不同类型和频率的信号来设置实验参数？
3. 在你做过的物理实验中，你认为哪些实验可以采用计算机实测技术？并提出该实验实施计算机实测技术要解决的主要问题和可能带来的优点．

实验 39　用计算机实测技术研究冷却规律

一、实验原理

(一) 计算机实测技术

有关计算机实测技术内容请参阅实验 38 的相关内容.

(二) 关于冷却规律

发热体传递热量通常有三种方式：辐射、传导和对流.当发热体处于流体中时,才能以对流的方式传递热量,此时在发热体表面邻近的流体层首先受热,而通过流体的流动将热量带走.

通常,对流可分为两种类型：自然对流和强迫对流.前者是由于发热体周围的流体因温度升高而使密度变化,从而形成的流动；后者是由外界的强迫作用来维持发热体周围的流动.

在稳态时,发热体因对流而散射的热量可由下式表示：

$$\frac{\Delta Q}{\Delta t}=E(\theta-\theta_0)^m, \tag{39-1}$$

式中,$\frac{\Delta Q}{\Delta t}$ 表示在单位时间内发热体因对流而散失的热量,θ 为该发热体表面的温度,θ_0 为周围流体的温度（一般即为室温）,E 与流体的比热容、密度、黏度、导热系数以及流体速度的大小和方向有关. 当流体为气体时,m 与对流条件有关：在自然对流条件下,$m=\frac{5}{4}$；在强迫对流时,若流体的流动速度足够快而使发热体周围流体的温度始终保持为 θ_0 不变,则 $m=1$.

由量热学可知,对一定的物体,单位时间损失的热量与单位时间温度的下降值成正比,即

$$\frac{\Delta Q}{\Delta t}=m_{物}c\frac{\Delta \theta}{\Delta t}, \tag{39-2}$$

式中,$m_{物}$ 为物体的质量,而 c 为物体材料的比热容.将式(39-2)代入式(39-1),得

$$\frac{\Delta \theta}{\Delta t}=\frac{E}{m_{物}c}(\theta-\theta_0)^m.$$

令 $k=\frac{E}{m_{物}c}$,则上式可写成

$$\frac{\Delta \theta}{\Delta t}=k(\theta-\theta_0)^m,$$

如以微分形式表示,则有

$$\frac{\mathrm{d}\theta}{\mathrm{d}t}=k(\theta-\theta_0)^m. \tag{39-3}$$

二、实验装置

实验装置如图 39-1 所示,包括电阻加热器、调压变压器、风扇、AD590 型集成电路温

度传感器、I/V 转换电路、ULI、计算机.

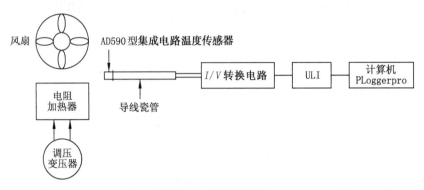

图 39-1 实验装置图

AD590 是一个电流型的集成电路温度传感器,在 $-50\ ℃\sim +150\ ℃$ 温度范围内,其输出电流与温度呈线性关系,其灵敏度为 $1\mu A/℃$.

三、实验内容

(一) 点击"物理实验应用软件 PLoggerpro"图表

选择输入端口(DIN1 或 DIN2),并设置传感器类型为"Temperature-Direct Connect".

定标:调用已有定标文件 deg-c-dc.

(二) 测量室温

设置合适的采样速度(0.5 点/秒)及采样时间(50s).将温度传感器平稳放置于空气中,采集数据,得到室温曲线,记录室温的"平均值".

(三) 自然冷却

设置采样时间为 $300\sim350s$,温度坐标为 $0\sim100\ ℃$;调节调压变压器电压为 20V,将温度传感器头部放置于加热器中,当温度达到 90 ℃ 时把温度传感器从加热器中取出,平稳地在空气中冷却,同时采集数据,得到自然冷却曲线,对曲线拟合,求得 m_1 值.

(四) 再次测量室温

用风扇将温度传感器吹至室温或以下,再次测量室温,记录室温的"平均值".

(五) 强迫冷却

改变采样时间为 $100\sim150s$,把温度传感器头部置于加热器中,待温度升至 90 ℃ 后取出,用风扇冷却,采集数据,得到冷却曲线,对曲线拟合,求得 m_2 值.

四、实验数据及处理

数据分析方法有多种,其中的方法之一就是对式(39-3)两边取对数,将曲线方程转换成直线方程 $Y=mx+b$ 的形式.实验数据如表 39-1 所示.

表 39-1　实验数据

输入端口		自然冷却 第 1 次	强迫冷却 第 1 次	自然冷却 第 2 次	强迫冷却 第 2 次
测量室温	采样长度/s				
	采样速度/(点/秒)				
	室温/℃				
冷却规律	采样长度/s				
	采样速度/(点/秒)				
	温度范围/℃				
	m				
	b				

五、思考题

1. 实验中是否应对温度传感器定标？为什么？
2. 由实验结果分析，在自然冷却和强迫冷却时，式(39-3)中的 k 值是否相同？为什么？
3. 请分析冷却规律的指数 m 的实验值与理论值偏离的主要原因.

实验 40　用计算机实测技术研究声波和拍

一、实验原理

(一) 计算机实测技术

关于计算机实测技术，请参阅实验 38 的相关内容.

(二) 声波和拍

声波是机械纵波，当弹性介质(如空气)的某一部分离开它的平衡位置时就可以引起这部分介质在平衡位置附近振动. 该振动在空气中激发出声波，波动方程为

$$y = y_m \cos \frac{2\pi}{\lambda}(x - vt), \tag{40-1}$$

式中，y_m 为振动幅度，λ 为声波波长，v 为声波波速.

如果有两列波向同一方向传播，频率分别为 ν_1 和 ν_2，根据波的叠加原理可知，当两列波通过空间某一点时，这两列波在该点产生的合振动是各自振动之和.

如在某一给定点，在时刻 t 时，一列波所产生的振动位移 y_1 为

$$y_1 = y_m \cos 2\pi \nu_1 t. \tag{40-2}$$

在同一点处，另一列波所产生的振动位移 y_2 为

$$y_2 = y_m \cos 2\pi \nu_2 t. \tag{40-3}$$

按照叠加原理，这两列波在该点合成的合振动位移 y 为

$$y = y_1 + y_2 = 2y_m \cos 2\pi \left(\frac{\nu_1 - \nu_2}{2}\right) t \cos 2\pi \left(\frac{\nu_1 + \nu_2}{2}\right) t. \qquad (40\text{-}4)$$

由上式可知，这两列波在该点产生的合振动是各自振动之和，合振动的振幅是时间的函数，这一现象称为拍. 合振动振幅的最大值由 $\cos 2\pi \left(\frac{\nu_1 - \nu_2}{2}\right) t$ 决定. 由于振幅所涉及的是绝对值，故其变化周期即是 $\left|\cos 2\pi \left(\frac{\nu_1 - \nu_2}{2}\right) t\right|$ 的周期，它由 $2\pi \left(\frac{\nu_1 - \nu_2}{2}\right) t = \pi$ 决定，其振幅变化频率为

$$\nu = |\nu_1 - \nu_2|,$$

即两列波的频率之差，ν 称为拍频. 拍现象可以用图 40-1、图 40-2 来说明：图中音叉频率为 512Hz，喇叭振动声音频率为 524Hz，它们的合振动近似地看成是简谐波，其振幅随时间作周期性变化.

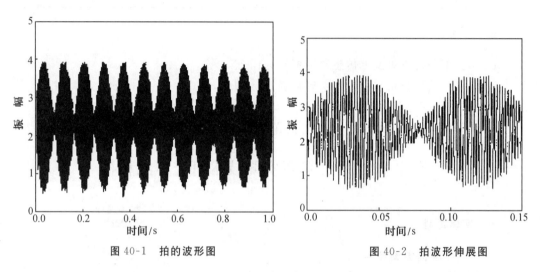

图 40-1　拍的波形图　　　　　图 40-2　拍波形伸展图

二、实验装置

实验装置如图 40-3 所示，包括音叉、共鸣箱（一端开口）、小橡皮锤、喇叭、信号发生器、拾音器、ULI、计算机. 拾音器为驻极体话筒，其频率范围为 100Hz～10kHz.

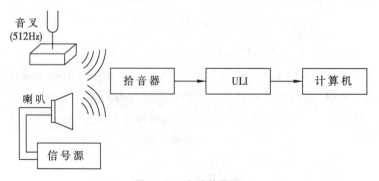

图 40-3　实验装置图

三、实验内容

1. 点击桌面上的"物理实验应用软件 PLoggerpro"图标,选择输入端口(DIN1 或 DIN2),并设置传感器类型为"Microphone".

2. 设置合适的采样时间(通常为 1s).

3. 观察音叉的固有频率 ν_1.

设置不同采样速度,测量同一音叉固有频率 ν_1,以确定合适的采样速度(表 40-1),用小橡皮锤敲击音叉,音叉发生振动,振动在空气中激发声波.将拾音器置于共鸣箱的开放端口处,经 ULI 接口采集信号后,在计算机上显示出声波波形(可缩小 x 坐标的最大值为 0.02s,观察其波形),测量其频率.由此确定采样速度及音叉的固有频率 ν_1.

4. 观察拍频.

调节信号发生器的频率,使喇叭声音的频率 ν_2 接近于音叉的固有频率 ν_1,即分别使 $\nu_2-\nu_1 \approx \pm 15\text{Hz}$、$\pm 10\text{Hz}$、$\pm 5\text{Hz}$.调节信号发生器的输出幅度,使其接近于音叉的振动幅度的平均值.在喇叭、音叉同时发声状态下,反复调整喇叭、音叉、拾音器三者的位置,用拾音器检测空间某一点处两个振动的合振动,即拍的波形曲线(图 40-1),然后用实验软件测量拍的频率 $\nu_{拍}$(见表 40-2,表中 t_1、t_2 分别为拍波形两个谷点的时间读数).

5. 拍频测量结束后,立即单独测一下此刻的喇叭声音频率 ν_2,并记录于表 40-2 第一列.此步骤应与上述四操作紧凑为佳,从而避免信号源的频率漂移.

四、实验数据及处理

表 40-1 不同采样速度测量音叉固有频率

采样速度/(点/秒)	100	750	1000	2000	4000	6000	8000
音叉频率 ν_1/Hz							

表 40-2 拍频测量

信号源(喇叭)频率 ν_2/Hz (实测)	拍波形的测量					$\nu_2-\nu_1$ /Hz
	时间 t_1/s	时间 t_2/s	拍周期数 n	拍周期 $T=\dfrac{t_2-t_1}{n}$/s	拍频/Hz $\nu_{拍}=\dfrac{1}{T}$	

五、思考题

1. 如何根据已知音叉的频率来选择合适的采样速度?
2. 观察拍频时如何选择喇叭的振幅和频率?
3. 由实验结果得出拍频与两列波的振动频率 ν_1 和 ν_2 的关系.

实验 41　用计算机实测技术研究弹簧振子的振动

一、实验原理与器材

(一) 计算机实测技术

关于计算机实测技术,请参阅实验 38 的相关内容.

(二) 弹簧振子

弹簧振子是机械振动中最简单的实例. 如图 41-1 所示,一个质量为 m 的物体系于弹簧的一端,弹簧的另一端固定,这样的系统称为弹簧振子. 根据胡克定律,振子所受的弹力 F 与弹簧的伸长(或压缩)量 x 成正比.

$$F = -kx, \tag{41-1}$$

式中,负号表示力的作用方向始终与位移的方向相反,k 称为弹簧的劲度系数,对一定的弹簧,在作用力不太大时,它是常数,k 越大,说明弹簧越"硬". 根据牛顿第二定律,振子所满足的运动方程为

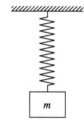

图 41-1　弹簧振子

$$m\frac{\mathrm{d}^2 x}{\mathrm{d}t^2} = -kx, \tag{41-2}$$

式中,m 是振子的质量,t 是时间.

式(41-2)的解为

$$x = A\cos(\omega t + \varphi), \tag{41-3}$$

其中,A 是振幅,$\omega = \sqrt{\dfrac{k}{m}}$ 是角频率,φ 是初相位.

这说明振子的位移和时间的关系是按正(余)弦规律变化的,由于弹簧振子的固有频率 $\nu = \dfrac{\omega}{2\pi}$,故

$$\nu = \frac{1}{2\pi}\sqrt{\frac{k}{m}}. \tag{41-4}$$

由式(41-4)可见,固有频率的平方与弹簧的劲度系数 k 成正比,与物体的质量 m 成反比,即 ν 反映了振动系统的固有特性,在弹簧质量 $m_{弹}$ 不能忽略的情况下,可以证明其有效质量为 $\dfrac{m_{弹}}{3}$,即频率 ν 的表达式为

$$\nu = \frac{1}{2\pi}\sqrt{\frac{k}{m+\frac{m_{弹}}{3}}}. \tag{41-5}$$

振子的速度 v 和加速度 a 的表示式为

$$v = -A\omega\sin(\omega t+\varphi), \tag{41-6}$$

$$a = -A\omega^2\cos(\omega t+\varphi). \tag{41-7}$$

由此可见,通过测量振子在运动过程中力、加速度与时间的关系,可研究振子的固有频率与劲度系数、物体质量之间的关系.

二、实验装置

图 41-2 为实验装置示意图,其中测力装置图由力测量探头和放大器组成.力测量探头的结构如图 41-3 所示. A 为圆柱形磁铁,其正上方有一霍尔传感器 C,B 为黄铜片,它的下面可以挂弹簧.当黄铜片受到弹簧力(或恢复力)作用时,磁铁位置发生相应的变化,磁场变化引起霍尔传感器中的霍尔电势发生变化,该变化的电压正比于磁感应强度,放大后送入 ULI 进行 A/D 变换,然后由计算机分析、处理.为了定量表示力的大小,还必须对力测量探头用已知力进行定标.

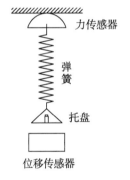

图 41-2　实验装置示意图

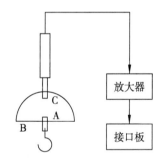

图 41-3　力测量探头

测距装置为超声传感器,它由压电陶瓷换能器发出频率为 50kHz 的超声波脉冲,经物体反射后,测出超声波从发出到接收的时间差,即可得到该物体到测距装置的距离.该测距装置的超声发射角为 30°,测距范围为 0.45~6.00m.在压电陶瓷换能器和被测物体之间,如有障碍物,可能会引起反射,产生错误的测量.实验时测距装置放在弹簧振子的正下方,当弹簧受力振动时测距装置就记录下托盘的位置并计算出物体的位移.通过对位移的连续测量,就可计算出弹簧振子的速度和加速度,并得到其运动规律.通过 PLoggerpro 软件对所测得的力(或速度和加速度)的波形进行分析,可以得到弹簧振子的振动频率 ν.

三、实验内容

1. 打开 PLoggerpro 软件,设置传感器(Setup Sensor)为力传感器(Force Sensor).
2. 对力传感器进行定标(Calibrate).

3. 建立图形布局,改变窗口坐标为"速度"和"加速度".
4. 在托盘上加砝码,使弹簧做简谐运动,并采集数据.
5. 对 $F\text{-}t$、$s\text{-}t$ 图做统计,求弹簧的振动频率 ν.
6. 对 $F\text{-}t$、$s\text{-}t$ 图进行曲线拟合,求弹簧的劲度系数 k.

四、思考题

1. 力传感器为什么要定标?
2. 初始化(Zero)对数据采集有何影响?
3. 试用 $F\text{-}t$、$x\text{-}t$、$v\text{-}t$ 图分析力与位移的相位关系.

实验 42 用计算机实测技术研究单摆

一、实验原理与器材

(一) 计算机实测技术

关于计算机实测技术,请参阅实验 38 的相关内容.

(二) 单摆

在一个固定点 O 上悬挂一根不能伸长、无质量的线,并在线的末端悬一质量为 m 的质点,这就构成了单摆.这种理想的单摆实际上并不存在,因为悬线是有质量的,实验中采用了半径为 r 的金属小球来代替质点,所以只有当小球的质量远大于悬线的质量,而它的半径又远小于悬线长度时才能将小球作为质点来处理.

由单摆运动方程可得,单摆的周期与幅度的关系为

$$T = T_0 \frac{\sqrt{2}}{\pi} \int_0^{\theta_m} \frac{d\theta}{\sqrt{\cos\theta - \cos\theta_m}}, \tag{42-1}$$

式中,θ_m 是单摆振动的角摆幅;T_0 是当单摆的摆幅很小时($\theta_m < 3°$)单摆的周期,即

$$T_0 = 2\pi\sqrt{\frac{l}{g}}, \tag{42-2}$$

式中,l 为单摆的摆长(悬点到小球质心的距离),g 为重力加速度.

当 $3° \leqslant \theta_m \leqslant 15°$ 时,有

$$T = T_0\left(1 + \frac{1}{4}\sin^2\frac{\theta_m}{2}\right) \approx T_0\left(1 + \frac{\theta_m^2}{16}\right); \tag{42-3}$$

当 $15° < \theta_m \leqslant 50°$ 时,有

$$T = T_0\left(1 + \frac{1}{4}\sin^2\frac{\theta_m}{2} + \frac{9}{64}\sin^4\frac{\theta_m}{2}\right). \tag{42-4}$$

由式(42-2)可知,当 $\theta_m < 3°$ 时,单摆的振动周期近似值与振幅无关,与测量地点的重力加速度和摆长有关;若测出单摆的振动周期和摆长,就可以计算重力加速度的近似值.对于以不同角摆幅振动的单摆,如果能测出周期 T 与角摆幅 θ_m 的关系,作 $T\text{-}\sin^2\theta_m$ 的曲线,并外推到 $\theta_m \to 0$ 时的周期 T_0,即可根据式(42-2)较准确地求得重力加速度 g 的值.

(三) 实验装置

本实验用光电门来测量周期.光电门也称光电开关,本实验采用由红外发光二极管和光电三极管(或光电二极管)所组成的光电开关.图 42-1 是实验装置图,其中发射器为红外发光二极管,接收器为光电二极管,把发射器和接收器相对安放,当被测物体(如单摆的小球)在两者中间通过时,红外线光束被切断,接收器接收到一个信号.即小球经过半个周期挡光一次,一个周期挡光两次,测出单摆摆动的时间和挡光次数,即可测得单摆的振动周期.

单摆的角摆幅用光笔(激光器)和米尺来测量.

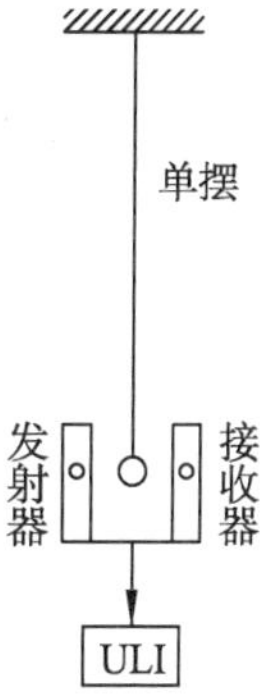

图 42-1 实验装置图

二、实验内容

1. 打开 PLoggerpro 软件,设置传感器(Setup Sensor)为光门(Photo Gate).
2. 设置"数据收集"(Data Collection)为光门周期(Photo Gate Timing),即可得到单摆的周期(Pendulum Timing).
3. 固定摆长为 l,角摆幅 $\theta_m < 3°$ 时,测单摆的振动周期 T_0,计算重力加速度 g,并与本地的重力加速度已知值比较.
4. 当角摆幅 $\theta_m < 3°$ 时,改变摆长,测量单摆的振动周期,用作图法求重力加速度 g.
5. 固定摆长,改变单摆的角摆幅 θ_m,测出周期 T 与角摆幅 θ_m 的关系,并与式(42-3)、式(42-4)的计算结果进行比较.作 T-$\sin^2\theta_m$ 的曲线,并外推到 $\theta_m \to 0$ 求出 T_0,根据式(42-2)求出重力加速度 g.

三、思考题

1. 小球在光电门中的位置如何放置为最好?
2. 应如何保证单摆在同一平面上运动?
3. 测量角摆幅时光笔与米尺的位置应如何固定?

实验 43 用计算机实测技术研究点光源的光照度与距离的关系

一、实验原理

(一) 计算机实测技术

关于计算机实测技术,请参阅实验 38 的相关内容.

(二) 点光源的光照度与距离的关系

任何一种光源都可以看作是由一系列点光源组合而成的,当某光源的发光部分的长度远远小于光源到测量点的距离时,可将该光源视为点光源.

若点光源在某一方向上元立体角 $d\Omega$ 内传送出的光通量为 dF,则该点光源在给定方向上的发光强度为

$$I = \frac{dF}{d\Omega},$$

发光强度在数值上等于通过单位立体角的光通量.

为了表征受照面被照明的明亮程度,引入光照度 $A = \frac{dF}{dS}$,即光照度为投射在受光面上的光通量 dF 与该元面积 dS 的比值.

假设点光源 O 至元面积 dS 的径向量为 r,并且点光源发出的元光束的光轴与元面积法线 N 之间的夹角为 i,如图43-1所示.元面积 dS 对发光点 O 所张的元立体角为

图 43-1 点光源的光通量

$$d\Omega = \frac{dS\cos i}{r^2}.$$

在此元立体角内由点光源传送的光通量为

$$dF = I\frac{dS\cos i}{r^2}.$$

而此光通量全部投射在元面积 dS 上,所以元面积上的照度为

$$A = \frac{dF}{dS} = \frac{I}{r^2}\cos i.$$

可见点光源在元面积 dS 上所产生的光照度与光源的发光强度成正比,与距离的平方成反比.

本实验用光探测器采集数据,观察照射在光探测器上的光强随它与点光源间距离的变化情况,总结出点光源的光强与距离的数学关系,进而验证点光源照度的平方比率是否成立.

二、实验装置

图43-2为实验装置的示意图.实验用光探测器为全密封的,其顶端有一玻璃窗口作为受光面.实验用小电珠的灯丝长度约为2mm,当测量距离大于5cm时,小电珠可视为点光源.为避免杂散光的影响,将小电珠、米尺、光探测器都放在暗箱中.小电珠用稳压电源供电,其电压为6V.

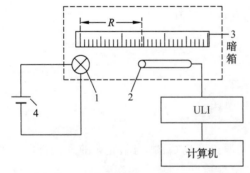

1—小电珠;2—光探测器;3—米尺;4—稳压电源

图 43-2 实验装置图

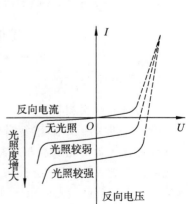

图 43-3 光敏二极管的伏安特性曲线

光探测器为光电二极管(也称光敏二极管),是一种光电变换器件,它的电流-电压特性曲线如图 43-3 所示.无光照时,它的特性与一般二极管一样;受光照后,它的特性曲线沿电流轴向下平移,平移的幅度与光照强度成正比,这就是当光电二极管上加有反向电压时,管中的反向电流将随光照强度的改变而改变,光照强度越大,反向电流越大.在无光照射时,光电二极管中的漏电流即暗电流,通常在 50V 反压下的暗电流小于 100nA.

三、实验内容

1. 打开 PLoggerpro 软件,设置探测器为"Light Sensor",对应的探测器灵敏度应根据待测光的强度来选择.

2. 设定采样速度.

3. 在小电珠上加 6V 直流电压.

4. 用透明胶带将光探测器固定好,记下光探测器到小电珠的距离 r.

5. 进行数据采集,并求出光照度的平均值 A.

6. 改变光探测器与小电珠之间的距离(可隔 1cm 测一组数据),重复步骤 3~5,共测 5~6 组数据.

7. 作 A-r 图,并用最小二乘法验证"光照度与距离平方之积为常数".

四、思考题

1. 为什么采样速度要设置为大于 1000 点/秒?

2. 如何选择光探测器的灵敏度?

3. 在测量小电珠到探测器之间的距离 r 时,会引入哪些系统误差?对计算结果有何影响?应如何修正?

第 6 章 设计性实验

实验 44 用 UJ31 型电位差计校准电表和测定电阻

UJ31 型电位差计是测量电位差的精密仪器,它与标准电阻配合还可以测量电流和电阻,可达到很高的准确度.

在这之前,我们已经学习了《自组电位差计测电动势》实验,对电位差计的工作原理有一定的了解.本实验作为设计性实验安排,通过用电位差计对电表的校准和电阻的测定,使同学们更好地掌握电位差计的使用方法,学习简单电路的设计方法,培养同学们的独立工作能力.

一、UJ31 型电位差计介绍

(一) 原理

UJ31 型低电位直流电位差计是一种箱式的低电位、双量程的电位差计,它是根据补偿法原理设计制造的,专门用来测量电位差或电动势的精密仪器,测量范围为

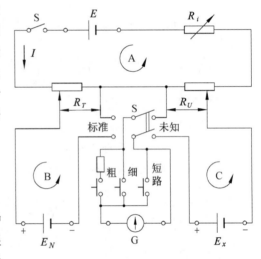

图 44-1 UJ31 型电位差计原理电路图

$0\sim171\text{mV}$. 如配用直流标准电阻,可测量电流和电阻;若配用各种换能器,还可进行非电学量的测量. 它使用 $5.7\sim6.4\text{V}$ 直流稳压电源,总工作电流为 10mA,测量准确度等级为 0.05 级,其原理线路如图 44-1 所示.图中 E_N 为标准电动势,E_x 为待测电动势,R_i 为工作电流调节(盘)电阻,R_T 为调定电阻(标准盘),R_U 为读数盘电阻,E 为辅助工作电源 $(5.7\sim6.4\text{V})$,S 为转换开关,I 为工作电流,G 为检流计.

测量电动势 E_x 的原理如下:

先将转换开关 S 放在"标准"位置上,取 R_T 上的读数和由标准电池 E_N 经过温度修正计算出的电动势值相同,然后调节 R_i 使检流计指零,即

$$E_N = IR_T. \tag{44-1}$$

由上式得到已调整好的标准化工作电流为

$$I = \frac{E_N}{R_T}. \tag{44-2}$$

然后将转换开关 S 转至"未知"位置上,同时转动调节电阻 R_U 上的活动触点,再次使检流计指零,即

$$E_x = IR_U. \quad (44\text{-}3)$$

根据 R_U 的数值,就可准确地读出待测电动势 E_x 的数值,式中 I 就是第一步已调好的标准化的工作电流(10mA).将式(44-2)代入式(44-3),可得

$$E_x = \frac{R_U}{R_T} E_N. \quad (44\text{-}4)$$

由上式可知,应用补偿法测量电位差有下述两个优点:

(1) 只要测得 R_U 和 R_T 的比值,即可求得待测电动势,测量结果的准确度依赖于标准电池电动势 E_N、调定电阻 R_T 和读数盘电阻 R_U 等的准确度,此外,还与辅助工作电源 E 的稳定度以及检流计的灵敏度有关.

由于标准电池和标准电阻都有较高的准确度,配以高稳定度的辅助工作电源,在应用适当灵敏度的检流计的条件下,可以得到较高的测量精度,UJ31 型电位差计的精度可达 $1\mu V$.

(2) 当达到完全补偿时(即补偿回路电流为零),测量线路与被测线路(即补偿回路)之间无电流交换,因此,被测线路的电位差不会因为电位差计的接入而产生变化.

(二) UJ31 型直流电位差计各个接线柱与控制器的功能与用法

UJ31 型直流电位差计面板布置如图 44-2 所示.图中 R_T 为温度补偿盘,S_1 为量程转换开关,S_2 为测量选择开关,R_{P1}、R_{P2}、R_{P3} 为工作电流调节盘,Ⅰ、Ⅱ 为十进位步进测量盘,Ⅲ 为滑线式测量盘,A 为游标示度尺.

接线柱:"标准""检流计""5.7~6.4V""未知 1""未知 2"等分别供给连接标准电池 E_N、检流计 G、辅助工作电源 E、待测电动势 E_{x1} 和 E_{x2} 之用.图中 R_{P1}、R_{P2}、R_{P3} 就是电阻 R_i,标志是"粗""中""细",用它来使工作电流达到标准化,即称工作电流调节部分.

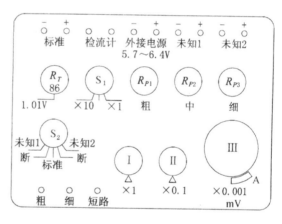

图 44-2 UJ31 型电位差计面板图

为了在不同温度时,使标准化工作电流值保持不变,作为温度补偿的标准电阻 R_T 是由 22 只 0.01Ω 电阻和 1 只 101.76Ω 电阻组成的,目的是使阻值能做相应的调整,以满足电位补偿范围为 1.0176~1.0198V 的需要,其最小步进补偿电动势为 0.1mV.

量程开关 S_1 拨在"×10"挡时,测量范围为 0~171mV,最小分度值为 $10\mu V$,游标示值为 $1\mu V$(精度为 $5\mu V$);在"×1"挡时,量程为 0~17.1mV,最小分度值为 $1\mu V$,游标示值为 $0.1\mu V$(保证精度 $0.5\mu V$).

测量读数盘 Ⅰ、Ⅱ、Ⅲ (即 ×1mV、×0.1mV、0.001mV) 就是图 44-1 中的调定电阻 R_U,它由三只电阻串联而成,在第Ⅲ测量盘旁还配有游标示度尺,使测量的有效数字位数

增加，以提高测量准确度．

测量选择开关 S_2 是一个多挡转换开关．指示在"标准"位置时，即标准电阻 R_T 上的电压降与外接标准电池的电动势相比较；指示在"未知1"和"未知2"位置时，供测量待测电动势 E_{x1} 和 E_{x2} 之用．

电键按钮分为"粗""细""短路"三个，可供选择检流计灵敏度及短路之用．按"粗"时检流计串联一只 10kΩ 电阻，用以保护检流计．当光点动荡不定时，在光点经过零点附近时，按下"短路"按钮，使检流计短路而迅速地停在零点附近．

具体用法：

在电位差计未接入线路前，先将测量选择开关 S_2 指示在"断"的位置，并将全部按钮松开，按面板上分布的接线柱的极性，分别接入"标准""检流计""外接电源"及"未知1"和"未知2"的测量导线．在调节工作电流之前，应先考虑到标准电池的电动势与室内温度的关系，在采用 BC 型饱和标准电池时，用下列公式计算出标准电池的电动势 $E_N(t℃)$：

$$E_N(t℃) = E_N(20℃) - [40(t-20) + 0.93(t-20)^2] \times 10^{-6} \text{V}. \tag{44-5}$$

式中，$E_N(20℃)$ 为温度在 20℃ 时的标准电动势，$E_N(20℃) = 1.0186$V；t 为使用时的实际温度．

然后把温度补偿器 R_T 指示在经过计算后的电动势 $E_N(t℃)$ 相同数值的位置．将量程开关 S_1 按测量需要指示在"×10"或"×1"的位置．测量选择开关 S_2 指示在"标准"位置．先按"粗"后按"细"按钮，利用工作电流调节盘 $R_{P1} \sim R_{P3}$，调节工作电流，使检流计指零．再将测量选择开关 S_2 转至"未知1"或"未知2"的位置，即可测量待测电动势 E_x．达到电位补偿时，检流计中无电流流过．此时，待测电动势 E_x 的大小等于电位差计所有测量盘上读数的总和乘以量程变换开关 S_1 所指示的倍率"×10"或"×1"．注意，在测量中应经常校准工作电流．

（三）误差公式

在规定的使用条件下，电位差计允许的基本误差（指绝对误差）为

$$\Delta U_x = \pm \left(U_x + \frac{U_N}{10}\right) a\%. \tag{44-6}$$

ΔU_x 的单位为 mV，a 为电位差计准确度等级．我国国家标准规定有 0.2、0.1、0.05、0.02、0.01、0.005、0.002 和 0.001 八个等级．U_x 为待测电压值，即测量盘示数，单位为 mV．U_N 为基准值，其值为所用量程最大的 10 的整数幂．例如，UJ31 型电位差计，它的准确度等级 $a = 0.05$．

当使用 171mV 量程挡时，$U_N = 100$mV，由式（44-6）可知，允许基本误差为

$$\Delta U_{x1} = \pm (0.05\% U_x + 0.0005) \text{mV}. \tag{44-7}$$

当使用 17.1mV 量程挡时，基准值 $U_N = 10$mV，UJ31 型电位差计允许基本误差为

$$\Delta U_{x2} = \pm (0.05\% U_x + 0.005) \text{mV}. \tag{44-8}$$

将式（44-6）改写为相对误差：

$$E = \frac{\Delta U_x}{U_x} = \pm \left(1 + \frac{U_N}{10 U_x}\right) a\%. \tag{44-9}$$

若待测量 $U_x \approx U_N$，则 $E \approx \pm 1.1 a\%$；若 $U_x \approx \frac{U_N}{10}$，则 $E \approx \pm 2 a\%$．可见只有待测电压接近

或大于基准值时，测量时才能达到电位差计所标明的准确度，否则测量误差将会增大．

二、实验任务及报告要求

（一）校准量程为 3V 的电压表

1. 由于 UJ31 型电位差计测量电压的量程为 171mV，而待测电压表量程为 3V，所以在电压表两端必须并联一分压电路．合理选择这两个分压电阻的阻值，以满足测量要求．分压电阻可用标准电阻或者用电阻箱代替．

2. 实验时应注意：设计的控制电路应能满足待校电压表的电压在 0～3V 范围内变化的要求．

（二）校准量程为 3mA 的电流表

在测量电路里，将电流表与一只已知阻值的标准电阻 R_0 串联（R_0 也可以用电阻箱代替）．如果用电位差计测得标准电阻 R_0 两端的电压 U_0，那么流过电阻 R_0 的电流可以算得，此电流也就是流过电流表的电流．

设计的测量电路应能满足流过电流表的电流在 0～3mA 范围内变化的要求．

合理选择电阻 R_0 的阻值．要求：第一，电阻 R_0 上的电位差应小于 171mV；第二，流过电阻 R_0 的电流应小于该电阻的额定电流．

（三）测定电阻 R_x

将一已知阻值的电阻 R_0（用标准电阻或电阻箱）与待测电阻 R_x 串联，并使它们流过一稳恒的直流电流．用电位差计分别测出电阻 R_0 和 R_x 两端的电压，便可算得待测电阻 R_x 的阻值．

电阻 R_0 的阻值和电流大小的选择要得当，除考虑电位差计量程和电阻的额定电流之外，应尽可能使测量结果有较高的准确度．

根据具体情况，选做部分项目或全做．按实验任务要求，阅读有关资料，设计好实验方案，进行实测，并书写完整的实验报告．

报告内容包括：实验目的、实验原理、测试电路、仪器设备型号与规格、测试步骤、数据记录表格、校准曲线以及对测试结果的评价（待校电表的等级或误差估算）．

三、实验仪器

待校电压表、待校电流表和待测电阻、UJ31 型电位差计（包括标准电池、光点检流计和辅助工作电源）、直流稳压电源、滑动变阻器、多用表、标准电阻和电阻箱等．

附录　标准电阻简介

标准电阻通常用锰铜导线绕制而成．由于锰铜温度系数小，且与铜接触时的接触电动势也较小，因而经过适当的工艺处理和绕制，可以制成准确度高、稳定性好的标准电阻．下面简要地介绍一下 BZ3 型直流标准电阻的技术特性．

1. 该标准电阻的等级为 0.01 级，使用时环境温度为 15℃～30℃，相对湿度不大于 80%．在 (20±2)℃ 及功率不大于额定功率时，电阻实际值与额定值的误差不大于

±0.01%.

2. 电阻的额定功率为0.1W,最大功率为1W(在变压器油中).
3. 电阻阻值随时间逐渐变化,一般不大于0.002%.
4. 电阻温度系数不大于0.002%.
5. 电阻的额定值分9种,从$10^{-5}\Omega$至$10^3\Omega$不等.
6. 为了消除接触电阻的影响,提高测量准确度,标准电阻设置有四个接线端钮,见图44-3.其中A和D称为电流端,电流分别从这两端流进与流出.B和C称为电位端,测量标准电阻两端的电压,由这两端连接测量仪表. A、B和C、D分别用厚铜皮连接,标准电阻系指B、C之间的电阻值.一般电流端的两个接线柱要比电位端的两个接线柱粗大一些,所以可以很容易地区分出电流端和电压端.

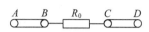

图 44-3 标准电阻的四个接线端钮

实验 45 设计和组装电磁欧姆表

多用表具有多用途、多量程和使用方便的优点,有着广泛的应用.多用表的电阻测量部分是它的主要功能之一,这部分实际上就是一只多量程的欧姆表.本实验中通过设计和组装欧姆表,可以加深了解它的原理和结构,以便正确合理地使用它.

一、实验原理

(一) 欧姆表的原理电路

图45-1是欧姆表的原理电路. R_s为分流电阻,R_g为表头电阻,R_d为限流电阻,r为电池内阻."+"端表示欧姆表的红表笔,"-"端为黑表笔.当接入被测电阻R_x时,电路中的电流I为

$$I=\frac{E}{R_z+R_x}. \quad (45\text{-}1)$$

式中,R_z为欧姆表的总内阻,如图45-1所示,R_z为

$$R_z=\frac{R_g R_s}{R_g+R_s}+R_d+r. \quad (45\text{-}2)$$

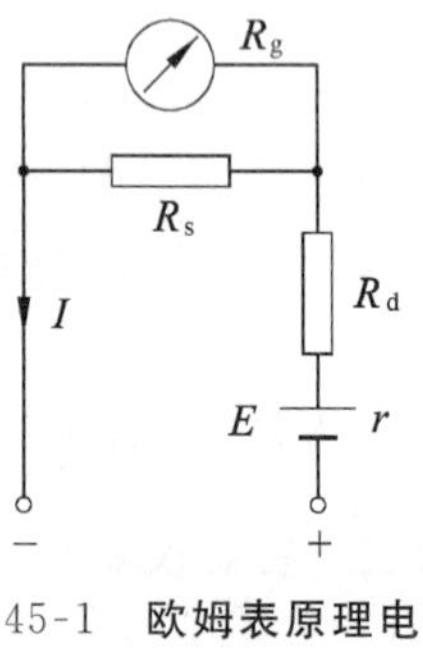

当欧姆表短接,即被测电阻为零时,电路中的电流达到最大值$I_m=\frac{E}{R_z}$.设计时应使此时的表头指针满偏.消去式(45-1)中的E,可得

$$I=\frac{R_z}{R_z+R_x}I_m. \quad (45\text{-}3)$$

图 45-1 欧姆表原理电路

把电流表上I的指示标定成相应的R_x的大小,就得到了欧姆表.由式(45-3)可见,I与R_x成非线性关系,所以欧姆表的刻度是非均匀的,而且R_x越大指针偏转越小.当被测电阻R_x等于欧姆表的总内阻R_z时(即$R_x=R_z$),$I=\frac{1}{2}I_m$,指针将指在表盘的中心位置,所以R_z又称为欧姆表的中值电阻,它是欧姆表的一个重要参量.

表头是多用表的主要部件,内阻和灵敏度是其主要参数.表头灵敏度是指指针满偏时流过表头的电流,该电流越小,表明表头的灵敏度越高.

(二) 并联式调节电路

如果直接采用图 45-1 所示的电路,电源电压因消耗而发生的变化会给电阻的测量结果带来很大的误差.因此,实用的欧姆表都装有零欧姆调节电位器,如图 45-2 所示.这是一种并联式调节线路,零欧姆调节电位器 R_0 是分流电阻 R_s 的一部分.欧姆表中的电源一般用1.5V干电池,新电池可能达到1.6V.为了充分利用电池又兼顾欧姆表的准确度,设计的准则一般为,即使电池电压降到 1.2V 时欧姆表仍有足够的准确度.这样,当电池电压由 1.6V 变为 1.2V 时,我们只需将电位器 R_0 的滑动端P由 B 端移向 A 端,使分流电阻加大,同时表头支路电阻减小.因此,在被测电阻为零时,流过表头的电流仍能被调到使指针满偏.这种调节电路中应使用一阻值较

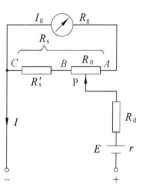

图 45-2　并联式调节电路

小的 R_0,才能使因电池电压变动所引起的误差也较小. R_0 及其他电阻阻值的选择可参考下面的分析.

设 R_0 的滑动端P位于 A 端时(对应于 $E=1.2\text{V}$),流过 R_d 的电流为 I,此时分流电阻为 $R_s=R_s'+R_0$,有

$$I_g R_g = (I - I_g) R_s,$$
$$I R_s = I_g (R_g + R_s). \tag{45-4}$$

P 位于 B 端时(对应于 $E'=1.6\text{V}$),流过 R_d 的电流为 I',此时分流电阻为 R_s'.有

$$I_g (R_g + R_0) = (I' - I_g) R_s',$$
$$I' R_s' = I_g (R_g + R_0 + R_s') = I_g (R_g + R_s). \tag{45-5}$$

由式(45-4)和式(45-5)可得

$$I' R_s' = I R_s. \tag{45-6}$$

在有一定准确度的情形下,可以近似地认为,在 R_0 的调节过程中回路总电阻的变化不大.则有 $\dfrac{I'}{I} = \dfrac{E'}{E} = \dfrac{1.6}{1.2} = \dfrac{4}{3}$,代入式(45-6),得

$$R_s = \frac{4}{3} R_s'. \tag{45-7}$$

进而由 $R_s = R_s' + R_0$ 可得

$$R_0 = \frac{1}{3} R_s'. \tag{45-8}$$

根据闭合回路的欧姆定律,当P在 A 端或 B 端时,分别有

$$I = \frac{E}{R_d + R_{AC}}, \qquad I' = \frac{E'}{R_d + R_{BC}}.$$

从图 45-2 可看出,上式中的

$$R_{AC} = \frac{R_s R_g}{R_s + R_g}, \qquad R_{BC} = \frac{R_s'(R_g + R_0)}{R_s' + R_g + R_0}. \tag{45-9}$$

为了使两比值 $\dfrac{I'}{I}$ 和 $\dfrac{E'}{E}$ 的差异尽量小，可使 $R_{AC}=R_{BC}$，将式(45-7)和式(45-8)两式代入式(45-9)，即得

$$R_s'=R_g, \quad (45\text{-}10)$$

$$R_{AC}=R_{BC}=\frac{4}{7}R_g. \quad (45\text{-}11)$$

现在来求 R_d。一般根据测量需要或选定的表头先确定 R_z 值，然后再求 R_d。本实验中假定表头已选定，即 R_g 和 I_g 均已确定。由图 45-2 及式(45-10)所确定的 R_s' 值可以看出，当 $R_x=0$ 时，在电池电压变化的过程中回路总电流 I 的平均值 $\overline{I}$ 应为表头灵敏度 I_g 的两倍，即

$$R_z=\frac{\overline{E}}{\overline{I}}=\frac{\overline{E}}{2I_g}. \quad (45\text{-}12)$$

若忽略电池内阻 r，则有

$$R_d=R_z-R_{AC}=R_z-\frac{4}{7}R_g. \quad (45\text{-}13)$$

(三) 扩大量程

图 45-2 所示电路的欧姆表似乎可以测量任何阻值的电阻。但是欧姆表上的电阻刻度是不均匀的，被测电阻 R_x 太大或太小时，R_x 的少量变化引起的表头指针变动甚微，使测量误差加大。所以只在中值电阻的 0.1～10 倍的刻度范围内，测量结果才能有一定的精度。为此，实用的欧姆表都制成多量程的，并且为了读数方便，将相邻两量程比值取为 10 或 100。

一般采用以下两种方法来扩大量程。

1. 并联不同的分流电阻以减小量程。

如图 45-3 所示，在相同电源电压下，在基准挡的基础上，并联上某一电阻 R_1，使回路总电流增大为原来的 10 倍，中值电阻降为原来的 $\dfrac{1}{10}$，量程和倍率都变为原来的 $\dfrac{1}{10}$。若并联上电阻 R_2，使中值电阻变为原来的 $\dfrac{1}{100}$，则量程和倍率相应变为原来的 $\dfrac{1}{100}$。

实际使用中还可采用别的电路，这里不一一介绍。

2. 提高电源电压以增大量程。

在表头灵敏度不变的情况下，若要增大量程测更高阻值的电阻，就要提高电源电压，使中值电阻增大。

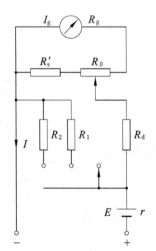

图 45-3　多量程欧姆表电路

二、确定表盘的标度尺

不同量程为了能共用一条欧姆标度尺，一般都以中值电阻为几十欧姆量级的挡作为基准挡来标定表盘，将这一挡标以"×1"，其他挡则标以"×10""×100""×1k"等。"×1"

挡的中值电阻值叫作欧姆表的表盘中心标度阻值,一般取两位有效数字,如 12Ω、24Ω 和 25Ω 等.

欧姆表的基准挡中值电阻 R_z 确定后,表盘的欧姆标度尺可按下式确定:

$$n = \frac{R_z}{R_z + R_x} n_m. \tag{45-14}$$

式中,n 为对应于 R_x 的表盘格数,n_m 为表盘总格数(表盘的原刻度是均匀分格的).

三、实验内容

1. 测定表头内阻,根据所给仪器自己设计测量方法.

2. 根据图 45-3 组装一只具有量程"×1""×10"和"×100"挡的欧姆表.估算线路中各元件的参数.计算 R_z 时,电池电压 $\overline{E}$ 取平均电压值 1.4V,R_z 取两位有效数字.实际电路中只要求 R_s'、R_0 与 R_g 的关系大体上满足式(45-8)和式(45-10).

3. 对组装的欧姆表按式(45-14)进行标定.以电阻箱作为准确的电阻,对标定的标度尺进行实验比较.

四、实验仪器

300μA 表头两块、电阻箱若干、滑动变阻器及干电池.

五、实验报告要求

1. 测定表头内阻的方法和结果.
2. 线路元件参数的估算(应有简单的计算过程).
3. 标度尺的确定和实测比较.
4. 小结和讨论.

六、思考题

1. 用"×100"挡,测 $R_x = R_z$ 的电阻,估算由于电池电压由 1.6V 变为 1.2V 时,两次测量结果的相对误差.

2. 分析 R_0 的滑动端 P 在什么位置时欧姆表的测量误差最大(以 $E=1.4$V 时的测量值为准确值做定性分析).

实验 46　数字多用表的设计与校对

随着大规模集成电路的发展,数字测量技术日趋普及,指针式仪表存在的问题也逐渐显现出来.为了让学生了解数字式多用表的工作原理以及模拟信号转换成数字信号的基本方法,我们设计出数字多用表的设计与校对实验,该实验内容丰富,由浅入深,适合高等院校物理、电子等专业学生使用.

一、实验目的

1. 掌握数字多用表的工作原理、组成和特性.

2. 掌握数字多用表的校对和使用方法.

3. 掌握多量程数字多用表分压、分流电路的计算和连接,学会设计、制作、使用多量程数字多用表.

二、实验原理

(一) 数字多用表的特性

与指针式多用表相比较,数字多用表具有以下优点:

1. 高准确度和高分辨率.

三位半数字式电压表头的准确度为±0.5%,四位半的电压表头可达±0.03%;而模拟多用表的准确度通常只有±2.5%.

2. 数字表具有高输入阻抗.

三位半数字多用表电压挡的输入阻抗一般为 $10M\Omega$,四位半的则大于 $100M\Omega$;而模拟多用表的电压挡的输入阻抗一般在 $20 \sim 100 k\Omega/V$.

3. 测量速度快.

三位半数字多用表和四位半数字多用表的测量速度通常为每秒 2~4 次,有的可达每秒几十次.

4. 自动判别待测信号的极性.

模拟多用表测量反向极性信号时指针会反打,极易损坏指针;数字多用表却能自动判别极性,使用十分方便.

5. 测量实现数字式读数.

利用数字多用表测量时可直接读数,因此准确、快速,方便操作.

6. 自动调零.

由于采用了自动调零电路,数字多用表校准好以后,在使用时不再需要调零.

7. 抗过载能力强.

数字多用表内部有保护电路,有很强的抗过压、抗过流的能力.

(二) 数字多用表的组成框图

其组成框图如图 46-1 所示.

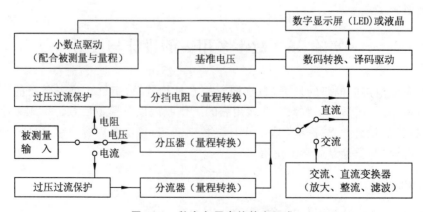

图 46-1 数字多用表的基本组成

(三) 模数（A/D）转换与数字显示电路

数字信号与模拟信号不同，其幅值（大小）是不连续的．也就是说，数字信号的大小只能是某些分立的数值．若这些分立数值的最小量化单位为 Δ，则数字信号的大小一定是 Δ 的整数倍，该整数可以用二进制数码表示．但是为了能直观地读出信号的数值大小，需经过数码变换（译码）后，再由数码管或液晶屏显示出来．

例如，设 $\Delta=0.1\text{mV}$，我们把被测电压 U 与 Δ 比较，看 U 是 Δ 的多少倍，并把结果四舍五入取为整数 N（二进制），然后把 N 变换为十进制七段显示码显示出来．能准确得到并被显示出来的 N 是有限的，一般情况下，$N \geqslant 1000$ 即可满足测量精度的要求（测量误差 $\leqslant \dfrac{1}{1000}=0.1\%$）．所以，最常见的数字表头的最大显示数为 1999，被称为三位半（$3\dfrac{1}{2}$）数字表．对于上述情况，我们把小数点定在最末位之前，显示出来的就是以 mV 为单位的被测电压 U 的大小．如 U 是 $\Delta(0.1\text{mV})$ 的 1234 倍，即 $N=1234$，显示结果为 123.4mV．这样的数字再加上电压极性判别显示电路，就可以测量显示 $-199.9\sim199.9\text{mV}$ 的电压，显示精度为 0.1mV．数字测量仪表的核心是模数（A/D）转换、译码显示电路．A/D 转换一般又可分为量化、编码两个步骤．感兴趣的同学可以参阅有关这方面的资料．

本实验使用的数字多用表设计实验仪，其核心是一个数字表头，它由数字表专用 A/D 转换译码集成电路和外围元件、LED 数码管构成．该表头有 7 个输入端，包括 2 个测量电压输入端（IN_+、IN_-）、2 个基准电压输入端（$V_{\text{REF}+}$、$V_{\text{REF}-}$）和 3 个小数点驱动输入端．

(四) 直流电压测量电路

在数字电压表头前面加一级分压电路（分压器），可以扩展直流电压测量的量程.

数字多用表的直流电压挡分压电路如图 46-2 所示，它能在不降低输入阻抗的情况下达到准确的分压效果.

例如，其中 200V 挡的分压比为
$$\frac{R_4+R_5}{R_1+R_2+R_3+R_4+R_5}=\frac{10\text{k}\Omega}{10\text{M}\Omega}=0.001.$$

其余各挡的分压比分别如表 46-1 所示.

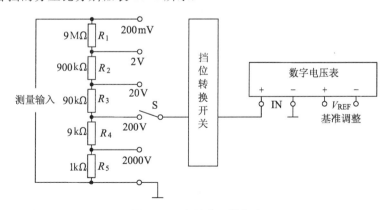

图 46-2 实用分压器电路

表 46-1 各挡分压比

挡位	200mV	2V	20V	200V	2000V
分压比	1	0.1	0.01	0.001	0.0001

实际设计时则根据各挡的分压比和总电阻来确定各分压电阻,如先确定

$$R_总 = R_1 + R_2 + R_3 + R_4 + R_5 = 10\text{M}\Omega,$$

再计算 200V 挡的电阻: $R_4 + R_5 = 0.001 R_总 = 10\text{k}\Omega$,依次可计算出 R_3、R_2、R_1 等各挡的分压电阻值.更换量程并调整小数点的显示位置,使用者可方便地读出测量结果.

(五) 直流电流的测量

测量电流是根据欧姆定律,用合适的取样电阻把待测电流转换为相应的电压,再进行测量的,如图 46-3 所示.

实用数字多用表的直流电流挡电路如图 46-4 所示.图 46-4 中各挡分流电阻是这样计算的,先计算最大电流挡(2A)的分流电阻 R_5(数字电压表最大输入为 200mV):

$$R_5 = \frac{U_0}{I_{m5}} = \frac{0.2\text{V}}{2\text{A}} = 0.1\Omega,$$

再计算 200mA 挡的 R_4:

$$R_4 = \frac{U_0}{I_{m4}} - R_5 = \left(\frac{0.2}{0.2} - 0.1\right)\Omega = 0.9\Omega.$$

依次可以计算出 R_3、R_2、R_1,请同学们自己练习.

图中的 FUSE 是 2A 的保险丝,电流很大时会快速熔断,起过流保护作用.两只反向连接且与分流电阻并联的二极管为塑封硅整流二极管,正常测量时,输入电压小于硅整流二极管的正向导通压降,二极管截止,对测量毫无影响.一旦输入电压大于 0.7V,二极管立即导通,双向限幅,电压嵌位在 0.7V,起过压保护作用,保护仪表不被损坏.用 2A 测量时,若发现电流大于 0.5A 时,应使测量时间小于 20s,仪器在面板上提供了待测电流接口,测量时可直接在本接口串入电流表进行测量.

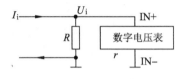

图 46-3 电流测量原理

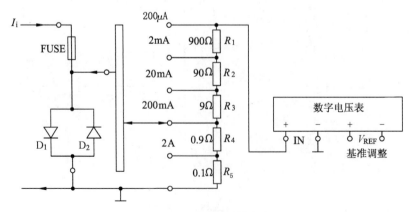

图 46-4 实用分流器电路

（六）交流电压、电流的测量电路

数字多用表中交流电压、电流测量电路是在分压器或分流器之后串入了一级交/直流（A/D）变换器，如图 46-5 所示．

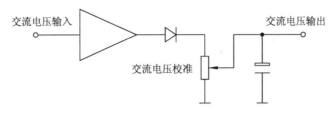

图 46-5　交流电压、电流的测量电路

该 A/D 变换器主要由集成运算放大器、整流二极管、RC 滤波电容等组成，还包括一个能调整输出电压高低的电位器：A/D 校准电位器，用来对交流电压挡进行校准之用，调整该电位器可使数字电压表头的显示值等于被测交流电压的有效值．

（七）电阻测量电路

数字多用表中的电阻挡采用的是比例测量方法，其原理电路图见图 46-6．

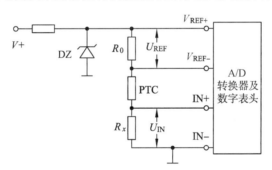

图 46-6　电阻测量原理

由稳压管 DZ 提供测量基准电压，流过标准电阻 R_0 和被测电阻 R_x 的电流基本相等（数字表头的输入阻抗很高，其取用的电流可忽略不计）．所以 A/D 转换器的参考电压 U_{REF} 和输入电压 U_{IN} 有如下关系：

$$\frac{U_{REF}}{U_{IN}} = \frac{R_0}{R_x},$$

即

$$R_x = \frac{U_{IN}}{U_{REF}} R_0.$$

根据所用 A/D 转换器的特性可知，数字表显示的是 U_{IN} 与 U_{REF} 的比值，当 $U_{IN}=U_{REF}$ 时显示"1000"，当 $U_{IN}=0.5U_{REF}$ 时显示"500"，依次类推．所以，当 $R_x=R_0$ 时，表头将显示"1000"，当 $R_x=0.5R_0$ 时显示"500"，这称为比例读数特性．因此，我们只需要选取不同的标准电阻并适当对小数点进行定位，就能得到不同的电阻测量挡．

对 200Ω 挡，取 $R_{05}=100Ω$，小数点定在十位上．当 $R_x=100Ω$ 时，表头就会显示 100.0（Ω）．当 R_x 变化时，显示值相应变化，可以从 0.1Ω 测到 199.9Ω（其余各挡请同学们自己进行推导）．

数字多用表多量程电阻挡电路如图 46-7 所示. 由以上分析可知
$$R_5 = R_{05} = 100\Omega,$$
$$R_4 = R_{04} - R_{05} = (1000 - 100)\Omega = 900\Omega,$$
$$R_3 = R_{03} - R_{04} = (10 - 1)\text{k}\Omega = 9\text{k}\Omega,$$
$$\cdots$$

图 46-7 中由正温度系数(PTC)热敏电阻 R_t 与晶体管组成了过压保护电路,以防止误用电阻去测高电压时损坏集成电路. 当误测量高电压时,晶体管发射极将击穿,从而限制了输入电压的升高. 同时,R_t 随着电流的增加而发热,其阻值迅速增大,从而限制了电流的增加,使晶体管击穿电流不超过允许范围. 即晶体管只是处于软击穿状态,不会损坏,一旦解除误操作,R_t 和晶体管均能恢复正常.

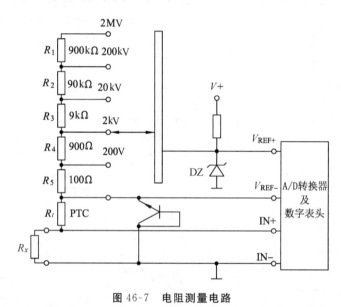

图 46-7　电阻测量电路

三、实验仪器

数字多用表设计实验仪 1 台、三位半数字多用表 1 只.

四、实验内容

(一) 设计制作多量程直流数字电压表

1. 制作 199.9mV 直流数字电压表头校准并使用. 按图 46-8 接线,V_{REF} 输入端接交直流电压校准电位器,小数点 DP 接到 B 组合适插口上去,以获得一位小数点显示(不接小数点并不会影响表头的校准,为什么?). 利用"直流挡待测电压(mV)"提供的 100mV 左右的电压,用插线连至表头的测量插口 IN_+、IN_- 上去.

把一只标准数字表置 200mV 挡与表头 IN 输入端并联,调整"交直流电压校准"旋钮使表头读数与标准表读数一致(允许误差为 ±0.5mV),200mV 表头即调整完毕.

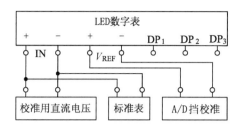

图 46-8　制作直流数字电压表器件连接图

2. 扩展电压表头使之成为多量程直流电压表.

按图 46-2 接线,B 组作为控制小数点显示的开关,B 组动片内部已接小数点驱动电源,分压电阻接 A 组挡位转换.

3. 用自制直流电压表测直流电压.

(1) 将红、黑两表棒分别插入"直流挡待测电压(mV)"中的红、黑两插孔. 缓慢调节"直流挡待测电压(mV)"中的电位器,观看数字电压表头的变化范围.

(2) 将红、黑两表棒调换一下,观看数字电压表头有何反映,为什么?

(3) 将小灯泡(12V/100mA)并联在"直流挡待测电压(mV)"的红、黑两插口上,调节电位器,观察灯泡亮度与灯泡两端电压有何关系?

(二) 设计制作多量程直流数字电流表

1. 首先制作 200mV 直流数字电压表头并校准(如原来已校正,此步可略).

2. 制作多量程直流数字电流表.

使用电路单元:电流挡用分流电阻、电流挡保护电路、三位半数字表头、量程转换与测量输入.

3. 按图 46-4 接线,动片 A 组(动片 A 组、B 组在实验箱仪器面板上)作为挡位输入并转换;动片 B 组作为小数点转换开关,自己设计连线,制成多量程直流数字电流表.

4. 测量电流.

将已制作好的电流表串入"直流挡待测电压(mV)"的电路中,负载接上小灯泡,调节电位器,观察灯泡亮度改变与电流的变化关系.

(三) 设计多量程交流数字电压表

1. 与设计的直流挡相比,小数点连线位置不变,仅在数字表头测量输入(IN_+、IN_-)前串入一级 A/D 转换器(图 46-9).

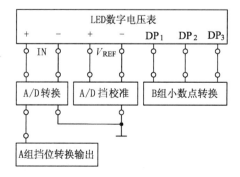

图 46-9　制作交流数字电压表器件连接图

2. 交流电压挡校准：将"交流挡待测电压(V)"框中输出电压调至交流 5V（用标准表测量），挡位开关置 20V 挡，调节"A/D 挡校准"中的电位器，使表头读数与标准表读数一致，这样交流电压表即校准完毕。

3. 用自制交流电压表测电压。

将测量棒分别置于"交流挡待测电压(V)"的输出电压插座上，接上小灯泡，观察调节电压高低与灯泡亮度的关系。调换表棒，观察表头显示有无变化，为什么？

（四）设计数字电阻表

1. 使用电路单元：三位半数字表头、电阻挡基准电压、电阻挡用分挡电阻器、电阻挡保护电路。

2. 参照图 46-7 电阻测量电路，连接成比例式多量程数字电阻表，A 组动片为量程转换开关，B 组动片为小数点转换开关，自己设计连线。

3. 用设计制作好的数字电阻表来测量仪器面板上提供的如下数据：

a：R_1、R_2、R_3、R_4 的阻值。

b：W_5 是可变电位器，测量它的变化范围。

c：测量光敏电阻 RG_6 的阻值，观察阻值与光照强度之间的关系是呈正比关系还是呈反比关系？

d：测量热敏电阻 RT_7 电阻器的阻值，观察其阻值随温度变化的情况。

（五）设计交流数字电流表

1. 制作。

参照图 46-4，在表头测量输入(IN_+、IN_-)前串入 A/D 转换器。提示：若保持已校准好的"交直流电压校准"电位器状态不变，则可以省去校准步骤，否则需要重新校正。

2. 用自制交流电流表测电流强度。

将交流电流表串入"交流挡待测电压(V)"栏中的电流插口，输出负载接上小灯泡（12V/100mA），缓慢调节电位器，观察电流变化与灯泡亮度之间的关系。

五、实验数据及处理

1. 计算电压挡分压器电路中 R_1、R_2、R_3 的阻值。

2. 计算电流挡分流器电路中 R_1、R_2、R_3 的阻值。

3. 测量直流电压。

(1) 5 号干电池的端电压 $U=$ _____ V。

(2) 6F22 叠丛电池的端电压 $U=$ _____ V。

(3) 测量小灯泡处在不同发光状态下灯丝两端的电压值。弱发光 $U=$ _____ V，中等发光 $U=$ _____ V，强发光 $U=$ _____ V。

六、注意事项

1. 为了安全起见，严禁使用本仪器测量超过 36V 的电压。

2. 仪器虽然设计了保护电路，实际使用时不得用电流挡、电阻挡测量电压，以免造成不必要的损坏。

3. 数字表头显示"1"或"-1",表明输入过载,应增大量程测量.

4. 2000V 挡和 2A 挡在测量时,因为取样电压较低,对连线走向较敏感,有时误差较大.但对于此两挡,若将仪器体积缩小,问题将得到解决,为什么?

实验 47 温敏电阻温度计的设计与制作

利用电阻随温度改变而改变的特性制作成温敏电阻传感器,是温度测量领域中广泛采用的传感器之一,利用该传感器制作的温度计测温,是温度测量中常见的一种方法.作为传感元件可以由纯金属、合金或半导体等材料制成.铂电阻是由铂金属材料制成的,它性能稳定,常用来制作标准温度计,缺点是热惯性较大.采用锗半导体传感器制作的温度计常用于低温测量,半导体热敏电阻(thermistor)一般是由过渡金属氧化物的混合物组成的.热敏电阻有以下显著特点:灵敏度高,电阻温度系数比纯金属铂电阻高约 10 倍;电阻率大,很小的体积就可以有很大的阻值,故引线电阻可以忽略;体积也可以做得很小,目前已生产出直径 0.07mm 的珠状热敏电阻,引线直径只有 0.01mm,因此可以用来测量静脉内的温度;热惯性小,可测量变化较快的温度,常用于温度控制或用于制作半导体温度计.

本系列实验要达到以下目的:

1. 掌握非平衡电桥的测量原理.
2. 了解温敏电阻的特性.
3. 学会用温敏电阻设计与制作温度计.

47.1 用 p-n 结温度传感器制作数字温度计

一、实验原理

由 p-n 结构成的二极管和三极管的伏安特性对温度有很大的依赖性,利用这一点可以制成 p-n 结温度传感器(温敏二极管)和晶体管温度传感器.这类传感器灵敏度高,响应快,在科研生产中广泛应用.

二极管的正向电流、电压满足下式:

$$I = I_s (e^{\frac{qU}{mkT}} - 1).$$

在常温条件下,$U > 0.1V$ 时,上式可近似为

$$I = I_s e^{\frac{qU}{mkT}}.$$

式中,$q = 1.602 \times 10^{-19}$ C 为电子电荷量;$k = 1.381 \times 10^{-23}$ J/K 为玻耳兹曼常数;T 为绝对温度;I_s 为反向饱和电流;m 为理想二极管参数,理论值为 1,因管子特性、使用条件不同,m 值稍有变化,在实验中 $m \approx 2$.

由上式可知,当 T 为某一温度时,二极管正向电流、电压满足指数关系;如果温度升高,伏安特性曲线随之移动.反向饱和电流 I_s 与温度有关:

$$I_s = Ae^{F_g/kT}.$$

代入上式并取一恒定小电流(通常 $I_0 \approx 100\mu A$),可以得到 U 和 T 近似满足如下线性关系:

$$U \approx kT + U_{g0}.$$

式中,$K = -2.3\text{mV}/\text{℃}$. 即每升高 1℃,$U$ 减少约 2.3mV,由 U_{g0} 可以求出温度为 0K 时半导体材料的禁带宽度 $E_{g0} = qU_{g0}$. 硅材料的 E_{g0} 约为 1.2eV.

对 1N4007 硅二极管进行测量,并绘制出 U-T 曲线($I_0 \approx 100\mu A$),如图 47-1 所示.

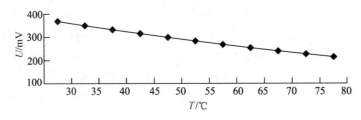

图 47-1　硅二极管的 U-T 曲线

由图 47-1 可知,在正向偏置下,p-n 结的温度每升高 1℃,结电压下降约 2mV. 利用 p-n 结的这一电压-温度特性,可直接用半导体二极管或将半导体三极管接成二极管做成 p-n 结温度传感器.

p-n 结温度传感器的测温范围为 -50℃ ~ +150℃,有较好的线性度,尺寸小,热时间常数小,性价比好,用途十分广泛. 由于它有较高的灵敏度,其结电压可直接用数字电压表进行测量,因此,用 p-n 结温度传感器来设计、制作数字温度计比较容易.

为了使数字电压表直接显示出测量的温度值,需要设置零点调节和满度调节电路,即必须通过定标来实现温度的直接显示.

用运算放大器作为电桥的输出负载. 由于运算放大器的输入阻抗通常在几兆欧姆,放大呈线性,适合作电桥电路的输出负载. 因此,只需将电桥的输出(A、B 点)接至运放的输入端即可. 电路连接如图 47-2 所示.

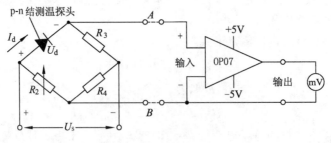

图 47-2　电路连接图

二、实验仪器

FZ-WCS 型温度传感器实验设计仪、p-n 结温度传感器、加热炉、保温杯.

三、实验内容

1. 测量 p-n 结传感器的结电压随温度变化的关系.

参照实验原理图接线,将 p-n 结传感器放入加热炉中(加热炉温度设置:① 接通电源;② 设定温度时先单击"SET"键,进入设定状态,此时"SV"栏数字闪烁,单击上升或下降键,设定想要的温度,再单击"SET"键,即设定完毕,本仪器最高设定 100℃,实际使用时一般设在 90℃;③ 降温实验时,只要使设定温度比显示温度低即可,要快速降温,将"降温"开关打开即可),利用"2V 数字电压表"测出不同温度下 p-n 结两端所对应的电压值,在坐标纸上作 U-T 曲线.

2. 选择运算放大器作为电桥电路的输出负载,制作数字温度计(0℃~90℃)并进行定标.

先把 p-n 结温度传感器放入 0℃ 的冰水混合液中,4min 后将"2V 数字电压表"跨接在非平衡电桥电路的 A、B 两端,调整可变电阻 R_2 的阻值使电桥平衡.再将电桥的 U_{AB} 端与运算放大器的输入端连接(因为运算放大器采用反向输入,故应将 A 和 F、B 和 E 连接).再将"数字电压表"接至运算放大器的输出端,最后把温度传感探头放入加热炉内,调节运算放大器的放大倍数(即调节 R_f 的阻值),使"数字电压表"的读数为 90mV 即可.

根据"在正向偏置下,p-n 结的温度每升高 1℃,结电压下降约 2mV",利用 p-n 结的这一电压-温度特性,低温端不用冰水化合物作 0℃ 定标,就可以做低温端校准,对吗?

3. 用 Pt100 铂电阻作为传感器制作数字温度计(选做内容).

(1) 用 $4\frac{1}{2}$ 数字多用表的电阻挡测量铂电阻随温度变化的关系曲线.将铂电阻放在加热炉的两插孔中,引线接多用表即可测量.

(2) 调零及满度调整等定标步骤同"p-n 结传感器"步骤.

附　录

集成运算放大器简介:

在电路原理图中,用图 47-3 的符号表示集成运放.在分析其工作原理时,可以将它看作一双端网络电路,分为输入端口和输出端口,如图 47-4 所示.图中 u_i 和 i_i 分别表示输入电压和输入电流;u_o 和 i_o 分别表示输出电压和输出电流;r_i 为输入阻抗,r_o 为输出阻抗.

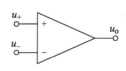
图 47-3　集成运放

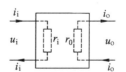
图 47-4　双端网络电路

集成运算放大器的主要参数如下:

(1) 最大输出电压 U_{opp}.

在额定电源电压下,集成运放所输出的最大不失真电压的峰—峰值为 U_{opp}.电源电压为 $\pm 15V(\pm 5V$ 也可以) 时,集成运放最大输出电压约为 $\pm 13V$.

(2) 开环放大倍数 A_{UO}.

A_{UO} 是集成运放在开环状态输出不接负载时的直流差模电压放大倍数. A_{UO} 可达 10^5 以上.

(3) 输入阻抗 r_i.

由图 47-4 可知,集成运放的输入阻抗 $r_i = \dfrac{u_i}{i_i}$,其数值较大,一般为几兆欧.

(4) 输出阻抗 r_o.

集成运放的输出阻抗 $r_o = \dfrac{u_o}{i_o}$,其数值较小,一般最多为几百欧.

这里只列举了运算放大器的主要参数,其他参数可根据需要查阅有关资料.综上所述,集成运放具有开环电压放大倍数高、输入阻抗高、输出阻抗低、漂移小、可靠性高、体积小等优点.

集成运放的输入方式有三种:反相输入(由反相输入端 u_- 和地送入信号);同相输入(由同相输入端 u_+ 和地送入信号);差动输入(由 u_- 和 u_+ 送入信号).

集成运放的输出情况与工作模式有关,又分为两种:如果工作在线性区,输出电压 u_o 和输入电压 u_i 呈线性关系,即

$$u_o = A_{UO}(u_+ - u_-).$$

由于 A_{UO} 很大,而输入阻抗 r_i 很大,可得到两个重要结论

$$u_- \approx u_+, \quad i_- \approx i_+ = 0. \tag{47-1}$$

这是分析集成运放应用电路的出发点.如果工作在线性区(又称饱和区), $u_- > u_+$ 时, $u_o = u_{oL}$; $u_- < u_+$ 时, $u_o = u_{oH}$.

式中, u_{oL}、u_{oH} 分别为运放的最大正、负输出电压.

实验采用反相比例电路,如图 47-5 所示.

输入电压 u_i 通过电阻 R 加到反相端,同相端接地,输出电压 u_o 通过电阻 R_f 反馈到反相输入端,根据式 (47-1),有

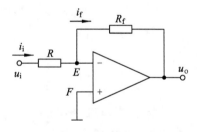

图 47-5 反相比例电路

$$i_i = i_f, \quad u_o = -\dfrac{R_f}{R} u_i. \tag{47-2}$$

由上式可知, u_o 和 u_i 成比例关系,式中负号表示 u_o 和 u_i 极性相反;放大倍数 $A_{uf} = -\dfrac{R_f}{R}$ 只取决于 R_f 和 R 的比值,与运放本身的参数无关,这就保证了运放的精度和稳定性.图 47-5 中 F 点的电位接近于零,称为"虚地".由于并联负反馈的作用,使此电路的输入阻抗减小,即 $r_{if} = \dfrac{u_i}{i_i} = R$,其值较小,一般不超过 $1M\Omega$;而输出阻抗 $r_{of} \approx 0$,因此反相比例电路带负载能力强.本实验采用 OP07 型集成运算放大器,其管脚如图 47-6 所示.

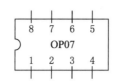

1、8—空脚；2—反向输入端；3—同向输入端；
4—电源负输入；5—地端；6—输出；7—电源正输入

图 47-6　OP07 型集成运算放大器管脚

47.2　热敏电阻数字温度计的制作

一、实验原理

（一）热敏电阻的特性

热敏电阻具有负的电阻温度系数，电阻值随温度的升高而迅速下降。这是因为在半导体材料内部随着温度的升高自由电子数目增加很快，虽然自由电子定向运动遇到的阻力也在增加，但两者相比前者对电阻率的影响远大于后者，因此随着温度的升高，电阻率反而下降。热敏电阻的电阻-温度特性可以用一指数函数来描述：

$$R_T = A e^{\frac{B}{T}}. \tag{47-3}$$

式中，A 为常数，B 为与材料本身有关的常数，T 为绝对温度，从测量得到的 R_T-T 特性可以求出 A 和 B 的值。为了比较准确地求出 A 和 B，可将式(47-3)线性化后进行直线拟合，即对式(47-3)两边取自然对数，有

$$\ln R_T = \ln A + \frac{B}{T}. \tag{47-4}$$

从 $\ln R_T$-$\frac{1}{T}$ 的直线拟合中，即可得到 A 和 B。常用的半导体热敏电阻的 B 值在 1500～5000kΩ 之间。

热敏电阻的电阻温度系数的定义为

$$\alpha = \frac{1}{R_T} \frac{dR_T}{dT}, \tag{47-5}$$

它表示热敏电阻随温度变化的灵敏度，由式(47-3)可求得

$$\alpha = -\frac{B}{T^2}. \tag{47-6}$$

（二）热敏电阻温度计线性化设计概要

热敏电阻温度计采用非平衡电桥电路，如图 47-7 所示，R_T 为热敏电阻，R_2、R_3、R_4 为桥臂上的固定电阻，常用锰铜丝绕制，实验时可采用电阻箱。当电源电压 E 一定时，非平衡电桥输出电压 V_T 由下式决定：

$$V_T = E\left(\frac{R_3}{R_3 + R_T} - \frac{R_4}{R_2 + R_4}\right). \tag{47-7}$$

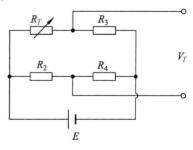

图 47-7　非平衡电桥电路

温度改变时，R_T 改变，V_T 亦随之改变.作为电阻温度计，常常是通过 V_T 值来确定温度的.将式(47-3)和式(47-7)结合起来可以看出，V_T 和 T 的关系是非线性的，这给温度的定标和显示带来困难.通常通过适当选择桥路参数，使 V_T 和 T 在一定的温度范围内近似具有线性关系，这就是所谓的线性化设计.

由式(47-3)和式(47-7)可知，V_T 是 T 的函数，我们在考虑的温区中点 T_1 处按泰勒级数展开：

$$V_T = V_{T_1} + V_{T_1}'(T-T_1) + V_n. \tag{47-8}$$

其中

$$V_n = \frac{1}{2}V_{T_1}''(T-T_1)^2 + \sum_{n=3}^{\infty}\frac{1}{n!}V_{T_1}^{(n)}(T-T_1)^n, \tag{47-9}$$

$$V_{T_1}^{(n)} = \left(\frac{\partial^n V_T}{\partial T^n}\right)_{T_1} (n=0,1,2,\cdots).$$

式(47-8)中 V_{T_1} 为一常数项，即不随温度变化的 $V_{T_1}^{(0)}$、$V_{T_1}'(T-T_1)$ 为一线性项，V_n 代表所有的非线性项.为使 V_T-T 有良好的线性，V_n 要越小越好.为此让式(47-9)中 V_n 的第一项(二次项)为零，第二项(三次项)可以看作非线性误差.从第三项(四次项)开始，因数值更小，可忽略不计.根据以上分析，可以推导出如下表达式：

$$V_t = \lambda + m(t-t_1) + n(t-t_1)^2. \tag{47-10}$$

式中 t、t_1 分别为与 T 和 T_1 相对应的摄氏温度，线性函数部分为

$$U_t = \lambda + m(t-t_1), \tag{47-11}$$

式中，λ 和 m 分别为

$$\lambda = E\left(\frac{B-2T_1}{2B} - \frac{R_4}{R_4+R_2}\right), \tag{47-12}$$

$$m = \frac{E(B^2-4T_1^2)}{4BT_1^2}. \tag{47-13}$$

(三) 线性化设计过程

1. 根据给定的温度范围确定 T_1 值.

2. 根据给定的仪器或显示要求，选取适当的 λ 和 m 值.例如，当采用数字毫伏表的读数作为显示时，可考虑使显示的毫伏数正好是摄氏温度的读数 $t-t_1$.如 t_1 为零，那么数字毫伏表的读数即为 t 的示数.这样 T_1、λ 和 m 的值就能确定(如温度范围为 0℃～100℃，$T_1=50$，根据实验测得 B，事先确定 E 值大小，由式(47-13)可确定 m 值；由式(47-11)，有 $U_t=t, \lambda=t-mt$，由式(47-12)确定 R_4 使之与热敏电阻的大小为同一数量级，确定 R_2 的大小).然后改写式(47-12)、式(47-13)为

$$E = \frac{4BmT_1^2}{B^2-4T_1^2}, \tag{47-14}$$

$$\frac{R_2}{R_4} = \frac{2BE}{E(B-2T_1)-2B\lambda} - 1. \tag{47-15}$$

由 T_1、B、m、λ 可确定 E 及 $\frac{R_2}{R_4}$ 的数值，取定 R_2 使之与热敏电阻的大小为同一数量级，这样 R_3、R_4 就可确定.

二、实验仪器

FZ-WCS 型温度传感器实验设计仪、加热炉、保温杯及接插线等.

三、实验内容

1. 测绘热敏电阻阻值随温度变化的曲线,在室温到 100℃的范围内测量热敏电阻温度特性,从而确定 A、B 值及 50℃时的电阻温度系数,绘制 R_T-T 曲线,根据热敏电阻特性曲线求出 B 值.

2. 用数字电压表作为显示仪器,用 R_2、R_3、R_4 作桥臂,设计温度在 0℃~100℃温区内的热敏电阻温度计,确定电桥电路参数.

3. 组装热敏电阻温度计,在设定的温区内测量电桥输出电压 U_T 与温度 t 的关系,测量过程中注意监视 E 值,使之保持不变,对测得的 U_T-t 作直线拟合,检测数字表显示与实际温度之间的数量关系.

47.3 用模拟电流表制作热敏电阻温度计

一、实验原理

图 47-8 是本实验的电路原理图.

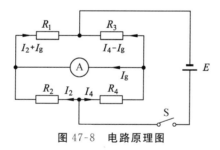

图 47-8 电路原理图

根据实验线路,有方程

$$I_4 R_4 + I_g R_g = I_2 R_2,$$
$$(I_4 - I_g) R_3 - (I_2 + I_g) R_1 = I_g R_g,$$
$$I_2 R_2 + (I_2 + I_g) R_1 = E$$

成立,当 $R_3 = R_4$ 时,上述四个方程联立解得

$$I_g = \frac{E\left(1 - \dfrac{2R_1}{R_1 + R_2}\right)}{R_3 + 2R_g + 2\dfrac{R_1 R_2}{R_1 + R_2}}. \tag{47-16}$$

若用热敏电阻 R_T 替代电桥一个臂 R_1,则有

$$I_g = \frac{E\left(1 - \dfrac{2R_T}{R_T + R_2}\right)}{R_3 + 2R_g + 2\dfrac{R_T R_2}{R_T + R_2}}. \tag{47-17}$$

从上式看出，要使 I_g 随 R_T 单调变化的条件是 R_2、R_4、E 必须为定值。这些量的大小取决于两个因素：

(1) 热敏电阻的电阻-温度特性；
(2) 设计的测温仪的上限温度 (t_2 ℃) 和下限温度 (t_1 ℃)。

(一) 热敏电阻的电阻-温度特性

表 47-1 为某一半导体的一组电阻、温度数值，其电阻与温度的关系是非线性关系。即当温度每改变 5 ℃时，R 的改变量不是常数。

表 47-1　电阻与温度的关系

温度 t/℃	15.0	20.0	25.0	30.0	35.0	40.0	45.0	50.0	55.0	60.0	65.0	70.0	75.0
电阻 R/Ω	2956	2424	2000	1658	1383	1159	976	826	697	592	508	438	381

(二) R_3、R_4 的设定

根据设计要求，$R_3 = R_4$，当温度达到测温仪的上限温度 t_2 ℃时，热敏电阻的阻值 $R_T = R_{t_2}$，微安表应满偏，即 $I_g = I_{gm}$，代入式 (47-17)，有

$$R_3 = \frac{E}{I_{gm}}\left(1 - \frac{2R_{t_2}}{R_2 + R_{t_2}}\right) - 2\left(R_g + \frac{R_2 R_{t_2}}{R_2 + R_{t_2}}\right). \tag{47-18}$$

另外，设计还要求：当温度达到测温仪的下限温度 t_1 ℃时，热敏电阻的阻值 $R_T = R_{t_1}$，微安表指零，即电桥平衡，$I_g = 0$。因 $R_3 = R_4$，此时必有 $R_2 = R_{t_1}$，也就是说，R_2 应为测温仪的下限温度 t_1 ℃时的热敏电阻值。式 (47-18) 应改写成

$$R_3 = \frac{E}{I_{gm}}\left(1 - \frac{2R_{t_2}}{R_{t_1} + R_{t_2}}\right) - 2\left(R_g + \frac{R_{t_1} R_{t_2}}{R_{t_1} + R_{t_2}}\right). \tag{47-19}$$

由此可见，当微安表的内阻 R_g 及测温仪的上、下限温度 (t_2 ℃、t_1 ℃) 确定后，R_3 的值只取决于电压 E 的大小。本实验仪中微安表 $I_{gm} = 0.1 \text{mA}$ (100 μA)，$U_{gm} = 0.139 \text{V}$ (139 mV)，$R_g = 1390 \Omega$。

(三) 电压 E 的确定

E 越高，则电桥的灵敏度越高，但通过热敏电阻 R_T 的电流不能超过其额定值 I_{t_0}。图 47-8 中，将 R_1 换成 R_T，则有

$$E \leqslant I_{t_0}(R_{t_1} + R_{t_2}). \tag{47-20}$$

实验中，E 应按式 (47-20) 取值。

二、实验仪器

FZ-WCS 型温度传感器实验设计仪、加热炉、保温杯及接插线等。

三、实验内容

1. 用数字多用表测绘 2 kΩ 热敏电阻随温度变化的曲线（室温至 80 ℃范围内）。

2. 根据测绘出的热敏电阻的温度特性曲线和额定电流，查找 $t_1 = 30$ ℃、$t_2 = 80$ ℃时的电阻值 R_{t_1}、R_{t_2}，由式 (47-20) 计算电压 E 的大小。本仪器提供的热敏电阻额定电流为 1000 μA。

3. 根据式(47-19)计算出 R_3 的值,并在仪器上调整好.

4. 将热敏电阻探头放入加热炉插孔中,温度设定在 30℃,5min 后调整 R_2 的阻值,使电桥平衡. 此时 $R_1(R_{t_1})$ 与 R_2 的阻值相等,为什么?

5. 再将加热炉温度设定到 80℃,5min 后,微安表满偏,若未满偏,可调 R_3 和 R_4.

6. 为微安表刻度盘定标,将加热炉温度依次设定为 30℃,40℃,50℃,…,80℃,同时记录微安表示数(格数).

7. 在直角坐标纸上作出温度-格数的曲线.

8. 至此,一台热敏电阻测温仪便设计和制作完成.

9. 用标准温度计与自己设计的温度计去测量某一点的温度,计算误差的大小,分析产生误差的原因.

附录1 中华人民共和国法定计量单位

经1984年1月20日国务院第21次常务会议讨论,决定在采用国际单位制的基础上进一步统一我国的计量单位,并在同年2月27日发布命令实行《中华人民共和国法定计量单位》.国际单位制是国际计量大会在1960年通过的,以长度、质量、时间、电流、热力学温度、物质的量与发光强度7个基本单位构成不同科学技术领域中所需要的全部单位,是在米制基础上发展起来的现代化形式.国际单位制的国际代号为SI,中文称号为国际制.

国际单位制包括以下三部分内容:

1. 国际制单位.分基本单位、辅助单位和导出单位三类.基本单位共7个,辅助单位指平面角和立体角.导出单位是通过系数为1的定义方程由基本单位导出的,其中有19个具有专门名称.所有单位的符号均采用正体拉丁字母,源于人名的单位,第一个字母大写,其余都小写.

注:我国另选定的可以使用的非国际制单位有时间(日、小时、分)、平面角(度、分、秒)、转速(转/分)、质量(吨、原子量单位)、体积(升)、能量(电子伏)及级差(分贝)等,这些也是我国法定计量单位.

2. 国际制词头.

3. 国际制的十进倍数与分数单位,由国际制词头冠于国际单位前构成.其中有一例外是质量单位,此词头加在"克"前构成.

详见附表1-1、附表1-2.

附表1-1 国际单位制的基本单位与辅助单位

	量的名称	单位名称	单位符号
基本单位	长度	米	m
	质量	千克(公斤)	kg
	时间	秒	s
	电流	安[培]	A
	热力学温度	开[尔文]	K
	物质的量	摩[尔]	mol
	发光强度	坎[德拉]	cd
辅助单位	平面角	弧度	rad
	立体角	球面度	sr

附表 1-2　具有专门名称的导出单位

量的名称	单位名称	单位符号	SI 单位表示	SI 基本单位表示
频率	赫[兹]	Hz	—	s^{-1}
力,重力	牛[顿]	N	J/m	$m \cdot kg \cdot s^{-2}$
压力,压强,应力	帕[斯卡]	Pa	N/m^2	$m^{-1} \cdot kg \cdot s^{-2}$
能量,功,热	焦[耳]	J	$N \cdot m$	$m^2 \cdot kg \cdot s^{-2}$
功率,辐[射能]通量	瓦[特]	W	J/s	$m^2 \cdot kg \cdot s^{-3}$
电荷量	库[仑]	C	—	$A \cdot s$
电位,电压,电动势	伏[特]	V	W/A	$m^2 \cdot kg \cdot s^{-3} \cdot A^{-1}$
电容	法[拉]	F	C/V	$s^4 \cdot A^2 \cdot m^{-2} \cdot kg^{-1}$
电阻	欧[姆]	Ω	V/A	
电导	西[门子]	S	A/V	
磁通[量]	韦[伯]	Wb	$V \cdot s$	$m^2 \cdot kg \cdot s^{-2} \cdot A^{-1}$
磁通[量]密度,磁感应强度	特[斯拉]	T	Wb/m^2	$kg \cdot s^{-2} \cdot A^{-1}$
电感	亨[利]	H	Wb/A	$m^2 \cdot kg \cdot s^{-2} \cdot A^{-2}$
摄氏温度	摄氏度	℃	—	K
光通量	流[明]	lm	$cd \cdot sr$	
[光]照度	勒[克斯]	lx	$cd \cdot sr \cdot m^{-2}$	
[放射性]活度	贝可[勒尔]	Bq	—	s^{-1}
吸收剂量	戈[瑞]	Gy	J/kg	$m^2 \cdot s^{-2}$
剂量当量	希[沃特]	Sv	J/kg	$m^2 \cdot s^{-2}$

附录2 基本物理常数

国际科学技术数据委员会(CODATA)于1973年发表了基本物理常数的推荐值. 之后又于1986年、1998年发布了两种新的推荐值,每次都比上次更精密,大体各提高一个数量级. CODATA的基本常数任务组由美、俄、中、英等九国与国际度量衡局代表组成.

有几个基本常数已用于定义国际制的基本单位,如1m为真空中光在$\frac{1}{299792458}$s中经过的距离,碳-12的摩尔质量为12g等,反过来说,光速等物理常数的值是精确的. 还有单位制所需的常数$\varepsilon_0\left(=\frac{1}{\mu_0 c^2}\right)$及$\mu_0(=4\pi\times10^{-7})$也是精确的. 另外,地球表面重力加速度、大气压,因地点、时间而变,本身没有确定的值,也就为它们各规定一个标准值. 只要这几类规定不变,这些常数就具有精确值,见附表2-1.

其他物理常数的标准不确定度取两位有效数字,放在该常数后的括弧内,见附表2-2.

附表2-1 精确的物理常数

物理量	符号	数值	单位
真空中光速	c	299792458	$m\cdot s^{-1}$
磁常数	μ_0	$12.566370614\times10^{-7}$	$N\cdot A^{-2}$
电常数	ε_0	$8.854187817\times10^{-12}$	$F\cdot m^{-1}$
标准重力加速度	g_0	9.80665	$m\cdot s^{-2}$
标准大气压		101325	Pa

附表2-2 基本物理常数CODATA1998值

物理量	符号	1998年推荐值	单位
引力常量	G	$6.673(10)\times10^{-11}$	$m^3\cdot kg^{-1}\cdot s^{-2}$
普朗克常量	h	$6.62606876(52)\times10^{-34}$	$J\cdot s$
精细结构常数	α	$7.2973530808(33)\times10^{-3}$	
摩尔气体常数	R	$8.314510(70)$	$J\cdot mol^{-1}\cdot K^{-1}$
阿伏加德罗常数	N_A	$6.0221367(36)\times10^{23}$	mol^{-1}
玻耳兹曼常数	k	$1.380658(12)\times10^{-23}$	$J\cdot K^{-1}$

续表

物理量	符号	1998年推荐值	单位
气体摩尔体积（标准状况）	V_m	$22.413996(39) \times 10^{-3}$	$m^3 \cdot mol^{-1}$
洛喜密特常数	n_0	$2.6867775(47) \times 10^{25}$	m^{-3}
玻尔半径 $\dfrac{\alpha}{4\pi R_\infty}$	a_0	$0.5291772083(19) \times 10^{-10}$	m
电子磁矩	μ_e	$-928.476362(37) \times 10^{-26}$	$J \cdot T^{-1}$
质子磁矩	μ_p	$1.410606633(58) \times 10^{-26}$	$J \cdot T^{-1}$
中子磁矩	μ_n	$-0.96623640(23) \times 10^{-26}$	$J \cdot T^{-1}$
核磁子 $\dfrac{eh}{2m_p}$	μ_N	$5.05078317(20) \times 10^{-27}$	$J \cdot T^{-1}$
μ 子质量	m_μ	$1.88353109(06) \times 10^{-28}$	kg
τ 子质量	m_τ	$3.16788(52) \times 10^{-27}$	kg
基本电荷	e	$1.602176462(63) \times 10^{-19}$	C
约瑟夫森常数	K_J	$483597.898(19) \times 10^9$	$Hz \cdot V^{-1}$
冯·克利青常数	R_K	$25812.807572(95)$	Ω
法拉第常数	F	$96485.3415(39)$	$C \cdot mol^{-1}$
电子荷质比	$\dfrac{e}{m_e}$	$-1.758820174(71) \times 10^{11}$	$C \cdot kg^{-1}$
电子质量 （以 u 表示）	m_e	$9.10938188(72) \times 10^{-31}$ $5.485799110(12) \times 10^{-4}$	kg u
中子质量 （以 u 表示）	m_n	$1.67492716(13) \times 10^{-27}$ $1.00866491578(55)$	kg u
氘核质量 （以 u 表示）	m_d	$3.34358309(26) \times 10^{-27}$ $2.01355321271(35)$	kg u
里德伯常量	R_∞	$1.0973731568549(83) \times 10^7$	m^{-1}
斯特藩-玻耳兹曼常量	σ	$5.67400(40) \times 10^{-8}$	$W \cdot m^{-2} \cdot K^{-4}$
维恩位移常数	b	$2.8977686(51) \times 10^{-3}$	$m \cdot K$
电子伏特	eV	$1.602176462(63) \times 10^{-19}$	J
质子量单位	u	$1.66053873(13) \times 10^{-27}$	kg

注：所有物理常数只有万有引力常数的精度有所下降，这是由于近几年中各国测定值较离散所致。但最近又有人用扭摆测得 G 值为 $6.674215(92) \times 10^{-11} N \cdot m \cdot kg^{-2}$.

附录 3　物理常数

附表 3-1　固体的密度 ρ　　　　单位：$g \cdot cm^{-3}$

物　质	密　度	物　质	密　度	物　质	密　度	物　质	密　度
银	10.492	康铜(3)	8.88	玻璃(火石)	2.8~4.5	煤	1.2~1.7
金	19.3	硬铝(4)	2.79	瓷器	2.0~2.6	石板	2.7~2.9
铁	7.86	德银(5)	8.30	砂	1.4~1.7	橡胶	0.91~0.96
铜	8.933	殷钢(6)	8.0	砖	1.2~2.2	硬橡胶	1.1~1.4
镍	8.85	铅锡合金(7)	10.6	混凝土(10)	2.4	丙烯树脂	1.182
钴	8.71	磷青铜(8)	8.8	沥青	1.04~1.4	尼龙	1.11
铬	7.14	不锈钢(9)	7.91	松木	0.52	聚乙烯	0.90
铅	11.342	花岗岩	2.6~2.7	竹	0.31~0.40	聚苯乙烯	1.056
锡(白、四方)	7.29	大理石	1.52~2.86	软木	0.22~0.26	聚氯乙烯	1.2~1.6
锌	7.12	玛瑙	2.5~2.8	电木板(纸层)	1.32~1.4	冰(0℃)	0.917
黄铜(1)	8.5~8.7	熔融石英	2.2	纸	0.7~1.1		
青铜(2)	8.78	玻璃(普通)	2.4~2.6	石蜡	0.87~0.94		
铝	2.70	玻璃(冕牌)	2.2~2.6	蜂蜡	0.96		

注：附表 3-1 中物质的配比成分：

(1) Cu 70, Zn 30　　　　　　　　　(2) Cu 90, Sn 10
(3) Cu 60, Ni 40　　　　　　　　　(4) Cu 4, Mg 0.5, Mn 0.5, 其余为 Al
(5) Cu 26.6, Zn 36.6, Ni 36.8　　　(6) Fe 63.8, Ni 36, C 0.2
(7) Pb 87.5, Sn 12.5　　　　　　　(8) Cu 79.7, Sn 10, Sb 9.5, P 0.8
(9) Cr 18, Ni 8, Fe 74　　　　　　(10) 水泥 1, 砂 2, 碎石 4

附表 3-2　液体的密度 ρ　　　　单位：$g \cdot cm^{-3}$

物　质	密　度	物　质	密　度	物　质	密　度	物　质	密　度
丙酮	0.791*	三氯甲烷	1.489*	汽油	0.66~0.75	海水	1.01~1.05
乙醇	0.7893*	甘油	1.261*	柴油	0.85~0.90	牛乳	1.03~1.04
甲醇	0.7913*	甲苯	0.8668*	松节油	0.87		
苯	0.8790*	重水	1.105*	蓖麻油	0.96~0.97		

标有"＊"记号者为 20℃时的值.

附录3 物理常数

附表 3-3 水的密度 ρ 单位：$g \cdot cm^{-3}$

温度	密度	温度	密度	温度	密度	温度	密度	温度	密度
0	0.99984	21	0.99802	42	0.9915	63	0.9817	84	0.9693
1	0.99990	22	0.99780	43	0.9911	64	0.9811	85	0.9687
2	0.99994	23	0.99757	44	0.9907	65	0.9806	86	0.9680
3	0.99996	24	0.99733	45	0.9902	66	0.9801	87	0.9673
4	0.99997	25	0.99706	46	0.9898	67	0.9795	88	0.9667
5	0.99996	26	0.99681	47	0.9894	68	0.9789	89	0.9660
6	0.99994	27	0.99654	48	0.9890	69	0.9784	90	0.9653
7	0.99991	28	0.99626	49	0.9885	70	0.9778	91	0.9647
8	0.99988	29	0.99597	50	0.9881	71	0.9772	92	0.9640
9	0.99981	30	0.99568	51	0.9876	72	0.9767	93	0.9633
10	0.99973	31	0.99537	52	0.9872	73	0.9761	94	0.9626
11	0.99963	32	0.99505	53	0.9867	74	0.9755	95	0.9619
12	0.99952	33	0.99473	54	0.9862	75	0.9749	96	0.9612
13	0.99940	34	0.99440	55	0.9857	76	0.9743	97	0.9605
14	0.99927	35	0.99406	56	0.9853	77	0.9737	98	0.9598
15	0.99913	36	0.99371	57	0.9848	78	0.9731	99	0.9591
16	0.99897	37	0.99336	58	0.9843	79	0.9725	100	0.9584
17	0.99880	38	0.99299	59	0.9838	80	0.9718	101	0.9577
18	0.99862	39	0.99262	60	0.9832	81	0.9712	102	0.9569
19	0.99843	40	0.9922	61	0.9827	82	0.9706		
20	0.99823	41	0.9919	62	0.9822	83	0.9697		

附表 3-4 水银的密度 ρ 单位：$g \cdot cm^{-3}$

温度/℃	0	10	20	30	40	50
密度	13.5951	13.5705	13.5460	13.5216	13.4971	13.4727
温度/℃	60	70	80	90	100	
密度	13.4484	13.4241	13.3999	13.3757	13.3517	

附表 3-5 空气的密度 ρ 单位：$g \cdot cm^{-3}$

温度/℃	压强/mmHg						
	720	730	740	750	760	770	780
0	1.225	1.242	1.259	1.276	1.293	1.310	1.327
4	1.207	1.224	1.241	1.258	1.274	1.291	1.308

续表

温度/℃	压强/mmHg						
	720	730	740	750	760	770	780
8	1.190	1.207	1.223	1.240	1.256	1.273	1.289
12	1.173	1.190	1.206	1.222	1.238	1.255	1.271
16	1.157	1.173	1.189	1.205	1.221	1.237	1.253
20	1.141	1.157	1.173	1.189	1.205	1.220	1.236
24	1.126	1.141	1.157	1.173	1.188	1.204	1.220
28	1.111	1.126	1.142	1.157	1.173	1.188	1.203

附表 3-6　气体的密度 $\rho(1.013\times10^5\,\text{Pa}, 0\,℃)$　　　　单位：$\text{kg}\cdot\text{m}^{-3}$

物质	密度	物质	密度	物质	密度	物质	密度
Ar	1.7837	N_2	1.2505	NH_3	0.7710	甲烷	0.7168
H_2	0.0899	O_2	1.4290	乙炔	1.173	丙烷	2.009
He	0.1785	CO_2	1.977	乙烷	1.356(10℃)		
Ne	0.9003	Cl_2	3.214				

附表 3-7　1 大气压 $(1.013\times10^5\,\text{Pa})$ 下一些元素的熔点和沸点

元素	熔点/℃	沸点/℃	元素	熔点/℃	沸点/℃	元素	熔点/℃	沸点/℃
铜	1084.5	2580	铝	660.4	2486	锡	231.97	2270
铁	1535	2754	锌	419.58	903	铅	327.5	1750
镍	1455	2731	金	1064.43	2710	汞	−38.86	356.72
铬	1890	2212	银	961.93	2184			

附表 3-8　各种固体的弹性模量

名称	杨氏模量 $E/$ $(10^{10}\,\text{N}\cdot\text{m}^{-2})$	切变模量 $G/$ $(10^{10}\,\text{N}\cdot\text{m}^{-2})$	泊松比	名称	杨氏模量 $E/$ $(10^{10}\,\text{N}\cdot\text{m}^{-2})$	切变模量 $G/$ $(10^{10}\,\text{N}\cdot\text{m}^{-2})$	泊松比
金	8.1	2.85	0.42	铝	7.03	2.4~2.6	0.355
银	8.27	3.03	0.38	锌	10.5	4.2	0.25
铂	16.8	6.4	0.30	铅	1.6	0.54	0.43
铜	12.9	4.8	0.37	锡	5.0	1.84	0.34
铁(软)	21.19	8.16	0.29	镍	21.4	8.0	0.336
铁(铸)	15.2	6.0	0.27	硬铝	7.14	2.67	0.335
铁(钢)	20.1~21.6	7.8~8.4	0.28~0.30	磷青铜	12.0	4.36	0.38

续表

名称	杨氏模量 E/ $(10^{10}\,\text{N}\cdot\text{m}^{-2})$	切变模量 G/ $(10^{10}\,\text{N}\cdot\text{m}^{-2})$	泊松比	名称	杨氏模量 E/ $(10^{10}\,\text{N}\cdot\text{m}^{-2})$	切变模量 G/ $(10^{10}\,\text{N}\cdot\text{m}^{-2})$	泊松比
不锈钢	19.7	7.57	0.30	玻璃（火石）	8.0	3.2	0.27
黄铜	10.5	3.8	0.374	尼龙	0.35	0.122	0.4
康铜	16.2	6.1	0.33	聚乙烯	0.077	0.026	0.46
熔融石英	7.31	3.12	0.170	聚苯乙烯	0.36	0.133	0.35
玻璃（冕牌）	7.1	2.9	0.22	橡胶（弹性）	$(1.5\sim 5)\times 10^{-4}$	$(5\sim 15)\times 10^{-5}$	0.46~0.49

附表 3-9　固体的线胀系数（$1.013\times 10^5\,\text{Pa}$）　　　　单位：1/℃

物质	温度/℃	线胀系数 $/10^{-6}$	物质	温度/℃	线胀系数 $/10^{-6}$	物质	温度/℃	线胀系数 $/10^{-6}$
金	20	14.2	磷青铜	—	17	陶瓷		3~6
银	20	19.0	镍钢(Ni10)	—	13	大理石	25~100	5~16
铜	20	16.7	镍钢(Ni43)	—	7.9	花岗岩	20	8.3
铁	20	11.8	石蜡	16~38	130.3	混凝土	-13~21	6.8~12.7
锡	20	21	聚乙烯		180	木材（平行纤维）		3~5
铅	20	28.7	冰	0	52.7	木材（垂直纤维）		35~60
铝	20	23.0	碳素钢		约11	电木板		21~33
镍	20	12.8	不锈钢	20~100	16.0	橡胶	16.7~25.3	77
黄铜	20	18~19	镍铬合金	100	13.0	硬橡胶		50~80
殷铜	-250~100	-1.5~2.0	石英玻璃	20~100	0.4	冰	-50	45.6
锰铜	20~100	18.1	玻璃	0~300	8~10	冰	-100	33.9

附表 3-10　一些液体的黏度系数 η　　　　单位：mPa·s

物质	温度/℃				
	0	10	20	50	100
苯胺	10.2	6.5	4.40	1.80	0.80
丙酮	0.395	0.356	0.322	0.246	—
苯	0.91	0.76	0.65	0.436	0.261
溴	1.253	1.107	0.992	0.746	—
水	1.787	1.304	1.002	0.548	0.284

续表

物 质	温度/℃				
	0	10	20	50	100
甘油	12100	3950	1499	—	—
醋酸	—	—	1.22	0.74	0.46
蓖麻油	—	2420	986	—	16.9
轻机油	—	—	—	—	4.9
精制气缸油	—	—	—	—	18.7
硝基苯	3.09	2.46	2.01	1.24	0.70
戊烷	0.283	0.254	0.229	—	—
汞	1.685	1.615	1.554	1.407	1.240
二硫化碳	0.433	0.396	0.366	—	—
硅酮	201	135	99.1	47.6	21.5
甲醇	0.817	0.68	0.584	0.396	—
乙醇	1.78	1.41	1.19	0.701	0.326
甲苯	0.768	0.667	0.586	0.420	0.271
四氯化碳	1.35	1.13	0.97	0.65	0.387
氯仿	0.70	0.63	0.57	0.426	—
乙醚	0.296	0.268	0.243	—	0.118
松节油	—	—	1.49	—	—
硝酸(25%)	—	—	1.2	—	—
硫酸(100%)	—	—	26.2	—	—

附表 3-11 不同温度时水的黏度系数 η　　　　单位：$10^{-3}\,\text{Pa}\cdot\text{s}$

温度	黏度系数	温度	黏度系数	温度	黏度系数	温度	黏度系数	温度	黏度系数
0	1.787	8	1.386	16	1.109	24	0.911	32	0.765
1	1.728	9	1.316	17	1.081	25	0.890	33	0.749
2	1.671	10	1.307	18	1.053	26	0.870	34	0.734
3	1.618	11	1.271	19	1.027	27	0.851	35	0.719
4	1.567	12	1.235	20	1.002	28	0.833	36	0.705
5	1.519	13	1.202	21	0.978	29	0.815	37	0.691
6	1.472	14	1.169	22	0.955	30	0.798	38	0.678
7	1.428	15	1.139	23	0.932	31	0.781	39	0.665

附表 3-12　在不同温度下水与空气接触时的表面张力系数　　单位：10^{-3}N/m

温度	表面张力系数	温度	表面张力系数	温度	表面张力系数	温度	表面张力系数	温度	表面张力系数
1	75.64	9	74.50	17	73.34	25	72.12	33	70.86
2	75.50	10	74.36	18	73.19	26	71.97	34	70.69
3	75.36	11	74.22	19	73.04	27	71.81	35	70.53
4	75.21	12	74.07	20	72.90	28	71.65	36	70.37
5	75.07	13	73.93	21	72.75	29	71.49	37	70.21
6	74.93	14	73.78	22	72.59	30	71.34	38	70.05
7	74.79	15	73.63	23	72.44	31	71.18	39	69.88
8	74.65	16	73.49	24	72.28	32	71.02	40	69.72

附表 3-13　在 20℃ 时与空气接触的液体的表面张力系数　　单位：10^{-3}N/m

液　体	表面张力系数	液　体	表面张力系数	液　体	表面张力系数
石油	30	肥皂溶液	40	水银	513
煤油	24	弗利昂-12	90	甲醇(0℃)	24.5
松节油	28.8	蓖麻油	36.4	乙醇(0℃)	24.1
水	72.25	甘油	63	乙醇(60℃)	18.4

附表 3-14　电介质的介电常数

物质名称	温度/℃	相对介电常数	气体	温度/℃	相对介电常数
气态乙醚	100	1.0049	液态二氧化碳	0	1.585
二氧化碳	0	1.00098	甲醇	20	33.7
气态甲醇	100	1.0057	乙醇	20	25.7
气态乙醇	100	1.0065	水	16.3	81.5
水蒸气	140～150	1.00785	液态氨	14	16.2
气态溴	180	1.0128	液态氦	−270.8	1.058
氦	0	1.000074	液态氢	−253	1.22
氢	0	1.00026	液态氧	−182	1.465
氧	0	1.00051	液态氮	−185	2.28
氮	0	1.00058	液态氯	0	1.9
氩	0	1.00056	煤油		2～4
气态汞	400	1.00074	松节油		2.2
空气	0	1.000585	苯	20	2.283
硫化氢	0	1.004	油漆		3.5
真空		1.	甘油	20	45.8
乙醚	20	4.335	氧化铍		7.5

续表

物质名称	温度/℃	相对介电常数	液体	温度/℃	相对介电常数
醋酸	20	6.4	湿砂(15%)		约9
固体乙醇	−172	3.12	木头		2～8
固体氨	−90	4.01	琥珀		2.8
固体醋酸	2	4.1	冰	−5	2.8
石蜡		2.0～2.1	虫胶		3～4
聚苯乙烯		2.4～2.6	赛璐珞		3.3
无线电瓷		6～6.5	玻璃		4～11
超高频瓷		7～8.5	黄磷	20	4.1
二氧化钽		106	硫	16	4.2
氧化铝		116	碳(金刚石)		5.5～16.5
钛酸钡		$10^3 \sim 10^4$	云母		6～8
橡胶		2～3	花岗岩		7～9
硬橡胶		4.3	大理石		8.3
纸		2.5	食盐		6.2
干砂		2.5			

附表 3-15 某些金属和合金的电阻率及其温度系数

金属或合金	电阻率/(μΩ·m)	温度系数/(1/℃)
铝	0.028	42×10^{-4}
铜	0.0172	43×10^{-4}
银	0.016	40×10^{-4}
金	0.024	40×10^{-4}
铁	0.098	60×10^{-4}
铅	0.205	37×10^{-4}
铂	0.105	39×10^{-4}
钨	0.055	48×10^{-4}
锌	0.059	42×10^{-4}
锡	0.12	44×10^{-4}
水银	0.958	10×10^{-4}
武德合金	0.52	37×10^{-4}
钢(0.10%～0.15%碳)	0.10～0.14	6×10^{-3}
康铜	0.47～0.51	$(-0.04 \sim 0.01) \times 10^{-3}$
铜锰镍合金	0.34～1.00	$(-0.03 \sim 0.02) \times 10^{-3}$
镍铬合金	0.98～1.10	$(0.03 \sim 0.4) \times 10^{-3}$

注：电阻率跟金属中的杂质有关，因此表中列出的只是20℃时电阻率的平均值。

附录3 物理常数

附表 3-16 一些气体的折射率（常温常压下）

物质名称	折射率
空气	1.0002926
氢气	1.000132
氮气	1.00296
氧气	1.000271
水蒸气	1.000254
二氧化碳	1.000488
甲烷	1.000444

附表 3-17 一些液体的折射率

物质名称	温度/℃	折射率
水	20	1.3330
乙醇	20	1.3614
甲醇	20	1.3288
苯	20	1.5011
乙醚	22	1.3510
丙酮	20	1.3591
二硫化碳	18	1.6255
三氯甲烷	20	1.446
甘油	20	1.474
加拿大树胶	20	1.530

附表 3-18 一些晶体及光学玻璃的折射率

物质名称	折射率
熔凝石英	1.45843
氯化钠（NaCl）	1.54427
氯化钾（KCl）	1.49044
萤石（CaF_2）	1.43381
冕牌玻璃 K6	1.51110
冕牌玻璃 K8	1.51590
冕牌玻璃 K9	1.51630
重冕玻璃 ZK6	1.61260
钡冕玻璃 BaK2	1.53990
火石玻璃 F8	1.60551
重火石玻璃 ZF1	1.64750
重火石玻璃 ZF6	1.75500
钡火石玻璃 BaF8	1.62590
重冕玻璃 ZK8	1.61400

附表 3-19 一些单轴晶体的 n_o 和 n_e

物质名称	n_o	n_e
方解石	1.6584	1.4864
晶态石英	1.5442	1.5533
电石	1.669	1.638
硝酸钠	1.5874	1.3361
锆石	1.923	1.968

附表 3-20 一些双轴晶体的光学常数

物质名称	n_α	n_β	n_γ
云母	1.5601	1.5936	1.5977
蔗糖	1.5397	1.5667	1.5716
酒石酸	1.4953	1.5353	1.6046
硝酸钾	1.3346	1.5056	1.5061

附表 3-21 几种纯金属的"红限"波长及脱出功（功函数）

金属	λ_0/nm	W/eV	金属	λ_0/nm	W/eV
钾（K）	550.0	2.2	汞（Hg）	273.5	4.5
钠（Na）	540.0	2.4	金（Au）	265.0	5.1
锂（Li）	500.0	2.4	铁（Fe）	262.0	4.5
铯（Cs）	460.0	1.8	银（Ag）	261.0	4.0

附表 3-22 光在有机物中偏振面的旋转

旋光物质、溶剂、浓度	波长/nm	[ρ]	旋光物质、溶剂、浓度	波长/nm	[ρ]
葡萄糖+水 $c=5.5$ ($t=20℃$)	447.0	96.62	酒石酸+水 $c=28.62$ ($t=18℃$)	350.0	−16.8
	479.0	83.88		400.0	−6.0
	508.0	73.61		450.0	+6.6
	535.0	65.35		500.0	+7.5
	589.0	52.76		550.0	+8.4
	656.0	41.89		589.0	+9.82
葡萄糖+水 $c=26$ ($t=20℃$)	404.7	152.80	樟脑+乙醇 $c=34.70$ ($t=19℃$)	350.0	378.3
	435.8	128.80		400.0	158.6
	480.0	103.05		450.0	109.8
	520.9	86.80		500.0	81.7
	489.3	66.52		550.0	62.0
	670.8	50.45		589.0	52.4

注：表中给出旋光率：$[\rho]=\dfrac{\Phi\times 100}{lc}$. 式中，$\Phi$ 表示温度为 $t℃$ 时在所给溶液中振动面的旋转角；l 表示透过旋光溶液厚度，以 dm 为单位；而 c 为溶液的浓度，即在 $100 cm^3$ 溶液中旋光性物质的克数。

附表 3-23 1mm 厚石英片的旋光率（温度 20℃时）

波长/nm	344.1	372.6	404.7	435.9	491.6	508.6	589.3	656.3	670.8
旋光率 ρ	70.59	58.86	48.93	41.54	31.98	29.72	21.72	17.32	16.54

附表 3-24 常用光源的谱线波长   单位：nm

元素	波长	颜色	元素	波长	颜色	元素	波长	颜色
氢(H)	656.28	红	氖(Ne)	650.65	红	汞(Hg)	690.75	红
	486.13	绿蓝		640.23	红		623.44	红
	434.05	蓝		638.30	红		579.07	黄
	410.17	蓝紫		626.65	红		576.96	黄
	397.01	蓝紫		621.73	橙		546.07	绿
氦(He)	706.52	红		614.31	橙		491.60	绿蓝
	667.82	红		588.19	黄		435.83	蓝
	587.56	黄		585.25	黄		407.78	蓝紫
	501.57	绿	镉(Cd)	643.85	红		404.66	蓝紫
	492.19	绿蓝		609.92	红	激光	632.8	红
	471.31	蓝		508.58	绿		514.53	绿
	447.15	蓝		479.99	蓝		487.99	绿紫
	402.62	蓝紫	钠(Na)	589.592	黄		693.4	红
	388.87	蓝紫		588.995	黄			

附表 3-25 铜-康铜热电偶分度表(0~100℃)

温度/℃	热电动势/mV	温度/℃	热电动势/mV	温度/℃	热电动势/mV	温度/℃	热电动势/mV	温度/℃	热电动势/mV
0	0.000	21	0.830	42	1.695	63	2.599	84	3.538
1	0.039	22	0.870	43	1.738	64	2.643	85	3.584
2	0.078	23	0.911	44	1.780	65	2.687	86	3.630
3	0.117	24	0.951	45	1.822	66	2.731	87	3.676
4	0.156	25	0.992	46	1.865	67	2.775	88	3.721
5	0.195	26	1.032	47	1.907	68	2.819	89	3.767
6	0.234	27	1.073	48	1.950	69	2.864	90	3.813
7	0.273	28	1.114	49	1.992	70	2.908	91	3.859
8	0.312	29	1.155	50	2.035	71	2.953	92	3.906
9	0.351	30	1.196	51	2.078	72	2.997	93	3.952
10	0.391	31	1.237	52	2.121	73	3.042	94	3.998
11	0.430	32	1.279	53	2.164	74	3.087	95	4.044
12	0.470	33	1.320	54	2.207	75	3.131	96	4.091
13	0.510	34	1.361	55	2.252	76	3.176	97	4.137
14	0.549	35	1.403	56	2.294	77	3.221	98	4.184
15	0.589	36	1.444	57	2.337	78	3.266	99	4.231
16	0.629	37	1.486	58	2.380	79	3.312	100	4.277
17	0.669	38	1.528	59	2.424	80	3.357		
18	0.709	39	1.569	60	2.467	81	3.402		
19	0.749	40	1.611	61	2.511	82	3.447		
20	0.789	41	1.653	62	2.555	83	3.493		

参 考 书 目

1. 王惠棣.物理实验[M].天津:天津大学出版社,1997.
2. 丁慎训.物理实验教程(普通物理实验部分)[M].北京:清华大学出版社,1992.
3. 方建兴,江美福.物理实验[M].苏州:苏州大学出版社,2001.
4. 邹铭新.基础物理实验[M].北京:北京航空航天大学出版社,1998.
5. 杨述武.普通物理实验(第一、二、三册).3版[M].北京:高等教育出版社,2000.
6. 陆延济.物理实验教程[M].上海:同济大学出版社,2000.
7. 李寿松.物理实验[M].南京:江苏教育出版社,1995.
8. 李冠成.物理实验[M].徐州:中国矿业大学出版社,1999.
9. 崔益和,殷长荣.物理实验[M].苏州:苏州大学出版社,2003.
10. 董正超,方靖淮,朱兆青,等.大学物理实验[M].苏州:苏州大学出版社,2018.
11. 江美福.大学物理实验[M].苏州:苏州大学出版社,2017.